U0133855

高等院校电子商务专业系列规划教材

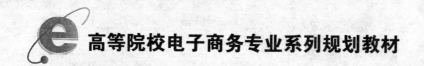

网页设计与制作

章舜仲◎主　编

孙巍巍　毛彦妮◎副主编

Web Page
Design & Production

电子工业出版社

Publishing House of Electronics Industry

北京·BEIJING

内 容 简 介

本书主要面向高等院校电子商务专业学生。主要内容包括网页设计基础知识，HTML 语法，Dreamweaver 8、Photoshop CS2、Flash8 等的使用，结合实例由浅入深地介绍了网页设计与制作的相关知识，侧重于客户端静态网页制作。在每章的最后，都会引导读者完成一个课后实验，各章实验环环相扣，最终可以让读者完成一个基础功能全面的网站设计。

图书在版编目（CIP）数据

网页设计与制作／章舜仲主编. —北京：电子工业出版社，2010.4
（高等院校电子商务专业系列规划教材）
ISBN 978-7-121-10605-7

Ⅰ．①网…　Ⅱ．①章…　Ⅲ．①主页制作－高等学校－教材　Ⅳ．①TP393.092

中国版本图书馆 CIP 数据核字（2010）第 052362 号

责任编辑：王慧丽
印　　　刷：北京市天竺颖华印刷厂
装　　　订：三河市鑫金马印装有限公司
出版发行：电子工业出版社
　　　　　北京市海淀区万寿路 173 信箱　邮编 100036
开　　本：787×980　1/16　印张：21.25　字数：464 千字
印　　次：2010 年 4 月第 1 次印刷
定　　价：35.00 元

前　言

早在 1990 年，世界上就诞生了第一个网页，这标志着 WWW 时代的开始。自那时起，人们通过网页进行信息交换的方式开始丰富起来！网页作为一种数据交换与展现的形式，依靠互联网的支撑，使用户几乎可以得到世界上任何一个角落的信息。各行各业都会使用网页作为在网络上进行企业宣传、数据交换、经商贸易的渠道，因此网页设计也成了一个热门的行业和一些网友的业余爱好。

市面上有关网页设计的图书有很多，但是其中绝大部分是针对计算机专业及设计专业的人员编写的，内容知识点繁杂难懂，使得一些初学者望而却步。而本书属于入门级教材，重在启发、引导读者循序渐进地熟悉网页的相关知识与概念，内容上主要从网页设计与制作的角度，全面地讲解与网页设计与制作相关的基本技术，适合初学网页设计的非计算机专业与非设计专业的学生，也适合迫切需要学习网页设计的各行各业从业者。本书讲解 Photoshop、Dreamweaver、Flash 三种常用的网页设计软件的使用，涉及的相关知识点大多偏重基础，易于读者理解。而本书更具特色的是，在每章的最后都会引导读者完成一个课后实验，各章的实验都环环相扣，最终学完本书可以让读者独立完成一个基础功能全面的网站设计，力求让读者从一个门外汉迅速地成长为基础扎实的网页设计师。

本书共 15 章。第 1 章简单介绍了网页的概念、网页的发展历史和相关技术，以及一些常用的网页制作软件。第 2、3 章讲解了平面设计软件 Photoshop CS2 的基础知识与使用方法，使读者能迅速地掌握平面设计的基本方法。第 4～9 章为本书的重点章节，详细讲解了网页制作软件 Dreamweaver 8 的基础知识，以及文本、表格、多媒体、层、CSS 样式等网页制作相关的重要知识。第 10、11 章讲解了动画设计软件 Flash 8，使读者对 flash 动画设计有一个初步的认识。第 12 章，从编程的角度，介绍了 HTML 语言的语法构成和使用方法，让读者对网页代码有一定认识，这样更有助于理解自己所设计出来的网页。第 13 章简要介绍了 HTML 标记用法，可作为有意向网页编程方向发展的读者的入门教程，也可供网页编程人员查询各标记及其属性的资料。第 14 章综合地介绍了一些动态网页技术，包括动态语言、数据库、热门技术 AJAX 等知识。第 15 章以卓越亚马逊书店和淘宝网两个网站作为案例，进行了全面的分析，读者可以从中借鉴很多网页设计的技巧与方法。整本书第 1～11 章是基础知识，也是本书作者希望读者能够扎实掌握的。而第 12～14 章则是拓展内容，主要目的是开拓读者的眼界，使有心深入学习的读者能够找到正确的前进方向。

本书各章内容编写具体分工：第 1~3 章由毛彦妮编写，第 4、8、9、15 章由孙巍巍编写，第 5~7 章由沈莉霞编写，第 12、13 章由章舜仲编写，第 10、11、14 章由蓝荣祎编写。全书由章舜仲统改定稿。

感谢参与本书编写工作的人员，以及那些为本书的完善提出宝贵意见的同行，特别是南京财经大学电子商务系和南京理工大学计算机学院的师生们对本书编写工作的鼎力支持。由于编写人员的知识能力有限，本书编写过程中难免会出现纰漏与不足，恳请读者批评指正。

作者

2010 年 1 月

目　录

第 **1** 章

网页设计概述

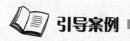 引导案例

世界上第一个 Web 网站

蒂姆·伯纳斯·李（Tim Berners-Lee）最早建立的网站 http://info.cern.ch/是世界上的第一个网站，他也因此被称为"Web 之父"。1991 年 8 月 6 日，他在这个网站里解释了万维网是什么，如何使用网页浏览器，以及如何建立一个网页服务器等问题。蒂姆·伯纳斯·李后来在这个网站里列举了其他的一些网站，因此它也是世界上第一个真正的万维网目录。

早期在牛津大学主修物理时的蒂姆就不断地思索，是否可以找到一个"点"，就好比人的大脑一样，能够通过神经传递来自主作出反应。经过一番艰苦的努力，他成功编制了第一个高效的局部存储浏览器"Enguire"，并且将其应用在数据共享和浏览领域，从而取得了不小的成就。1989 年 3 月，蒂姆向 CERN（European Particle Physics Laboratory, 欧洲粒子物理研究所）呈交了一份立项建议书，他建议采用超文本技术（Hypertext）将 CERN 内部的各个实验室连接起来，在系统建成后，还有可能扩展到全世界。这个鼓舞人心的设想在 CERN 中一石激起千层浪，虽有一些人支持，但最后仍没有被审核通过。但是蒂姆并没有灰心，他又花了 2 个月重新修改了建议书，加入了对超文本的开发步骤与其应用前景的阐述，并再一次呈递上去，这一次他的建议书终于得到了上司的批准。于是蒂姆拿到了一笔研究经费，并购买了一台 Next 计算机，此后，他率领助手开发了实验系统。

Internet 在 20 世纪 60 年代就诞生了，为什么没有得到迅速发展呢？其实，很重要的原因就是连接到 Internet 需要经过一系列较为复杂的操作，网络中的权限也很分明，而且网上内容的表现形式十分单调枯燥。Web 通过一种超文本的方式，把网络上不同计算机中的信息有机地结合在一起，并且可以通过超文本传输协议（HTTP）将一台 Web 服务器转到另一台 Web 服务器去检索信息。Web 服务器能够发布图文并茂的信息，后来甚至在软件支持的情况下还能够发布音频和视频信息。此外，Internet 中的许多其他功能，如 E-mail、Telnet、Ftp、Wais 等也都能通过 Web 实现。美国著名的信息专家尼葛洛庞帝认为：1989 年是 Internet一个划时代的分水岭。WWW 技术给予了 Internet 顽强的生命力，Web 浏览的方式给 Internet

带来了靓丽的青春。

　　问题：由最初的简单的 html 网页，到现在拥有着缤纷复杂的界面设计和各具特点的网页开发技术与语言的网页，这期间网页技术都发生了哪些重大的变化？该如何设计出一个优秀的网页？可以使用哪些工具进行网页设计？

◇ **学习目标** ◇

　　1. 重点掌握网页的基本概念。
　　2. 熟悉网页构成的元素与分类。
　　3. 重点掌握如何用记事本编写简单的网页。
　　4. 了解网页技术的发展与未来。
　　5. 了解网页设计的概念，深入学习网页设计的具体步骤与方法。
　　6. 了解网页设计的常用工具。

学习导航

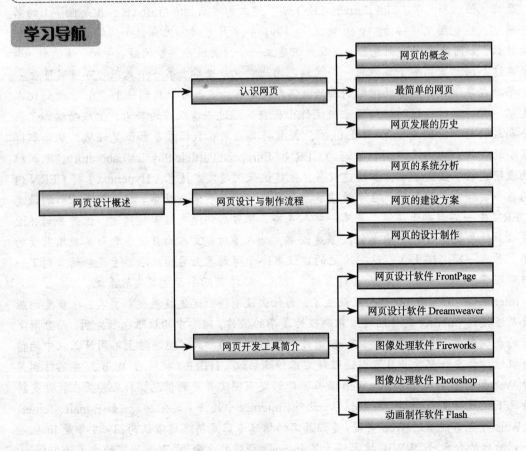

1.1　认识网页

1.1.1　网页的概念

网页，顾名思义就是存在于网络中的一个页面，我们平时见到的网页通常是以.html、.htm、.asp、.aspx、.php 或.jsp 等扩展名为结尾的。不同文件扩展名的网页是由不同的网页语言所实现的，我们会在后续的章节中详细地介绍各种网页编程语言的区别和特点。网页要通过网页浏览器进行浏览，不同的浏览器对于一些不同类型的网页的支持与显示的效果也会有细微的差别。

网页是构成网站的基本元素，是承载各种网站应用的平台。通俗地说，网站就是由网页组成的。图 1.1 展示的是一个网页，它是 Google 中国网站的首页页面。我们可以将网站看成一本书，域名就是书名，虚拟主机就是书皮，而网页就是书中的一页一页的纸。如果只有域名和虚拟主机而没有制作任何网页的话，那么用户是无法访问我们的网站的。这只是一个简单的比喻，网页的具体内容当然有可能要比一本书更为复杂。

图 1.1　Google 中国网站的首页

网页实际上是一个文件，它可以存放在世界上任何一台与互联网相连的计算机中。网页经由网址（URL）来识别与存取，当我们在浏览器输入网址后，经过服务器的响应程序，网页文件会被传送到你的计算机，然后再通过浏览器解释网页的内容，再展示到你的眼前。

构成网页的元素有很多，文字和图片是构成网页的两种基本元素。你可以简单地理解为：文字，就是网页的内容；图片，就是网页的形象。除此之外，网页的元素还包括动画、音乐、程序等。在网页上单击鼠标右键，选择菜单中的"查看源文件"，就可以使用记事本看到网页的源代码。可以看到，实际上，网页只是一个纯文本文件，它通过已经预先定义好的标记对页面上的文字、图片、表格、声音等元素（如字体、颜色、大小）进行描述，而浏览器则完成对这些标记解释及显示页面的任务，于是一个漂亮的网页就展示在你面前了。为什么图片可以"存放"在纯文本文件中呢？其实，网页源代码中只存放了图片的 URL 链接，而图片文件本身与网页文件是相互分离的，甚至可以存放在不同的计算机上。

通常我们看到的网页，都是以.htm 或.html 为后缀结尾的文件，俗称 HTML 文件。不同的后缀（即扩展名），分别代表着不同语言类型的网页。

网页有多种分类，笼统地说，我们可以将网页分为动态网页和静态网页两种。原则上讲，静态页面大多是经过网页制作软件进行重新设计与修改的，相对比较滞后。当然，某些网站管理系统，也可以生成静态页面——我们称这种静态页面为伪静态。动态页面是通过网页脚本与服务器语言生成的页面，如百度贴吧，它其实就是通过服务器运行一系列的程序，自动处理用户所提交的信息，按照预定义的格式产生相应的网页。

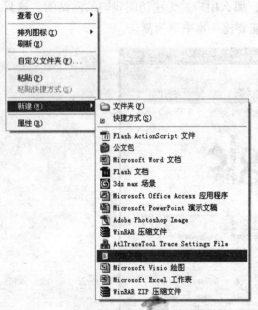

图 1.2　新建文本文档

1.1.2　最简单的网页

在上面的两节中已经分别介绍了网页的概念和网页的发展，那么在本节中，我们就亲手制作一个最简单的网页。在这个制作过程中，会使你对网页有一个初步的认识。

第一步：在"E:\Web\"文件下新建一个文本文档，并命名为"index"，如图 1.2 所示。

第二步：打开文档 index，并在文档中键入内容"这是一个最简单的网页！"，如图 1.3 所示。然后保存并关闭该文档。

第三步：更改扩展名。形如"隐形的翅膀.mp3"，"隐形的翅膀"是文件名，那么".mp3"就是文件扩展名，它表示了文件的格式类型。

提示　在 Windows 系统默认情况下，文件扩展名是自动隐藏的，如图 1.4 所示，我们新建的文本文档的名字为"index"，它的文件扩展名没有显示。

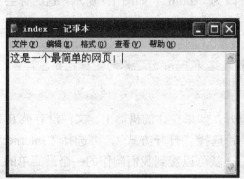

图 1.3　编辑文档

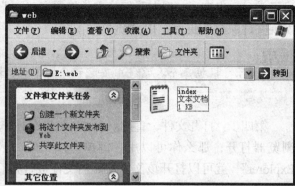

图 1.4　文件扩展名隐藏

那么，如何让系统显示出文件扩展名呢？首先单击菜单栏的"工具（T）"，然后选择"文件夹选项（O）"，如图 1.5 所示。

在打开"文件夹选项"对话框后，可以看到顶部有四个选项卡"常规"、"查看"、"文件类型"和"脱机文件"，我们单击"查看"按钮选项卡，在"高级设置"中找到"隐藏已知文件类型的扩展名"，并将前面复选框中的对钩点掉，设置成"不选"状态，如图 1.6 所示，然后单击"确定"按钮退出。

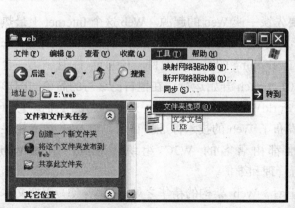

图 1.5　打开"文件夹选项"

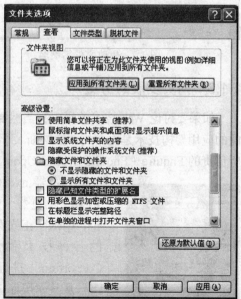

图 1.6　显示文件扩展名

此时，可以看到，刚才的文档名称由"index"变成了"index.txt"。这说明文件扩展名已经被显示出来了，现在我们将文件扩展名 ".txt" 改为 ".html"，如图 1.7 所示。这时你会发现文件的图表变为了 IE 浏览器的图标。

> **提示：** 根据每个人系统中安装程序的不同，扩展名为 .html 时显示的图标也并非都是 IE 浏览器的图标。

第四步：打开文件，直接双击 "index.html" 打开。如果在你的机器上，文件没有被 IE 浏览器打开，那么你可以用右键单击该文件，然后选择 "打开方式"，再选择 "Internet Explorer"，就可以打开该文件了。当文件被打开后，就可以看到我们制作的一个最简单的网页了，如图 1.8 所示。现在你已经是网页制作的入门新手了。

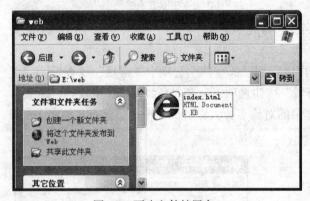

图 1.7　更改文件扩展名

图 1.8　用 "打开方式" 打开文件

1.1.3　网页发展的历史

如果要讨论 Web 技术的历史，当然要先谈一谈 Web 的起源。Web 这个 Internet 上最热门的应用架构技术是由蒂姆·伯纳斯·李发明的。Web 的前身是 1980 年蒂姆·伯纳斯·李所负责的 Enquire（Enquire Within Upon Everything 的简称）项目。1990 年 11 月，第一台 Web 服务器 nxoc01.cern.ch 开始运行，在他自己编写的简单的图形化 Web 浏览器 "WorldWideWeb" 上出现了最早的 Web 页面。1991 年，CERN 正式发布了 Web 的技术标准。目前，与 Web 技术相关的各种技术标准都由著名的 W3C 组织（World Wide Web Consortium）进行管理和维护。

蒂姆·伯纳斯·李

从技术层面上看，Web 架构的精华之处有三个：① 用超文本技术（HTML）实现信息与信息的连接；② 用统一资源定位技术（URL）实现全球信息的精确定位；③ 用新的应用层协议（HTTP）

实现分布式的信息共享。这三个特点都与信息的分发、获取和利用有着密切的关系。其实，蒂姆·伯纳斯·李早就明确无误地告诉了我们："Web 是一个抽象的（假想的）信息空间。"也就是说，作为 Internet 上的一种应用架构技术，Web 的首要任务就是向人们提供各种信息和信息服务。

 相关链接　蒂姆·伯纳斯·李的网站 http://info.cern.ch/

1. 客户端技术

Web 技术是一种典型的分布式架构。Web 应用中的每一次信息交换都要涉及客户端和服务端两个层面。因此，Web 开发技术大体上也可以分为客户端技术和服务端技术两大类。我们先来了解一下客户端技术的萌芽和发展过程。

（1）HTML 语言

Web 客户端的首要任务是展现信息的内容，而 HTML 语言则是用于信息展现的最有效载体之一。作为一种非常实用的超文本语言，HTML 的历史最早能够追溯到 20 世纪 40 年代。1945 年，Vannevar Bush 在一篇文章中阐述了文本与文本之间通过超级链接相互关联的思想，并在文中给出了一种能实现信息关联的计算机 Memex 设计方案。Doug Engelbart 等人则在 1960 年的前后，对信息的关联技术做了最早的实验。与此同时，Ted Nelson 正式将这种信息关联技术命名为超文本（Hypertext）技术。1969 年，IBM 的 Charles Goldfarb 发明了可用于描述超文本信息的 GML（Generalized Markup Language）语言。1978—1986 年，在 ANSI 等组织的努力下，GML 语言进一步发展成为著名的 SGML 语言标准。当蒂姆·伯纳斯·李与他的同事们在 1989 年试图去创建一个基于超文本的分布式应用系统时，蒂姆·伯纳斯·李立刻意识到，SGML 是描述超文本信息的一个上佳方案，但美中不足的是，SGML 有些过于复杂，不适合信息的传递和解析。于是，蒂姆·伯纳斯·李对 SGML 语言做了极大的简化和完善。1990 年，第一个图形化的 Web 浏览器 "WorldWideWeb" 终于能够使用一种为 Web 度身定制的语言——HTML 来展现超文本信息了。

（2）JavaScript 与 VBScript 脚本语言

能够存储和展现二维动画的 GIF 格式图像早在 1989 年就已经发展成熟。Web 出现以后，GIF 第一次为 HTML 页面引入了动态元素。但是更大的变革源于 1995 年 Java 语言的问世。Java 语言天生就具备与平台无关的特点，这让人们一下子找到了能够在浏览器中开发动态应用的方法。在 1996 年，著名的 Netscape 浏览器在它的 2.0 版本中增加了对 JavaApplets 和 JavaScript 脚本的支持。而 Netscape 的冤家对头，Microsoft 的 IE 3.0 也在同一年开始支持 Java 技术。现在，喜欢动画、交互操作、客户端应用的开发人员可以使用 Java 或 JavaScript 语言随心所欲地实现丰富多彩 HTML 页面的功能了。值得一提的是，

JavaScript 语言在所有的客户端开发技术中占有非常独特的地位：它是一种以脚本方式运行的简化的 Java 语言，这也是脚本技术第一次在 Web 世界中崭露头角。为了用纯 Microsoft 的技术与 JavaScript 相抗衡，Microsoft 还为 IE 3.0 设计了另一种在之后也声名显赫的脚本语言——VBScript 语言。

（3）CSS 层叠样式表单

真正能够让 HTML 页面又酷又炫、动感无限的是 CSS（Cascading Style Sheets）和 DHTML（Dynamic HTML）技术。1996 年年底，W3C 提出了 CSS 的初步建议标准，同年，IE 3.0 也引入了对 CSS 的支持。CSS 极大地提高了开发者对信息展现格式的控制能力。1997 年的 Netscape 4.0 不但支持了 CSS，而且还增加了许多 Netscape 公司自定义的动态 HTML 标记，这些标记能够在 CSS 的基础上，让 HTML 页面中的各种要素"活动"起来。1997 年，Microsoft 发布了 IE 4.0，并将动态 HTML 标记、CSS 和动态对象模型（DHTML Object Model）发展成了一套成熟、完整、实用、高效的客户端开发技术，Microsoft 称其为 DHTML。同样实现 HTML 页面的动态效果，而 DHTML 技术无须启动 Java 虚拟机或其他脚本环境，就可以在浏览器的支持下，获得更好更高的显示效果和执行效率。今天，已经很少会有哪个 HTML 页面的开发者还对 CSS 和 DHTML 技术视而不见了。

（4）多媒体插件

为了能够在 HTML 页面中加入音频、视频等各种更为复杂的多媒体应用，1996 年，Netscape 2.0 成功引入了对 QuickTime 插件的支持，插件这种开发方式也迅速地风靡了浏览器世界。在 Windows 平台上，Microsoft 将客户端应用集成的筹码押到了 20 世纪 90 年代中期刚刚问世的 COM 和 ActiveX 身上。1996 年，IE 3.0 正式开始支持在 HTML 页面中插入 ActiveX 控件的功能，这为其他厂商扩展 Web 客户端的信息展现方式开辟了一条新的自由之路。1999 年，Realplayer 媒体播放插件先后在 Netscape 和 IE 浏览器中获得了应用，与此同时，Microsoft 自己的 Media Player 媒体播放软件也被预装到了 Windows 中。同样值得纪念的当然还包括 Flash 插件的横空出世：在 20 世纪 90 年代初期，Jonathan Gay 在 FutureWave 公司开发了一款名为 Future Splash Animator 的二维矢量动画展示工具，1996 年，Macromedia 公司收购了 FutureWave 公司，并将 Jonathan Gay 的发明改名为我们现在所熟悉的 Flash。从此，Flash 动画成了 Web 开发者表现自我、展示个性的最佳方式。

（5）开发库

程序员们除了要编写 HTML 页面之外，还能够利用一些成熟的客户端技术将浏览器的某些功能添加到自己的应用程序之中。从 1992 年开始，W3C 就开始免费向开发者提供 libwww 开发库。借助 libwww，便可以自己编写 Web 浏览器和 Web 搜索工具等 Web 应用，也可以分析、编辑或显示 HTML 页面。1999 年，Microsoft 在 IE 5.0 中引入了 HTAs（HTML Applications）技术，这种技术可以让我们直接将 HTML 页面转换为一个真正的应用程序。

自从 1997 年的 IE4.0 开始，Microsoft 为程序员提供了 WebBrowser 控件和其他相关的 COM 接口，允许开发者在自己的程序中直接嵌入浏览器窗口，或者调用各种浏览器的功能，如分析、编辑 HTML 页面等。Windows 98 及其后的 Windows 操作系统甚至还能够利用 WSH（Windows Script Host）技术将原本只能在浏览器中运行的 JavaScript、VBScript 转变成能在 WIN32 环境下运行的通用脚本语言。

2. 服务端技术

客户端技术经历了从静态向动态的演变过程，而 Web 服务端技术也经历了同样的过程，它也是由静态向动态逐渐发展完善起来的。

（1）CGI 技术

早期的 Web 服务器仅仅是简单地响应用户通过浏览器发送的 HTTP 请求，并将存储的 HTML 文件从服务器上返回浏览器。一种名为 SSI（Server Side Includes）的技术可以让 Web 服务器在返回 HTML 文件前，更新 HTML 文件的内容，但其功能非常有限。第一种能够真正使服务器根据运行时的详细状态，动态生成 HTML 页面的技术是大名鼎鼎的 CGI（Common Gateway Interface）技术。1993 年，CGI 1.0 的标准草案由 NCSA（National Center for Supercomputing Applications）提出，1995 年，NCSA 开始制定 CGI 1.1 标准，1997 年，CGI 1.2 也被纳入了议事日程。CGI 技术允许服务端的程序依据客户端的请求，动态生成 HTML 页面，这使服务端与客户端的信息互换成为可能。随着 CGI 技术的普及，聊天室、论坛、电子商务、信息查询、全文检索等各种各样的 Web 应用盛行其道，网民们终于能够亲身感受到信息检索、信息交换、信息处理等更为便捷的信息服务了。

（2）Perl 语言

最早的 CGI 程序大多由通用的程序设计语言，经编译后得到的可执行程序，其编程语言可以是 C、C++、Pascal。为了简化它的修改、编译和发布过程，程序员开始探讨用脚本语言实现 CGI 应用的可行性。在此方面，必须提到的是 Larry Wall 在 1987 年间发明的 Perl 程序语言。Perl 兼顾了 C 语言的高效及其他脚本语言的便捷，似乎与生俱来就是用于编写 CGI 程序的。1995 年，第一个 Perl 程序诞生。很快，Perl 在 CGI 编程领域的风行程度就超过了 C 语言。随后，Python 等许多著名的脚本语言也不断地加入了 CGI 语言的行列。

（3）PHP，ASP，JSP 语言

1994 年，Rasmus Lerdorf 发明了专用于 Web 服务端编程的 PHP（Personal Home Page Tools）语言。与以往的 CGI 程序不同，PHP 语言将 HTML 标记语言与 PHP 程序语言结合成完整的服务端动态语言文件，Web 程序员可以使用更加简便、快捷的方式实现动态网页。1996 年，Microsoft 借鉴了 PHP 语言的基本思想，在其 Web 服务器 IIS 3.0 中引入了 ASP 技术。借助 Microsoft Visual Studio 等开发工具所获得的成功，ASP 迅速成为 Windows 系统下主流的 Web 服务端技术。当然，以 Sun 公司为首的 Java 阵营也毫不示弱。1997 年，Servlet

技术问世，1998 年，JSP 技术诞生。Servlet 和 JSP 的组合（还可以加上 JavaBean 技术）让 Java 开发者同时拥有了类似 CGI 程序的集中处理功能和类似 PHP 的 HTML 嵌入功能，此外，Java 的运行时编译技术也大大提高了 Servlet 和 JSP 的执行效率——这也正是 Servlet 和 JSP 被后来的 J2EE 平台吸纳为核心技术的原因之一。

3．Web 开发技术的未来

所有程序员都非常关心 Web 的发展前景，所有人都想知道几十年后的 Web 会变成什么样子。要回答这些问题，没有谁比 W3C 更有权威了。W3C 明确地告诉我们，Web 的未来是语义化的 Web（Semantic Web）。今天的 Web 可以随意地生成、传输和显示各式各样的信息，但它还只是一个信息的"容器"，很难反映信息本身所具有的内容和特性。与此相对的是，语义化 Web 将在未来成为一种能够理解信息内容的 Web 技术，是真正的"信息管理员"。

从技术角度看，XML 语言综合了信息的表达形式，但这远远不能揭示信息内容本身。1998 年，W3C 和一些研究机构开始对元数据（Metadata）进行研究。元数据是描述数据的数据，可以揭示信息的内容特性。1999 年，NetScape 提出的 RSS（Rich Site Summary）建议标准是用元数据技术描述新闻等信息内容的第一次尝试。1999 年，W3C 的研究小组提出了 RDF（Resource Description Framework）标准草案。RDF 在 XML 语法的基础上，规定了元数据的存储结构和相关的技术标准。使用 RDF 语言，我们可以用统一的、易转换的格式反映信息数据的各种特性。2001 年，W3C 又开始着手制定 OWL（OWL Web Ontology Language）标准。OWL 也是一种 XML 标准的语言，它比 RDF 又前进了一步，可以更加深入、细致地描述信息内容。RDF 与 OWL 语言能够帮助我们让 Web 上的信息与内容变得更加容易理解、交换和共享。2003 年，W3C 成立了语义化 Web Service 研究小组（Semantic Web Services Interest Group），研究在 Web Service 中加入语义技术的相关问题。

随着语义化 Web 技术的演变与发展，Web 开发技术也将经历重大的变革。可以预见的是，在未来的几年里，还会有许多新的开发技术或开发平台出现。从静态技术到动态技术，从开发平台到应用模型，从传统 Web 到语义化 Web……为了让更多的人获得更有价值的信息服务，Web 程序员们也许还会经历一次次的技术变革，还会面临更为严峻的技术挑战，但这和信息共享的最高目标相比，又算得了什么呢？

1.2 网页设计与制作流程

一个网站的整体规划设计得成功与否，直接影响了用户对网站的主观评价。下面，就让我们一起来学习一下网页设计与制作的流程。

1.2.1　网页的系统分析

1. 项目立项

当我们接到客户的业务咨询，经过双方的相互沟通，初步达成制作协议，这时就需要将项目立项。比较好的做法是专门成立一个项目小组，小组成员包括项目经理、网页设计员、程序员、测试员、编辑/文档等人员。

2. 客户的需求说明书

第一步是需要客户提供一个完整的需求说明。许多客户对自己的需求都不明确，需要我们不断引导并帮助其分析需求。有些客户可能对自己建什么样的网页根本就没有明确的目的，对网页建好后干什么也是一无所知。为了使客户能够明确自己的目的，我们需要耐心仔细地分析，挖掘出客户潜在的、真正的需求。

那么，什么样的需求说明书才算是标准的呢？简单说，包含下面几点：① 正确性。每个功能必须正确执行交付的功能。② 可行性。确定在当前的开发环境下可以实现所有需求目标；③ 必要性。功能是否必须交付，是否可以推迟实现，是否可以在削减开支情况发生时"砍"掉；④ 简明性。不要使用专业的网络术语；⑤ 检测性。开发完毕，客户可以根据需求检测。

1.2.2　网页的建设方案

1. 网页总体设计

总体设计是非常关键的一步。它主要确定以下内容：网页需要实现哪些功能；网页开发使用什么软件，在什么样的硬件环境；需要多少人，多少时间；需要遵循的规则和标准有哪些。同时需要草拟一份规划说明书，包括：网页的栏目和板块；网页的功能和相应的程序；网页的链接结构；如果有数据库，进行数据库的概念设计；网页的交互性和用户友好设计。

在总体设计出来后，一般需要给客户一个网页建设方案。这时的方案一般比较笼统，而且是在客户需求并不明确的情况下提交的，一般情况下，会与最终实际制作后的结果有很大的差异，所以我们应该尽量征得客户的理解。在明确需求和确定了总体设计后，再提交方案，这种做法对双方都是有益的。网页建设方案包括以下几个部分：客户情况分析；网页需要实现的目的和目标；网页形象说明；网页的栏目板块和结构；网页内容的安排，相互链接关系；使用软件，硬件和技术分析说明；开发时间进度表；宣传推广方案；维护方案；制作费用；本公司简介：成功作品，技术，人才说明等。如果方案通过客户的认可，那么就可以开始动手制作网页了。但还不是真正意义上的制作，还需要进行详细设计。

2．网页详细设计

在总体设计阶段，我们是以比较抽象概括的方式提出了解决方案。而详细设计阶段的任务就是把抽象的概括具体化。详细设计主要是针对程序开发部分来说的。但在这个阶段不是真正编写程序，而是设计出程序的详细规格说明。规格说明的作用很类似于工程蓝图，其中包含了必要的细节，如程序界面、表单、需要的数据等。程序员可以根据这张"蓝图"编写程序代码。

1.2.3　网页的设计制作

1．整体形象设计

在网页程序员进行详细设计的同时，网页设计师开始设计网页的整体形象和首页。

整体形象的设计包括了标准字、Logo、标准色彩、广告语等。首页设计包括版面、色彩、图像、动态效果、图标等风格设计，也包括 banner、菜单、标题、版权等模块设计。首页一般设计 1～3 种不同的风格。

2．开发制作

网页规划设计采用软件工程的设计方法，要在总体设计的基础上，将设计任务分解安排到设计组的每个成员，各模块由设计组成员单独承担设计和调试，既有分工，又有协作，最后将各模块上载到服务器上做链接和整体的调试。

3．调试完善

各模块初步完成后，上传到服务器，对网页进行全范围的测试，包括速度、兼容性、交互性、链接正确性、程序健壮性、超流量测试等，发现问题要及时解决，并做好相关记录工作。

网页建设实际上是一个不断充实和完善的过程，通过不断地发现问题、解决问题、修改、补充，使网页结构趋向合理，内容更加丰富，形式更富有感染力。

4．维护

网页做好了是不是就一劳永逸呢？不是，如果想把网站做大的话，网页维护也是一项艰巨的工作。当网页变得十分庞大时将会有不计其数的图片、网页文件等内容，如果它们其中有一个网页丢失，或者其中的链接错误，都将引起用户访问网页错误。所以我们一定要保证整个网页的"健康"和完整，另外我们还应该合理地将不同类型的文件存放在具有一定逻辑结构的文件夹中，例如，将网页中的图片都放在一个文件夹中，而网页则放在另一个文件夹中。而且如果将来网页真的"肥沃"起来，我们甚至需要为网站的每一个功能模块建立一个文件夹，例如，将所有的图片文件放在一个文件夹下，将所有的声音文件放在一个文件夹下，这样一来，会为我们的维护工作减少很多不必要的麻烦。

网页维护最后要说的就是网页的文件备份了，如果电脑发生了灾难，我们的网页就很可能要瘫痪了，所以时常备份网页文件也是很重要的。

网页成功推出后，长期的维护工作才刚刚开始，我们需要做到的是：及时响应客户反馈，例如可以采取 E-mail 自动回复功能，然后尽快解决问题，再次回复；网页流量统计分析和相应对策；尽量推广和使用网址；网页内容的及时更新和维护。

1.3　网页开发工具简介

在上一节中，我们着重介绍了网页设计与制作的普通流程，但只掌握这些是不够的，真正掌握好一个或多个网页设计软件，才能让你在网页设计领域尽情施展自己的才华。从 1990 年第一个真正意义上的网页诞生以来，世界各地已经出现了众多优秀的网页设计软件，以及与网页相关的平面设计、动画制作软件。下面介绍其中的几款经典软件。

1.3.1　网页设计软件 FrontPage

FrontPage，简称 FP，是美国微软公司推出的一款网页设计、制作、发布、管理的软件，它是 Office 组件的一部分，属于网页制作入门级软件。FrontPage 方便简单，会用 Word 就能做网页。如果你是初学者，或对网页制作要求不高，那选择 FrontPage 没错，用熟悉了，也能做出很专业的网页。Frontpage 提供一些基本的功能，它的设计界面是所见即所得的，它集成了编辑、代码、预览三种模式于一体，并与 Microsoft Office 各软件无缝连接，表现出了良好的表格控制能力，也继承了该产品系列良好的易用性。但 FrontPage 的功能可能无法满足更高要求，所以在高端用户中，在可视化网页设计软件中，大多数专业的网页制作者会选择 Adobe Dreamweaver，一部分人会使用图形化更加完善的 Adobe Golive，还有一部分人则仅仅使用代码编辑器，如 UltraEdit，甚至记事本编辑网页。

FrontPage 于 2006 年前停止提供，作为微软 Office 组件的一部分，FrontPage 被两款专业的网页设计工具所取代，Expression Web 和 Sharepoint Designer。所以如果你是一个新手，那么你可以首先尝试使用 Frontpage 来制作网页。

1.3.2　网页设计软件 Dreamweaver

　　Dreamweaver 是集网页制作和管理网站于一身的所见即所得网页设计软件，它最初由美国 Macromedia 公司开发，是第一套针对专业网页设计师特别发展的视觉化网页开发工具，使用它可以轻松地制作出跨平台、跨浏览器的网页。

　　Dreamweaver 与动画制作软件 Flash、网页图像设计软件 Fireworks，三者一起被 Macromedia 公司称为 Dreamteam（梦之队），足见市场的反响有多么的强烈，以及 Macromedia 公司对它们抱有多大的自信。说到 Dreamweaver，我们应该了解一下网页设计软件的发展过程。随着 Internet 的家喻户晓，HTML 技术的不断发展和完善，随之而产生了众多网页设计软件，从基本性质来看，网页设计软件可以分为"所见即所得的"与"非所见即所得的"（即原始代码编辑器），两者各有千秋。所见即所得网页设计软件的优点就是直观性，使用方便，容易上手，我们在所见即所得的网页设计软件中进行网页制作时，会感觉像使用 Word 编辑文档一样轻松，但同时它也存在着许多致命的弱点。由于 Adobe 在 2005 年并购了 Macromedia，所以此软件现在为 Adobe 旗下产品。

 相关链接　官方网站下载 http://www.adobe.com/cn/products/dreamweaver/

1.3.3　图像处理软件 Fireworks

　　Fireworks 同样是美国 Macromedia 开发的图像软件，借助于 Macromedia Fireworks，可以在直观、可定制的环境中创建和优化用于网页的图像并进行精确控制。Fireworks 的图片优化工具可帮助我们将图片调整到最佳品质，而大小也压缩到最小。它与 Macromedia Dreamweaver 和 Macromedia Flash 共同构成的开发套件可以让你轻松地创建并优化图像。利用可视化工具，无须有任何代码基础，也可制作出具有专业品质的网页图像和动画来，如完成大图切割、变换图像和弹出菜单等。它极大简化了图像设计的工作难度和时耗，无论是专业设计师，还是业余爱好者，都可以轻松地制作出绚丽夺目的 GIF 动画，因此，对于辅助网页编辑来说，Fireworks 是最大的功臣。

　　Macromedia 公司在 2005 年被 Adobe 并购以后，Adobe 发布了 Fireworks CS，该软件可以加速 Web 的设计与开发，是一款创建与优化 Web 图像和快速构建网站与 Web 界面原型的理想工

具。Fireworks CS 不仅具备编辑矢量图形与位图图像的灵活性，还提供了一个预先构建资源的公用库，并可与 Adobe Photoshop CS、Adobe Illustrator CS、Adobe Dreamweaver CS 和 Adobe Flash CS 软件集成。在 Fireworks CS 中将设计迅速转变为模型，或利用来自 Illustrator CS、Photoshop CS 和 Flash CS 的其他资源，然后直接置入 Dreamweaver CS 中轻松地进行开发与部署。

 相关链接 官方网站下载 http://www.adobe.com/cn/products/fireworks/

1.3.4 图像处理软件 Photoshop

Photoshop 是美国 Adobe 公司开发的图形处理软件，主要应用于在图像处理、广告设计的一款平面设计软件。最初它只是在 Apple 机（MAC）上使用，后来也开发出了 forwindow 的版本。

从功能上看，Photoshop 大体可以划分为图像编辑、图像合成、校色调色及特效制作部分。图像编辑是图像处理的基础，可以对图像做各种变换如放大、缩小、旋转、倾斜、镜像、透视等，也可进行复制、去除斑点、修补、修饰图像的残损等。这在婚纱摄影、人像处理制作中有非常大的用场，去除人像上不满意的部分，进行美化加工，得到满意的效果。图像合成则是将多幅图像通过图层操作、工具应用合成完整的、传达明确意义的图像，这是平面设计的必由之路。Photoshop 提供的强大绘图工具，可以让原始图像与作者的创意有机地融合在一起，从而使图像的合成天衣无缝。校色调色是 Photoshop 中众多强大功能之中的佼佼者，可快速有效地对图像的色彩进行明暗、色相的调整，也可以在不同颜色模式进行转换，以满足一副图像在不同领域（如网页设计、印刷、多媒体等）应用的需要。特效制作功能主要由滤镜、通道及工具整合应用完成，包括了图像的创意特效和特效文字的创作，如油画、浮雕、素描等美术技巧都可由 Photoshop 的滤镜来实现。

多数人对于 Photoshop 的理解仅限于"一个非常实用的图像编辑软件"，但并不知道它的诸多用途和相关应用。实际上，Photoshop 的应用领域很广泛的，在图像、图形、文字、视频、出版各方面都有涉及。网络应用的普及是促使更多人去学习 Photoshop 的一个重要原因。因为在制作网页时 Photoshop 是必不可少的网页图像处理和界面软件。

 相关链接 官方网站下载 http://www.adobe.com/cn/products/photoshop/

1.3.5　动画制作软件 Flash

Flash 是 Flash Macromedia 公司开发的动画编辑工具。1997年推出了业内领先的互动内容创作平台，用于交互网站、交互式数字体验和高视觉冲击力的动画内容的创作。Flash 是由 Macromedia 公司推行的 Web 交互式矢量图和动画标准，被大量应用于互联网网页的矢量动画文件格式。使用向量运算（Vector Graphics）的方式产生出来的影片占用存储空间较小，使用 Flash 创作出的影片有自己的特殊档案格式（swf）。该公司声称全世界 97%的网络浏览器都内建 Flash 播放器（Flash Player）。

Flash 的三重意义：

① Flash 英文本意为"闪光"；

② 它是风靡全球的计算机动画设计软件；

③ 它代表了用上述软件制作的流行于网络的动画作品。

Flash 是一种交互式矢量多媒体技术，它的前身是 FutureSplash。后来该软件由于被 Macromedia 公司收购，而 Future Splash 也被更名为 Flash 2，到现在最新的为 Flash 4。现在网上遍布了无尽无数的 Flash 站点，著名的站点如 ShockRave 站点，整个网站都采用了 Shockwave Flash 与 Director 技术。可以说 Flash 已经渐渐成为交互式知量的标准，未来网页的一大主流。

相关链接　官方网站下载 http://www.adobe.com/cn/products/flash/

 课后习题

1．网络中常见的网页格式有哪些？

2．网页中常见的元素有哪些？

3．网页可以笼统地分为哪两种类型？

4．上网查找相关资料，了解 Web1.0，Web2.0，Web3.0 的基本概念。

5．学会安装本章中介绍的各种网页制作工具，有问题可以利用搜索工具寻求答案。并尝试了解更多的网页制作工具，整理出 3 种网页制作工具的相关介绍。

课后实验

实验项目：根据 1.1.2 节的步骤，自己动手制作一个简单的标准网页，内容和标题均为"这是我的第一个网页"。

实验目标：掌握最基本的网页编辑方法，熟悉网页的基本格式。

实验结果：

如图 1.9 所示。

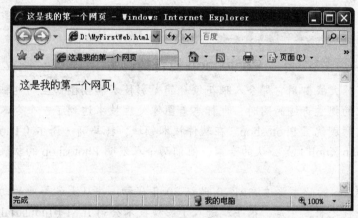

图 1.9 一个简单的标准网页

实验步骤：

1. 在 D:\下新建一个 txt 文档，名"为 MyFirstWeb.txt"。
2. 双击打开该文档，在其中键入以下内容：

```
<html>
<head>
<title>这是我的第一个网页</title>
</head>
<body>
这是我的第一个网页！
</body>
</html>
```

3. 更改它的扩展名为.html。
4. 用 IE 浏览器打开刚刚制作好的网页。

第 2 章

初步认识 Photoshop CS2

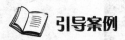 **引导案例**

Photoshop 传奇的诞生

当电影《星球大战》用它那令人眼花缭乱的光影技术和栩栩如生的电脑特技，一次次创造出无与伦比的视觉奇迹的同时，也标志着图像处理技术达到了一个令人瞩目的高度，也恰恰是这部电影成就了 Photoshop。在软件技术领域，托马斯·诺尔（Thomas Knoll）和约翰·诺尔（John Knoll）是公认的专家，他们两个人发明 Photoshop 的初衷完全是出于自己的兴趣。

有关 Photoshop 的故事要追溯到 20 世纪 80 年代初。先从大学毕业的约翰，由于在成像技术上拥有一技之长，于是，很早就进入了影视技术公司 ILM（Industrial Light Magic）。而在这时，弟弟托马斯仍在大学里攻读电子工程博士的学位。伴随着个人电脑在美国的流行，托马斯自己也购买了一台苹果 II 型个人电脑，并且自己尝试着编写一些软件。不久，他设计出了一种软件，名叫 Display，能够让拥有黑白屏幕的苹果电脑显示出灰阶图像效果。约翰特别看好 Display，于是他说服了托马斯，在 Display 的基础之上，编写了一套完整的数字图像处理软件，目标是超越 Pixar。

两个人从此开始了长期合作，托马斯负责编写软件主程序，而约翰则在业余时间负责提高成像效果和为 Display 设计工具插件来丰富其功能。1988 年，图像处理软件 ImagePro 问世了。但是，在初期，那些大公司（如 Adobe、SuperMac、Alcus 等）都没有对这款软件产生兴趣，它们觉得 PixelPaint 已经非常完善了，没有必要再花钱去购买其他的软件。幸运的是，一家名叫 BarneyScan 的扫描仪制造商看中了 ImagePro，他们将这个软件与自己公司的扫描仪捆绑销售，销售的第一笔订单就有 200 份，并且他们首次为这款软件用上了 Photoshop 的名字。

Photoshop 软件因为其强大的功能与简洁实用的界面受到了广大用户的欢迎。此后不久，Adobe 终于主动找上门来。1990 年 2 月，在两兄弟的授权之下，Adobe 公司正式推出了 Photoshop1.0 版。此后，Photoshop 的版本不断升级，从 1995 年的 3.0 版，一直到现在的 CS2 专业版，Photoshop 从未让它的忠实用户失望过。

……

问题：Photoshop 图像设计软件诞生于电影特效制作领域，那么它在网页平面设计领域又有什么样的应用？它是否是最适合进行网页平面设计的图像设计软件？

◇ **学习目标** ◇

1. 掌握 Photoshop CS2 的工作区布局。
2. 重点掌握各个工具栏和调板所处的位置和基本功能。
3. 熟悉工作区的保存与打开操作。
4. 了解各种工具的简单使用效果。
5. 重点掌握各种面板的使用方法和参数设置方法。
6. 了解常用预置参数选项的设计方法。

学习导航

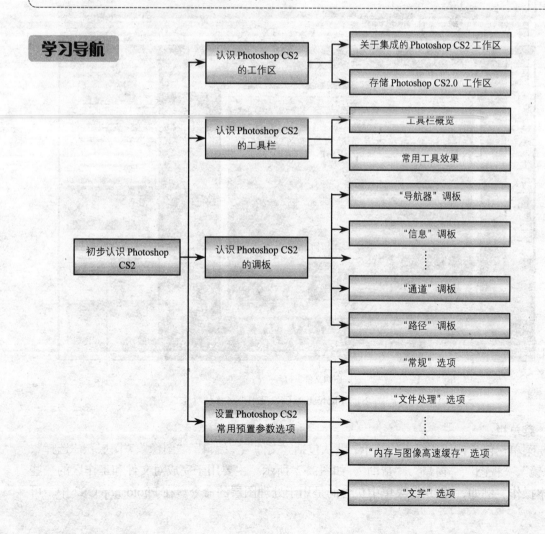

2.1　认识 Photoshop CS2 的工作区

2.1.1　关于集成的 Photoshop CS2 工作区

在我们启动 Photoshop 时，软件会自动弹出"欢迎"窗口。选择此窗口中的选项，可阅读教程或观看有关的新功能。Photoshop 工作区将许多的面板和工具集中在一个集成的窗口中，方便使用和管理。工作区域的布置方式有助于我们集中精力创建和编辑图像。下面，我们通过图 2.1 认识一下它的工作区。

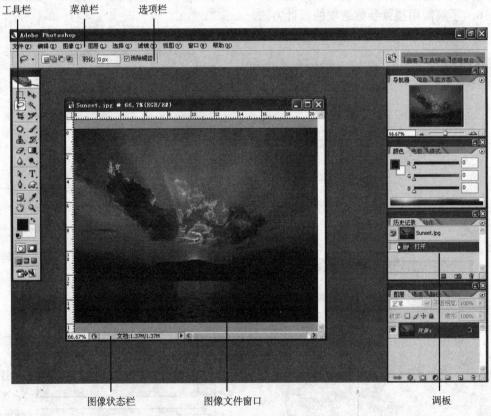

图 2.1　Photoshop CS2 工作区介绍

菜单栏：

菜单栏包含按任务组织的菜单，默认包括"文件"、"编辑"、"图像"、"图层"、"选择"、"滤镜"、"视图"、"窗口"、"帮助"，如图 2.2 所示。主要用于完成对文件和工作区的一些基本操作。例如，"图层"菜单中包含的是用于处理图层的命令。在 Photoshop CS2 中，可以通过显示、隐藏菜单项或向菜单项添加颜色来自定菜单栏。

图 2.2 菜单栏

选项栏:

在使用特定工具时,选项栏提供与该工具有关的选项。不同工具状态下它的选项是不一样的,一般会由基本的下拉式菜单、输入框、按钮等组成,如图 2.3 所示。在 Photoshop CS2 工作区中,选项栏可以被拖放到任何位置,用户也可以通过"窗口"菜单中的"选项"命令将其显示或隐藏,如图 2.3 所示。

图 2.3 选项栏

工具栏:

工具栏一般位于窗口的左侧,用于创建和编辑图像的工具,如图 2.4 所示。工具栏应该说是在图像编辑过程中最常用到的元素。在 Photoshop CS2 工具箱中,一组功能相似的工具公放置在一起形成一个工具组。如果工具箱中的工作图标右下角带有黑色三角图形,那么就表示它是一个工具组,在该工具图表中还隐含了其他工具。在后面,我们会详细讲解工具栏中各种工具的具体用法。

调板:

调板帮助用户监视和修改图像,它是一种特殊的窗口,如图 2.5 所示。用户可以自定义工作区中的调板位置。基本的调板包括"导航器"、"信息"、"直方图"、"颜色"、"色板"、"样式"、"历史记录"、"动作"、"图层"、"通道"、"路径"。调板也是在图像编辑过程中使用的重要元素,后面也会进行详细的介绍。

图 2.4 工具栏

图 2.5 调板

图像文件窗口：

如图 2.6 所示，图像文件窗口显示了当前打开的文件，包含打开的文件的窗口也称为文档窗口。在该区域中可以实时地看到图像编辑或处理的效果，它是我们在编辑过程中最集中的区域。在图像文件窗口的上部是图像文件窗口的标题栏，它是由控制菜单、图像信息和控制按钮组成的。其中控制菜单、控制按钮的功能与 Photoshop CS2 工作界面的标题栏的控制菜单、控制按钮功能完全相同。在图像文件窗口的标题栏中不仅显示了打开图像文件的文件名称，还显示了图像文件的当前视图显示比例、颜色模式。

图像状态栏：

图像状态栏提供了图像的一些基本信息，包括显示比例、文档大小等，当然这里所显示的信息类型也是可以由用户进行设置的。

图 2.6　图像文件窗口及状态栏

2.1.2　存储 Photoshop CS2.0 工作区

Photoshop 为用户提供了工作区存储的功能。每个用户在使用 Photoshop 的过程中会形成自己的一些习惯，菜单的设置、调板的设置和位置可能会在不同的用户之间存在差别。尤其在多用户使用同一台公共电脑时，由于不同的操作习惯，在每次工作前，用户都要将工作区设置成自己习惯的布局。这时，工作区的存储功能就显得尤为重要了。

那么，如何存储我们的工作区呢，步骤很简单。单击菜单栏中"窗口"选项，在下拉菜单中，选择"工作区"，右边弹出的菜单中选择"存储工作区"，如图 2.7 所示。

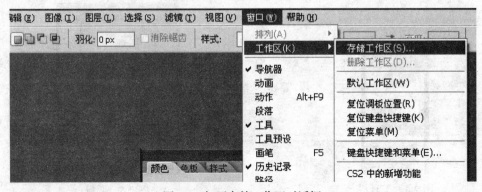

图 2.7　打开存储工作区对话框

　　这时会弹出一个如图 2.8 所示的对话框。我们可以看到，它有一个"名称（N）"的输入栏，还有在"捕捉"选项组的下面有三个项目分别为"调板位置（P）"、"键盘快捷键（K）"、"菜单（M）"。"菜单（M）"在默认情况下是选中的。那么这三个选项就要根据自己的情况来进行选择，哪些要存储下来，哪些不要。

　　我们现在将三项全部选中，并给工作区取名为"demo"，如图 2.9 所示。单击"存储"按钮。这样我们的存储工作区的工作就完成了。

图 2.8　存储工作区对话框介绍

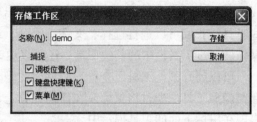
图 2.9　设置存储工作区的属性

　　如何恢复"默认工作区"或者选择其他已存储的工作区呢？方法是一样的，同样是单击菜单栏中"窗口"选项，在下拉菜单中选择"工作区"，再选择"默认工作区"就可以了，如图 2.10 所示。这时可以看到在右侧弹出的选项中的最下方有一个名为"demo"的选项，这就是我们刚才存储的工作区，如果想恢复我们所存储的名为"demo"的工作区的话，选择它就可以了。

图 2.10　选择默认工作区和其他已存储的工作区

2.2 认识 Photoshop CS2 的工具栏

2.2.1 工具栏概览

在第一次启动 Photoshop 时，工具栏默认停靠在屏幕左侧，我们可以通过拖移工具栏的标题栏来移动它。通过选择菜单栏的"窗口"选项，然后选择"工具"，我们也可以显示或隐藏工具栏。工具栏中的某些工具具有出现在上下文相关工具选项栏中的选项。通过这些工具，我们可以进行选择、文字、绘画、绘制、取样、编辑、移动、注释和查看图像等操作。通过工具栏中的其他工具，还可以更改前景色/背景色、在不同的模式下工作。

可以展开某些工具以查看它们后面的隐藏工具。工具图标右卜角的黑色小三角形表示存在隐藏工具。通过将鼠标放在任何工具上，可以查看有关该工具的信息。工具的名称将出现在鼠标下面的工具提示中。

下面我们概要地介绍一下工具栏中的各种工具，如图 2.11 所示。

选择工具
■ 矩形选框工具（M）
○ 椭圆选框工具（M）
单列选框工具（M）
单行选框工具（M）
■ 移动工具（V）
套索工具（L）
多边形套索工具（L）
磁性套索工具（L）
■ 魔棒工具（W）
剪裁和切片工具
■ 剪裁工具（C）
■ 切片工具（K）
切片选择工具（K）

修饰工具
■ 污点修复画笔工具（J）
修复画笔工具（J）
修补工具（J）
红眼工具（J）
■ 仿制图章工具（S）
图案图章工具（S）

■ 橡皮擦工具（E）
背景橡皮擦工具（E）
魔术橡皮擦工具（E）
■ 模糊工具（R）
锐化工具（R）
涂抹工具（R）

■ 减淡工具（O）
加深工具（O）
海绵工具（O）

绘画工具
■ 画笔工具（B）
铅笔工具（B）
颜色替换工具（B）
■ 历史记录画笔工具（Y）
历史记录艺术工具（Y）
■ 渐变工具（G）
油漆桶工具（G）

绘图和文字工具
■ 路径选择工具（A）
直接选择工具（A）

图 2.11 Photoshop CS2 工具栏中的各种工具

■ 钢笔工具（P）
　自由钢笔工具（P）
　添加锚点工具（P）
　删除锚点工具（P）
　转换点工具（P）
■ T 横排文字工具（T）
　直排文字工具（T）
　横排文字蒙版工具（T）
　直排文字蒙版工具（T）

■ 矩形工具（U）
　圆角矩形工具（U）
　椭圆工具（U）
　多边形工具（U）
　线性工具（U）
　自定形状工具（U）

■ 注释、度量和导航工具
■ 注释工具（N）
　语音注释工具（N）
■ 吸管工具（I）
　颜色取样工具（I）
　度量工具（I）
■ 抓手工具（H）
■ 缩放工具（Z）

图 2.11　Photoshop CS2 工具栏中的各种工具（续）

2.2.2　常用工具效果

我们已经对工具栏有了一个大概的了解，现在就介绍一下各种常用工具在执行时的效果，如图 2.12 所示。

选择工具可以建立矩形、椭圆、单行或单列的选区

移动工具可以移动选区、图层或参考线

套索工具可建立手绘图、多边形和磁性选区

魔棒工具可以选取着色相近的选区

剪裁工具可以用来剪裁图像

切片工具可以创建切片

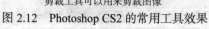

图 2.12　Photoshop CS2 的常用工具效果

25

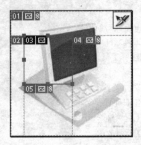

切片选择工具可以选择切片

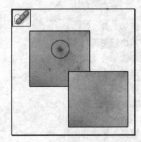

污点修复画笔工具可
以除去污点或对象

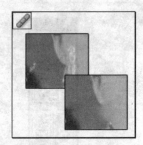

修复画笔工具可以使用样本或图案
绘画以修复图像中不理想的部分

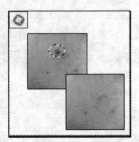

修补工具可以使用样本或图案来修
复所选图像区域中不理想的部分

红眼工具可以除去由闪光
灯导致的红色反光

仿制图章工具可利用图像
的样本来绘画

橡皮擦工具可抹除像素并将图像
的局部恢复到以前存储的状态

背景橡皮擦工具可通过拖移将
区域擦抹为透明区域

魔术橡皮擦工具只需点击一次即
可将纯色区域擦抹为透明区域

模糊工具可对图像中的硬边
进行模糊处理

锐化工具可锐化图像中的柔边

涂抹工具可涂抹图像中的数据

图 2.12　Photoshop CS2 的常用工具效果（续）

减淡工具可使图像中的区域变亮

加深工具可使图像中的区域变暗

海绵工具可更改区域的颜色饱和度

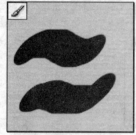
画笔工具可绘制画笔描边

渐变工具可创建直线形、放射形、斜
角形、反射形和菱形的颜色混合效果

油漆桶工具可使用前景
色填充着色相近的区域

路径选择工具可建立显示锚点、方
向线和方向点的形状或线段选区

文字工具可在图像上创建文字

钢笔工具可以绘制边缘平滑的路径

形状工具和直线工具可在正常图
层或形状图层中绘制形状和直线

图 2.12　Photoshop CS2 的常用工具效果（续）

27

2.3 认识 Photoshop CS2 的调板

1."导航器"调板

"导航器"调板用来显示"图像文件窗口"中图像所处的位置和比例状态。通过这个窗口，我们可以了解到现在"图像文件窗口"的图像位于整幅图的什么位置和缩放比例。同时，我们也可以拖动面板下方小三角形所指向的滑条，来放大或缩小图像，或是拖动调板中心的红色边框来改变要显示在"图像文件窗口"中的图像区域，如图 2.13 所示。

图 2.13 "导航器"调板

2."信息"调板

"信息"调板用于显示鼠标所指向位置的 RGB 值、CMYK 的色彩系数、鼠标坐标，以及物体大小、文档大小等相关信息。当使用工具对一个对象进行选取或旋转时，在"信息"调板上可以显示出选取的大小和旋转的角度等相关信息。图 2.14 显示了一个矩形选区的宽度与高度，单位为厘米。

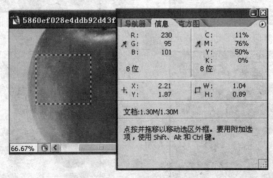

图 2.14 "导航器"调板

3."直方图"调板

"直方图"调板用于显示当前图像的直方图。直方图是灰度级的函数，它表示图像中具有每种灰度级的像素的个数，反映图像中每种灰度出现的频率。直观地讲，直方图反映了图像的色彩信息与明暗信息，通过直方图，我们可以判断出一幅图的亮度强弱，也可以结合"通道"调板判断出图像的主色调。在此基础上，我们才可以有效地对图像进行处理。图 2.15 反映了一副风景图的原图、暗色调、亮色调下的直方图。

原图　　　　　　　　暗色调　　　　　　　　亮色调

图 2.15　"直方图"调板

4．"颜色"调板

"颜色"调板可以将颜色进行混合，然后再进行选择。我们也可以使用拾色器来选取颜色，拾色器是一个非常重要的工具，在进行平面设计时，色彩的选择操作大部分要通过拾色器来进行。如图 2.16 所示。

5．"色板"调板

"色板"调板可以让我们很快地选取前景色或背景色，还可以将经常用到的颜色保存在这里，以便随时使用，如图 2.17 所示。

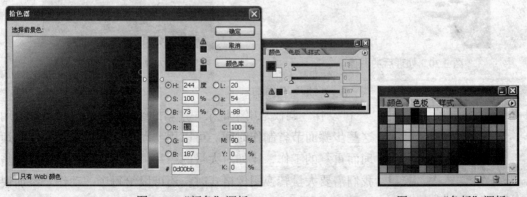

图 2.16　"颜色"调板　　　　　　　　图 2.17　"色板"调板

6."样式"调板

"样式"调板用来快速定义图形的各式属性，并将预设的效果应用到图像中。它的功能有点像图层样式，可以对某些对象快速地附加一种样式，而且适合使用在网页元素设计的场合下，如按钮或标题文字。选择一个样式，得到如图 2.18 所示的文字效果。

7."历史记录"调板

"历史记录"调板是用来记录用户操作步骤的。我们可以在"常规"选项中设置历史记录的条数，如果内存足够的话，"历史记录"调板会将所有的操作步骤都记录下来，可以随时让图像返回到任何一个步骤，查看任何一个步骤操作时图像的效果。不仅如此，配合使用历史画笔工具和艺术历史画笔工具，还可以将不同步骤所创建的效果结合起来。图 2.19 显示的就是"历史记录"调板。我们在处理图像时可以使用"历史记录"调板将图像还原到原始图像。图 2.20 是已处理过的图，图 2.21 则是还原后的效果图。

图 2.18 "样式"调板

图 2.19 "历史记录"调板

图 2.20 处理后的图像

图 2.21 还原后的图像

图 2.22 "动作"调板

8."动作"调板

"动作"调板是用来记录一连串的编辑动作，以便重复运用这些步骤而节省制作时间。可以用"动作"调板来操作一些烦琐而重复的工作，比如对大量的照片进行重复式处理，或者当我们需要大量转换图像格式时，还可以给每个"动作"添加快捷键，这样就能更好地提高工作效率了。选择菜单栏"窗口"

选项，然后选择"动作"选项便可隐藏和显示该调板。图 2.22 显示了"动作"调板的一些基本默认动作，当然我们也可以自定义自己的"动作"。

9."图层"调板

"图层"调板主要是用于控制图层，可以进行新建或合并图层等操作。使用"图层"面板可以轻易地修改、编辑每一层上的图像。"图层"面板是我们进行平面设计时最常用的面板，在这里我们详细介绍一下它的组成，如图 2.23 所示。

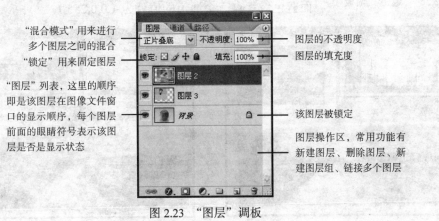

图 2.23 "图层"调板

图 2.23 显示了"图层"调板的组成，在这里我们看到图 2.24 显示了三个图层在一幅图中的情况，它们之间根据其在"图层"调板的上下顺序而相互遮挡。而图 2.25 则是在"图层 2"上使用了"正片叠加"的混合模式。

图 2.24 图层之间相互遮挡

图 2.25 使用"正片叠加"混合模式

10."通道"调板

"通道"调板可以用来显示图像的颜色数据和保存选区，并可以通过切换图像的颜色通道来进行各通道的编辑，也可以将选区存储在通道中变成 Alpha 通道，以便以后随时调用。通道大体分为基本通道和 Alpha 通道。基本通道保存着图像自身的颜色，而 Alpha 通道则可以无限制地创建并删除，"通道"调板如图 2.26 所示。

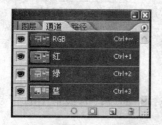

图 2.26 "通道"调板

下面我们就来看一下RGB彩色图像各个通道的图像构成及它们的直方图，这样我们就可以对 RGB 彩色图像有一个直观的印象，如图 2.27 所示。一般情况下，RGB 图像由红（Red）、绿（Green）、蓝（Blue）三个通道组成，每个通道中每个像素点都由一个 0~255 的数值表示。比如，红色像素点三个通道的值就是（255,0,0），绿色像素点三个通道的值就为（0,255,255），而蓝色像素点三个通道的值就为（0,0,255）。

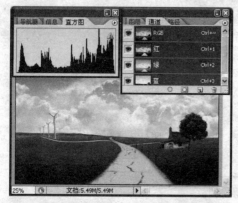
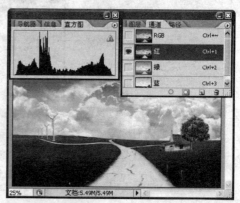

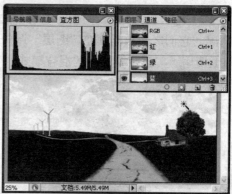

图 2.27　RGB 彩色图像的三个通道

11. "路径"调板

"路径"调板用来保存利用钢笔工具绘制的区域。如图 2.28 所示，在路径调板中，我们也可以新建和删除路径，以及对路径进行一些其他的操作。

图 2.28　"路径"调板

2.4 设置 Photoshop CS2 常用预置参数选项

通过设置 Photoshop CS2 常用预置参数，可以更加有效地提高 Photoshop 的运行效率，使 Photoshop CS2 更加符合用户个人的操作习惯。要打开 Photoshop CS2 预置参数的设置，可以单击菜单栏的"编辑"选项，选择其中的"首选项"。下面简要地介绍预置参数的设置。

2.4.1 "常规"选项

选择"编辑"→"首选项"→"常规"，就打开了"首选项"对话框，默认情况下显示"常规"选项，如图 2.29 所示。

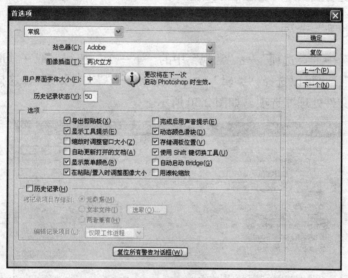

图 2.29 "常规"选项

在"首选项"对话框的"常规"选项中，各选项的作用如下。

"拾色器"下拉菜单：用来选择用户所使用的拾色器类型，默认为 Adobe，我们也可以使用 Windows 的"拾色器"来进行选色。

"图像插值"下拉菜单：直观上是为了让图像显得更加平滑或者锐利，默认使用"两次立方"模式会让图像显得比较锐利。该选项要根据不同的图像进行设定。

"历史记录状态"下拉菜单：设定历史记录的条数，默认设置是 20，也就是说，在我们进行操作时，软件只会记录最近发生的 20 次操作，之前更早的操作将不会被记录。该选项要根据用户个人的习惯及电脑本身的存储性能而定。

"导出剪贴板"复选框：是否使 Photoshop CS2 向其他程序粘贴图像时将剪贴板作为缓

冲和暂存对象，实现软件之间的数据快速交换。

"显示工具提示"复选框：在光标移动到 Photosho CS2 中的工具或按钮时，是否显示当前工具或按钮的名称和快捷键等注释信息。建议初学者开启此功能。

"缩放时调整窗口大小"复选框：在调整图像文件的显示大小时，图像文件窗口是否随图像显示的改变而改变。用户可以根据自己的操作习惯将其启用或禁用。

"动态颜色滑块"复选框：是否使拾色器中的彩色四色曲线图颜色随着滑块的移动而变化。

"存储调板位置"复选框：是否在退出 Photosho CS2 时保存关闭时的工作界面状态。这样在下次打开 Photosho CS2 时，仍可以是前次退出的工作界面状态。

"使用 Shift 键切换工具"复选框：是否可以在编组工具之间使用 Shift 键进行切换。

2.4.2 "文件处理"选项

选择"编辑"→"首选项"→"常规"中的"下一个"按钮，或在顶部的下拉菜单中选择"文件处理"，也可以选择"编辑"→"首选项"→"文件处理"，这样打开了"首选项"对话框的"文件处理"选项。如图 2.30 所示。

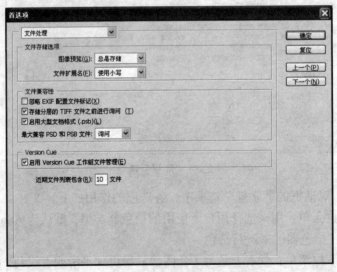

图 2.30 "文件"选项

在"首选项"对话框的"文件处理"选项中，"文件存储选项"区域的"图像预览"默认选择的是"总是存储"，但是我们一般会设置它为"存储时提问"，这样可以避免 Photoshop CS2 在保存图像文件时创建一个 ICON 格式之类的文件用于图像文件的预览。

我们还可以在"最大兼容 PSD 和 PSB 文件"下拉列表中进行图像文件浏览方式的设置，

其默认是"询问"选项。在"近期文件列表包含"文本框中，我们可以根据需要设置相应的数值，该数值的大小不会占用内存，可以设置较大数值。这样可以方便我们在图像处理时打开多个图像文件。

2.4.3 "显示与光标"选项

在顶部的下拉菜单中选择"显示与光标"，也可以选择"编辑"→"首选项"→"显示与光标"，这样打开了"首选项"对话框的"显示与光标"选项，如图 2.31 所示。该选项主要用于设置 Photoshop CS2 中显示和光标样式方面的参数选项。

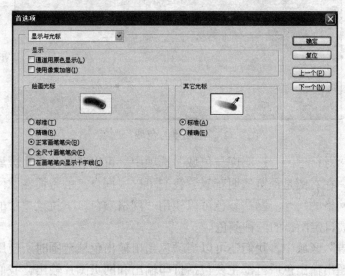

图 2.31 "显示与光标"选项

在"首选项"对话框的"显示与光标"选项中，我们可以通过"显示"区域设置"通道"调板和图像在编辑时的显示效果。如果启用"通道用原色显示"复选框，会使得"通道"调板中的复合通道以色彩效果显示；如果启用"使用像素加倍"复选框，会使得在移动图像时使用刷新快但分辨率较低的显示方式。

在"绘画光标"和"其他光标"区域中，我们还可以根据需要选择"标准"和"精确"等不同的光标显示样式。

2.4.4 "透明度与色域"选项

在顶部的下拉菜单中选择"透明度与色域"，也可以选择"编辑"→"首选项"→"透明度与色域"，这样就打开了"首选项"对话框的"透明度与色域"选项，如图 2.32 所示。该选项主要是用于设置 Photoshop CS2 中透明区域的网格样式，以及色域警告的颜色和不透明度。

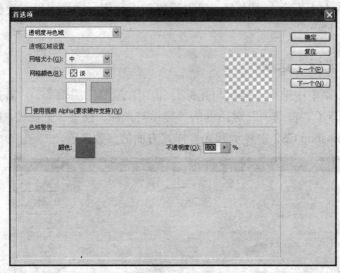

图 2.32 "透明度与色域"选项

在"首选项"对话框的"透明度与色域"选项中，可以通过"透明区域设置"来设置透明背景的样式，在右侧是预览透明背景，我们可以根据自己的习惯在"网格大小"下拉菜单中设置背景网格的尺寸。网格颜色可以使用"网格颜色"下拉菜单中的配色方案，也可以根据个人习惯自定网格的两种颜色。

在"色域警告"区域中，我们还可以当颜色超出输出色域范围时所使用的警告色和不透明度。所谓的超出输出色域范围主要包括打印输出和网页图片输出，我们在电脑中显示的图像大多是 RGB 的图像，但是当输出时打印机和网页图片的色彩并没有 RGB 那样丰富，这样就导致图像中有些色彩可以在显示器上显示出来，却不能用打印机打印出来，或者不能在网页中显示出来。那么这时，Photoshop CS2 就使用警告色来提示我们，该颜色超出输出色域范围。

2.4.5 "Plug-Ins 与暂存盘"选项

在顶部的下拉菜单中选择"Plug-Ins 与暂存盘"，也可以选择"编辑"→"首选项"→"Plug-Ins 与暂存盘"，这样就打开了"首选项"对话框的"Plug-Ins 与暂存盘"选项，如图 2.33 所示。该选项主要是用于设置 Photoshop CS2 中第三方开发的程序的磁盘位置以及暂存盘磁盘位置。

如果启用"Plug-Ins 与暂存盘"选项中的"附加的 Plug-Ins 文件夹"复选框，我们可以另外设置 Plug-Ins 文件夹，该文件夹用于存放 Photoshop 增效工具程序。

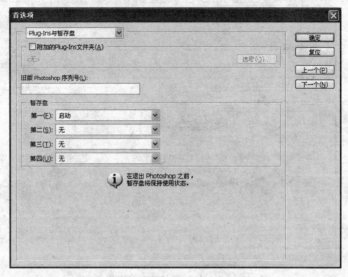

图 2.33　"Plug-Ins 与暂存盘"选项

应该在"Plug-Ins 与暂存盘"选项中的"暂存盘"区域里将系统磁盘自由空间最大的分区设置为第一暂存盘，然后以此类推。不过需要注意的是，最好不要将系统盘 C 作为第一启动盘，这样做的好处是防止频繁地读写硬盘数据而影响操作系统的运行效率。暂存盘的作用是 Photoshop 在处理较大的图像文件时，将暂存盘设定的磁盘空间作为缓存以存放信息数据。

2.4.6　"内存与图像高速缓存"选项

在顶部的下拉菜单中选择"内存与图像高速缓存"，也可以选择"编辑"→"首选项"→"内存与图像高速缓存"，这样就打开了"首选项"对话框的"内存与图像高速缓存"选项，如图 2.34 所示。该选项主要是用于设置 Photoshop CS2 的内存优化和图像高速缓存的参数选项。

在"内存与图像高速缓存"选项的"高速缓存设置"区域中，应该根据自己电脑的内存容量和其他配置来设置参数值。一般情况下，在电脑内存容量低于 192MB 时，应该将"高速缓存设置"文本框的数值设置为 1 或 2；在电脑内存在 256MB 以上时，可以将该数值设置得更高一点，该参数的默认值是 6。

默认情况下，"内存使用情况"区域的"Photoshop 占用的最大数量"参数的数值为 50%，适当提高该参数值会加快 Photoshop 处理图像文件的运算速度。不过将该参数值设置得过高，会影响操作系统和其他程序的运行。

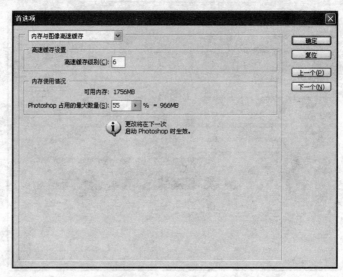

图 2.34 "内存与图像高速缓存"选项

2.4.7 "文字"选项

在顶部的下拉菜单中选择"文字"，也可以选择"编辑"→"首选项"→"文字"，这样就打开了"首选项"对话框的"文字"选项，如图 2.35 所示。该选项主要用于设置 Photoshop CS2 的文字显示的参数选项。

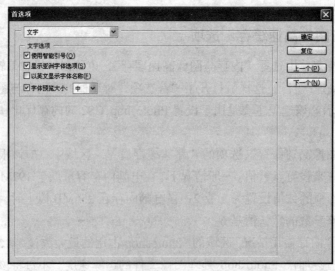

图 2.35 "文字"选项

在"文字"选坝的"文字选项"区域中，启用"使用智能引号"复选框，可以在使用文字工具进行文字输入时自动替换左右引号；启用"显示亚洲字体选项"复选框，可以在"字符"和"段落"调板中显示中文、日文、朝鲜语文字选项；禁用"以英文显示字体名称"复选框，可以在"字体"下拉列表中看到以中文显示的中文字体名称；启用"字体预览大小"复选框，可以设置"字体"下拉列表预览字体显示的大小。

 ## 课后习题

1．Photoshop 的工具栏分为哪 7 种类型的常用工具？

2．上网下载图片素材，参照 2.2.2 的效果图，动手尝试制作其中至少 10 种类似效果图。

3．尝试使用各种调板，制作图例中的效果图。

课后实验

实验项目：制作一个简单的电子商务网站首页界面。

实验目标：掌握 Photoshop 的常用基本设置，以及工具与调板的基本使用方法。

实验结果：

如图 2.36 所示。

图 2.36　一个简单的电子商务网站首页

实验步骤：

1．根据自己的使用习惯，亲自动手布局一个工作区，然后保存该工作区为名为"MyWorkaround"。

2．将 Photoshop 的历史记录条数设置为 200 条，并设置透明背景网格颜色为橙色。

3．新建一个文件，宽度和高度分别为"200 像素"和"80 像素"，并设置背景内容为透明，如图 2.37 所示。

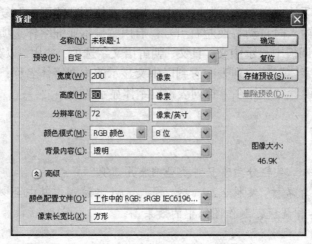

图 2.37　对新建文件进行设置

4．在新建的文件中，选择"横排文字工具" T，在图像文件窗口的空白处单击鼠标左键，会出现闪烁的光标提示输入文字，这时输入 "购物网"字样，然后在选项栏中设置文字为"黑体"，大小"36px"，颜色设为橙黄色（色彩值# ff6600），设置完成后单击选项栏最后的"√"按钮完成设置，如图 2.38 所示。

图 2.38　设置文字格式

最后使用"移动工具" ，拖动"购物网"字样到图像的左侧位置。

5．左键单击"形状工具" 不放，在弹出的下拉菜单中选择自定形状工具 ，这时在选项栏中选择"购物车"自动形状，然后按住"Shift"键，在图像文件窗口中按住鼠标左键并拖动，画出购物车的形状，如图 2.39 所示。并将购物车的颜色设为银灰色（色彩值#999999 ）。

图 2.39　选择"购物车"自动形状

6．整体效果如图 2.40 所示。

图 2.40　购物车整体效果

7．单击菜单栏的"文件"中的"保存"，弹出如图 2.41 所示的对话框，将文件保存到 D:\盘，选择格式为"GIF"，文件名为"logo"，然后单击"保存"按钮，在随后出现的提示框中都单击"确定"按钮。

图 2.41　保存文件

8．在 D:\下，右键单击我们以前制作的网页 MyFirstWeb.html，选择下拉菜单中的"用记事本打开"，将它的代码改写为如下内容：

```
<html>
<head>
<title>这是我的第一个网页</title>
</head>
<body>
<img src="logo.gif">
这是我的第一个网页!
</body>
</html>
```

9. 用 IE 浏览器打开刚刚制作好的网页。

第 3 章

使用 Photoshop CS2 设计网页界面

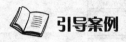 引导案例

"视觉中国"的视觉优势

"视觉中国"是一个优秀的视觉设计网站，它凭借着丰富的专业知识、功能强大的学习交流平台、水平高超的用户群体，吸引了成千上万的视觉设计爱好者加入其中。当然，它之所以能够超越其他设计类网站，一跃成为中国第一视觉设计门户的重要因素，还包括它其中的 VI 设计。登录 www.chinavisual.com 可以体验其视觉效果。

VI 设计，来源于英文中的 Visual Indentity System，意即视觉识别系统。只就网站而言，一个网站上的所有图片、文字、动画及它们的编排方式等一切能够看到的元素都是 VI 设计的一部分，简单来说，其实就是一个网站的外观。

一个网站的内容固然重要，但是如果没有一个好看而吸引人的外表，哪怕有着再好的内容与结构，相信整个网站的浏览效果也会大打折扣，浏览者的阅读兴致也会大减。就像一个内涵丰富但却外表平庸的人在一个公共场所出现时难以引起别人的注意一样。人们称互联网经济为注意力经济，如何吸引大众的注意力，除了内容是一个重要的因素外，外观也同样起着举足轻重的作用。网站的外观非常重要，因此，网站的 VI 设计也非常重要。

问题：怎样才是一个好的 VI 设计呢？怎样才能有一个让人一见倾心的视觉效果？

◇ 学习目标 ◇

1. 重点掌握文件的基本操作。
2. 掌握文字工具的使用。
3. 掌握形状工具的使用。
4. 掌握图层的创建与编辑方法。
5. 了解图层样式的概念。
6. 熟悉网页平面设计的基本方法。

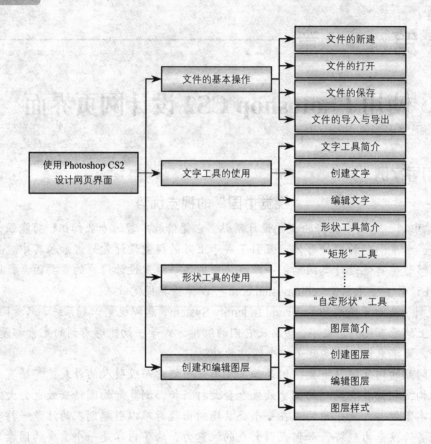

3.1 文件的基本操作

3.1.1 文件的新建

在进行图像编辑之前，我们首先要新建一个图像文件。在 Photoshop CS2 中，单击"菜单栏"的"文件"选项，然后选择"新建"，或直接使用快捷键 Ctrl+N（熟练掌握快捷键，有助于初学者提高工作效率），来打开"新建"对话框。图 3.1 显示了"新建"对话框，我们来看看其中各个选项的含义。在该对话框中，用户可以设置所需创建的图像文件的名称、图像大小、分辨率、颜色模式、背景内容等参数属性。如果我们单击"新建"对话框中的"高级"按钮，即可展开"高级"选项区域。在该区域中，我们可以设置"颜色配置文件"和"像素长宽比"选项。

图 3.1 文件 "新建" 对话框

下面详细介绍 "新建" 对话框中各主要选项的功能和设置。

"名称" 选项：用于设置图像文件的名称，默认文件名为 "未标题-1"，该文件名尾部的数字 "1" 是所创建图像文件的序号，它是根据创建的顺序依次递增的，如果接着新建文件的话，它的名称将会是 "未标题-2"、"未标题-3"…"未标题-10" 等。文件的名称最长不能超过 255 个字符，在文件名中间的任何位置都可以出现空格。

"预设" 选项：用于快速设定文件的宽高，下拉菜单中已经预设了一些常用的图像宽高，如 A4 纸、明信片等，我们可以根据具体需求进行选择。如果选择 "自定" 选项，就表示该文件宽高由我们自己重新定义。

"宽度" 和 "高度" 选项：用于设置图像文件的宽度和高度。在 "宽度" 和 "高度" 的文本框中最多可以输入 8 位数字。在它们右侧是 "单位" 选项，在这里，我们可以选择 "宽度" 和 "高度" 的单位，默认选择 "像素"。

"分辨率" 选项：用于设置图像文件的分辨率大小，默认单位使用 "像素/英寸"。图像分辨率和图像尺寸（宽高）的值一起决定文件的大小及输出的质量，该值越大，图形文件所占用的磁盘空间也就越多。图像分辨率以比例关系影响文件的大小，即文件大小与其图像分辨率的平方成正比。如果保持图像尺寸不变，将图像分辨率提高 1 倍，则其文件大小增大为原来的 4 倍。

"颜色模式" 选项：用于选择图像所使用的颜色模式，在 Photoshop CS2 中，所能创建的颜色模式只有位图、灰度、RGB、颜色、CMYK 和 Lab 5 种模式。如果想要设置其他颜色模式，可以在创建后将其进行转化。另外，我们还可以在 "颜色模式" 选项中设置图像颜色的位数。

"背景内容" 选项：用于设置图像的背景方式，有白色、背景色和透明 3 种背景方式供选择。其中："白色" 选项为默认；如果选择 "背景色" 选项，那么会以工具栏中背景色为背景创建图像文件；如果选择 "透明" 选项，那么所创建的图像文件的背景将会是透明的，不具有任何颜色。"透明" 背景的设置在 2.4.4 节已做过详细介绍。

3.1.2　文件的打开

如果我们要打开已有的文件，在 Photoshop CS2 中，我们只需单击"菜单栏"的"文件"选项，然后选择"打开"，或直接使用快捷键 Ctrl+O 弹出"打开"对话框。图 3.2 显示了"打开"对话框，在该对话框的"查找范围"下拉列表框里，可以选择所需打开的图像文件位置。默认情况下"文件列表框"中显示的是所有格式的文件，如果我们只想显示指定文件格式的图像文件，可以在"文件类型"下拉列表框选择要打开图像文件的格式类型。在"打开"对话框中选择图像文件后，单击"打开"按钮即可打开所选的图像文件。

除了以上方法外，我们也可以直接使用鼠标左键双击 Photoshop CS2 窗口中心的空白区域，来弹出"打开"对话框。另外，也可以将要打开的文件从 Windows 的窗口下，直接拖动到 Photoshop CS2 的窗口中，该文件将直接被打开，这样就省略了在对话框中选择的麻烦。如果我们要打开最近使用的文档，有一个更简单的方法，单击菜单栏中的"文件"选项，选择"最近打开的文件"，在右部弹出的下拉菜单中，就会出现最近打开过的一些文档的名称，选择想要打开的文件即可。

如果要同时打开多个文件，可以在"打开"对话框的文件列表中按住 Shift 键，然后选择连续排列的多个图像文件。如果要选择的多个图像不连续，那就通过按住 Ctrl 键来选择多个文件，然后单击"打开"按钮。

通常情况下，我们都是以图像文件的原有格式打开图像文件的，如果我们要以置顶的图像文件格式打开图像文件，那么可以单击"菜单栏"的"文件"选项，然后选择"打开为"，打开"打开为"对话框，如图 3.3 所示，在该对话框的文件列表中选择要打开的图像文件，然后在"打开为"下拉列表框中设定转换的图像文件格式，再单击"打开"按钮，即可按选择的图像文件格式打开图像文件。

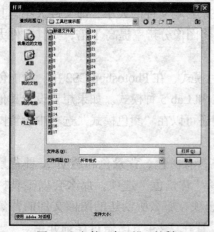

图 3.2　文件"打开"对话框

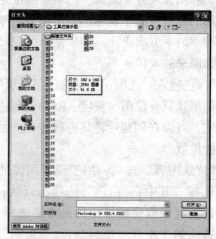

图 3.3　文件"打开为"对话框

3.1.3 文件的保存

在我们图像编辑完成之后，往往需要将文件保存起来。在 Photoshop CS2 中，我们单击"菜单栏"的"文件"选项，然后选择"存储"，或直接使用快捷键 Ctrl+S，来打开"存储"对话框。如果我们要保存的文件是新建的，那么前面的操作将会打开"存储为"对话框，如图 3.4 所示。在该对话框中，用户可以设置所需保存图像文件的参数属性。设置完成后，单击"保存"按钮确定。如果我们保存的是已经存档的图像文件，那么选择"存储"命令将不打开"存储为"对话框而直接保存。

如果我们想将原图像文件的文件格式或文件名等参数属性重新设置另存，可以单击"菜单栏"的"文件"选项，然后选择"存储为"，这样也会打开如图 3.4 所示的"存储为"对话框。在该对话框的"文件名"文本框输入所需要新设置的图像文件名称，在"格式"下拉列表框中选择另存图像文件的文件格式，然后单击"保存"按钮即可。

3.1.4 文件的导入与导出

使用 Photoshop CS2 导入和导出功能可以实现与其他软件的数据交换。也就是说，Photoshop CS2 支持不同应用程序之间的数据交换。例如，我们可以选择"导入"命令，将扫描仪与 Photoshop CS2 交互使用，使扫描后的图像文件直接在 Photoshop CS2 中处理、保存。

Photoshop CS2 中的导入功能是通过"置入"选项和"导入"选项实现的，我们可以根据实际处理需要选择它们进行相关操作。

单击"菜单栏"的"文件"选项，在下拉菜单中选择"置入"，便打开了"置入"对话框，如图 3.5 所示。在该对话框中，我们可以选择 AI，或者 EPS、PDF\PDP 文件格式的图像文件。设置完成后，单击"置入"按钮确定，即可导入选择的图像文件至 Photoshop CS2 的当前图像文件窗口中。

图 3.4 文件"存储为"对话框

图 3.5 "置入"对话框

"导入"选项的主要作用是将输入设备上的图像文件直接导入 Photoshop CS2 中使用。这种导入方式与"置入"选项不同之处在于：它会新建一个图像文件窗口，然后将从输入设备获得的图像导入新创建的图像文件窗口中。如果我们已经安装了扫描仪等输入设备，那么在"导入"命令的级联菜单中会显示扫描仪等输入设备的名称，只需选择相应设备的名称，即可将从输入设备获得的图像文件导入 Photoshop CS2 中进行处理编辑。

3.2 文字工具的使用

3.2.1 文字工具简介

Photoshop CS2 提供了"横排文字工具"、"直排义字工具"、"横排文字蒙版工具"和"直排文字蒙版工具"共 4 种文字工具。这 4 种文字工具位于 Photoshop CS2 工具箱的文字工具组中，如图 3.6 所示。使用这些文字工具，用户可以轻松地在图像中创建各种各样的文字。

图 3.6　文字工具组

选择文字工具后，选项栏会显示为如图 3.7 所示的状态。通过该选项栏，我们可以方便、快捷地设置文字的参数。

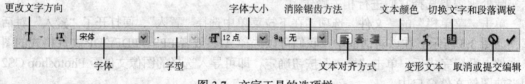

图 3.7　文字工具的选项栏

如果要了解该工具栏中工具的用途，我们可以将鼠标悬停在工具的上方，这时软件会弹出"提示"告诉我们该工具的用途。

3.2.2 创建文字

在 Photoshop CS2 中，根据图像处理的需要，可以在图像文件窗口中使用"横排文字"工具创建横排文字，或者使用"直排文字"工具创建直排文字。另外，根据创建文字的操作方法不同，可将创建的文字分为"点文本"和"段落文本"

1．创建横排和直排文字

使用工具栏中的"横排文字工具"，可以在图像中创建横向排列的文字。横向排列方式是 Photoshop CS2 中比较常用的文字排列格式。

在创建文字时可以先在文字工具的选项栏或"字符"调板中设置创建的文字参数选项，然后在图像文件窗口中输入文字。也可以用前次设置的文字参数选项为基础，在图像文件窗口中输入文字，然后选择它们，在文字工具的选项栏或"字符"调板中根据需要调整参数选项。用同样的方式我们可以使用"直排文字工具"创建直排格式的文字，如图 3.8 所示。

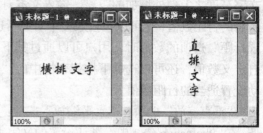

图 3.8　横排文字与直排文字

2．创建段落文本

如果我们在图像文件窗口中单击，然后输入文字，那么创建的文字即为"点文本"；如果用户在图像文件窗口中按下鼠标左键，然后拖动出一个文字定界框，再释放鼠标左键，那么所创建的则是"段落文本"。

与"点文本"相比，"段落文本"的文本类型可以在"段落"调板中应用更多的自动文本对齐方式，并且在创建文字的过程中，还可以通过控制文字定界框调整创建的文本段落范围，以及进行倾斜或旋转等编辑操作。

3.2.3　编辑文字

在图像中创建文字后，我们可以根据需要对文字内容进行增加或删除，也可以通过相关操作或工具移动其位置，还可以通过 Photoshop CS2 提供的"字符"调板和"段落"调板，调整文字的参数属性及段落的对齐方式等内容。

1．更改文字的内容

如果更改创建的文字内容，可以在"图层"调板中选择所需操作的文字图层，然后选择工具栏中的"横排文字工具"或"直排文字工具"，单击图像中该文字所在区域，即可使文字进入编辑状态。这时，用户就可以对创建的文字内容进行删除或增加操作。

如果想要选择文字区域中的所有文字，只需使用文字工具在该文字区域内双击，即可选择区域中全部文字内容。如果我们想在文字处于编辑状态时移动其位置，只需将鼠标移出编辑区域，然后点击鼠标左键拖动。

2．"字符"调板

通过"字符"调板，可以设置文字的字体、字号、消除锯齿方法等参数选项，还可以设置文字的行距、垂直和水平比例、字间距等参数选项。单击选项栏中的"切换文字和段落调板"按钮即可打开"字符"调板，如图 3.9 所示。

"设置行距"选项：该选项用于文本对象中两行文字之间的间隔距离。"行距"是指在文字高度之上额外增加的距离。输入文本对象前，我们可以在"设置行距"文本框中设置所需的行距数值，也可以在输入文本对象后选择所需文字，然后调整其行距数值。设置"设置行距"选项的数值时，用户可以通过其下拉列表框选择预设的数值，也可以在文本框中自定义数值，还可以选择下拉列表框中的"自动"选项，根据创建文本对象的字体大小自动设置适当的行距数值。

"垂直缩放"选项和"水平缩放"选项：这两个选项用于设置文字的垂直和水平缩放比例。在 Photoshop CS2 中，默认设置的文字垂直和水平缩放数值为100%。

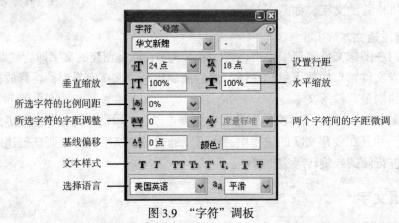

图 3.9 "字符"调板

"所选字符的比例间距"选项：该选项用于设置文字之间的间隔距离。我们可以在其下拉列表框中选择 Photoshop CS2 预设的参数数值，也可以在其文本框中直接输入所需的参数数值。可以在创建文字之前设置该选项，也可以在选择两个以上文字时，才为可设置状态。

"所选字符的字距调整"选项：该选项用于设置文字之间的字体间距。我们可以在其下拉列表框中选择 Photoshop CS2 预设的参数数值，也可以在其文本框中直接输入所需的参数数值。"所选字符的字距调整"选项在选择两个以上文字时，才为可设置状态。

"两个字符之间的字距微调"选项：该选项用于微调光标位置前文字本身的字体间距。与"所选字符的字距调整"选项不同的是，该选项只能设置光标位置前的文字字距。我们可以在其下拉列表中选择 Photoshop CS2 预设的参数数值，也可以在其文本框中直接输入所需的参数数值。需要注意的是，该选项只能在没有选择文字的情况下为可设置状态。

"基线偏移"选项：该选项用于设置选择文字的向上与向下偏移数值。设置该选项参数后，不会影响整体文本对象的排列方向。

"文本样式"选项：在该选项区域中，通过单击不同的文字样式按钮，可以设置文字为加粗、倾斜、英文字母大写、英文字母小写、上标、下标、带有下画线、带有删除线等样式的文字。

3.3 形状工具的使用

3.3.1 形状工具简介

Photoshop CS2 提供了多种多样的形状工具，我们可以很方便地绘制各种图形，如矩形、圆角矩形、椭圆形、多边形等，并且可以使用图案形状和自定义形状。形状工具组如图 3.10 所示。

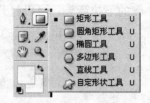

图 3.10 形状工具组

选择形状工具后，选项栏会显示为如图 3.11 所示的状态。通过该选项栏，我们可以方便、快捷地设置形状的参数，绘制出各种不同的形状。

图 3.11 "矩形"工具选项栏

> **提示** 不同形状工具，其选项栏是有一些区别的，通过设置这些特别的参数选项，可以绘制出不同的形状。

在形状工具的选项栏中，分别单击用于设置绘制的图形样式类型的 3 个按钮，可以创建 3 种不同的样式对象。

"形状图层"按钮：单击该按钮，可以创建带有矢量蒙版的图形对象，并且在"图层"调板中创建一个新的图层。通过单击"图层"调板中该图层的矢量蒙版或者直接单击创建的图像对象，即可显示它的锚点。然后，使用路径编辑工具修改图形形状，并且在修改图形形状时，其填充区域也会随之改变。

"路径"按钮：单击该按钮，将可以直接在图像文件窗口中创建路径。

"填充像素"按钮：单击该按钮，在图像文件窗口中将会按照绘制的形状创建填充区域。同时在创建这个形状填充区域时，并不会在"图层"调板中创建一个新的图层，所创建的图形均在当前所选择的图层中。

另外，在形状工具的选项栏中，"样式"下拉列表框用于设置创建的图形对象的填充样式，其作用与"样式"调板相同；"颜色"选项用于设置所创建图形对象的填充颜色。

3.3.2 "矩形"工具

在工具栏中选择"矩形"工具，在图像文件窗口中，单击鼠标左键然后拖动鼠标，可以很方便地绘制矩形形状的图形对象。通过单击该工具选项栏中"自定形状工具"按钮右侧的下拉箭头，可以打开如图3.12所示的"矩形选项"对话框。

在该对话框中，各个主要参数选项的作用如下。

"不受约束"单选按钮：选择该单选按钮，可以根据任意尺寸比例创建矩形图形。

图3.12 "矩形选项"对话框

"方形"单选按钮：选择该单选按钮，可以创建正方形图形。

"固定大小"单选按钮：选择该单选按钮，可以按该选项右侧的W与H文本设置的宽高尺寸创建矩形图形。

"比例"单选按钮：选择该单选按钮，可以按该选项右侧的W与H文本框设置的长宽比例创建矩形图形。

"从中心"复选框：启用该复选框，将会以开始单击的图像位置为矩形中心点创建矩形图形。

"对齐像素"复选框：启用该复选框，创建的矩形图形边缘将会与图像文件窗口中的像素边界自动对齐。

3.3.3 "圆角矩形"工具

在工具栏中选择"圆角矩形"工具，在图像文件窗口中，单击鼠标左键然后拖动鼠标，可以很方便地绘制圆角矩形形状的图形对象。此工具的选项栏与"矩形"工具的选项栏大致相同，只是多了一个用于设置圆角参数属性的"半径"文本框，如图3.13所示。我们可以在该文本框中输入矩形的圆角半径大小。选项栏中其他参数的设置方法与"矩形"工具的选项栏相同。

图3.13 "圆角矩形"工具选项栏

3.3.4 "椭圆"工具

在工具栏中选择"椭圆"工具，在图像文件窗口中，单击鼠标左键然后拖动鼠标，可以很方便地绘制椭圆形状的图形对象。此工具的选项栏与"矩形"工具的选项栏大致相同，只是在其选项栏的"椭圆选项"对话框中少了"方形"单选按钮和"对齐像素"复选框，而多了"圆（绘制直径或半径）"单选按钮，如图 3.14 所示。选择"圆（绘制直径或半径）"单选按钮，我们能够以直径或半径方式创建椭圆形图形。

图 3.14　"椭圆选项"对话框

提示　在绘制图形时，按住"Shift"键后，再单击鼠标左键拖动鼠标，便可以画出正方形图形和正圆形图形对象。

3.3.5 "多边形"工具

在工具栏中选择"多边形"工具，在图像文件窗口中，单击鼠标左键然后拖动鼠标，可以很方便地绘制多边形与星形的图形对象。此工具的选项栏与"矩形"工具的选项栏大致相同，如图 3.15 所示。

图 3.15　"多边形选项"对话框

在"多边形"工具的选项栏中，"边"文本框用于设置多边形的边数或星形的顶点数。在"多边形选项"对话框中，各个主要参数选项的作用如下。

"半径"文本框：用于设置多边形外接圆的半径。设置该参数数值后，将会按所设置的固定尺寸在图像文件窗口中创建多边形图形。

"平滑拐角"复选框：用于设置是否对多边形的夹角进行平滑处理，即用圆角代替尖角。

"星形"复选框：启用该复选框，将会对多边形的边进行缩进，使其转变成星形。

"缩进边依据"文本框：用于设置缩进边的百分比数值。

"平滑缩进"复选框：用于决定是否在绘制星形时对其内角进行平滑处理。

3.3.6 "直线"工具

在工具栏中选择"直线"工具，在图像文件窗口中，单击鼠标左键然后拖动鼠标，可以很方便地绘制直线和带箭头的直线。图 3.16 所示为"直线"工具的选项栏和"箭头"对话框。

图 3.16 "直线"工具的选项栏和"箭头"对话框

在"直线"工具选项栏中，"粗细"文本框用于设置创建直线的宽度。在"箭头"对话框中，用户可以设置创建的直线是否有"起始"和"结束"箭头，并且可以设置箭头的"长度"、"宽度"和"凹度"参数选项。

3.3.7 "自定形状"工具

"自定形状"工具的图形创建方法及参数设置的方法与"矩形"工具基本相同。图 3.17 所示为"自定形状"工具的选项栏、"自定形状选项"对话框及"形状"下拉列表框。

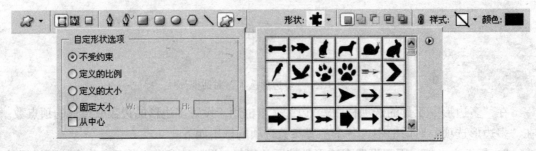

图 3.17 "自定形状"对话框

3.4　创建和编辑图层

在 Photoshop CS2 中，通过使用图层，用户可以非常方便、快捷地处理图像，从而制作出各种各样的图像特效。图层的大部分操作都是在"图层"调板中实现的，如建立图层、复制图层等。因此，我们只要掌握了"图层"调板的使用方法，也就掌握了图层的操作方法。

3.4.1　图层简介

图层的概念类似于一叠含有不同图形图像的剪纸，这些剪纸按照一定的顺序叠放在一起，最终组合成一幅图形图像画面。基于这样的原理，我们可以在 Photoshop CS2 的不同图层中分别处理图像和绘制图形，而不会在处理当前图层中的图像时影响其他图层中的图像。同时，这样也方便我们对图像画面中的各个组成元素进行管理与编辑。如图 3.18 所示。

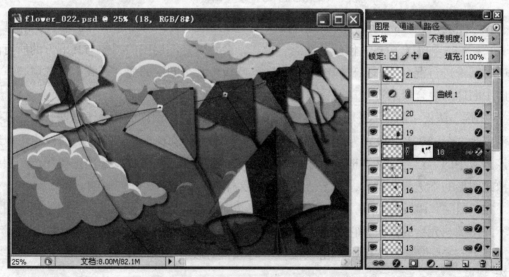

图 3.18　多个图层组成的图像和它的图层调板

为了方便用户管理和操作图层，Photoshop 提供了"图层"调板。通过该调板，我们可以很容易地对图层进行创建、移动、复制、删除和重新安排顺序等操作。我们可以在菜单栏中选择"窗口"，然后单击"图层"选项，来打开或隐藏"图层"调板，如图 3.19 所示。

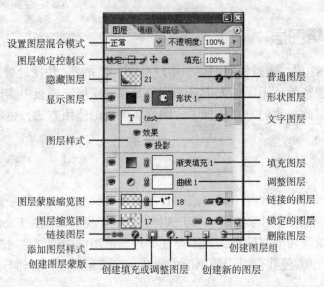

设置图层混合模式
图层锁定控制区
隐藏图层
显示图层
图层样式

普通图层
形状图层
文字图层

填充图层
调整图层
链接的图层
锁定的图层
删除图层
创建图层组

图层蒙版缩览图
图层缩览图
链接图层
添加图层样式
创建图层蒙版
创建填充或调整图层
创建新的图层

图 3.19 "图层"调板

在"图层"调板的"设置图层混合模式"下拉列表框中，可以选择"正常"、"溶解"、"滤色"等 23 种混合模式。使用这些混合模式，会将所选图层中的图像与其下方的所有图层中的图像进行混合。如果我们修改"图层"调板中某个图层的混合模式，该图层与下方图层中图像的混合效果将会直接受到影响。

"图层"调板中的"不透明度"选项用于设置当前图层中图像的整体不透明程度，其数值范围为 0%～100%，设置为 0%时为完全透明，设置为 100%时则完全不透明。也可以通过该调板中的"填充"文本框设置图层中图像的不透明度。同时，该选项主要用于图层中图像或图形的不透明度设置，对于已应用的图层样式，则不产生任何影响。

在"图层"调板的"图层锁定控制区"中，Photoshop CS2 还提供了 4 个用于锁定图层中不同图像与元素的按钮，它们的作用如下。

"锁定透明像素"按钮：单击该按钮，将只能在图层中图像的不透明部分区域进行操作。

"锁定图像像素"按钮：用于锁定当前图像的编辑状态。单击该按钮，可以禁止用户对当前图层中的图像进行任何效果处理，也不允许更改图层中图像的透明度。但是，它没有禁止移动该图层中的图像。

"锁定位置"按钮：用于锁定当前图层中图像的位置。单击该按钮，可以禁止用户在图像文件窗口中移动当前图层中的图像。

"锁定全部"按钮：用于锁定当前图层或图层组中的图像。单击该按钮，可以禁止用户对当前图层或图层组中的图像进行任何操作，如修改、删除、添加、移动及设置图像不透明度等操作。

"图层"调板中显示蓝色的图层为当前所选择的图层。每个图层在"图层"调板中都有一个缩览图，用于显示该图层中的图像内容。如果想要调整其显示的大小，可以单击"图层"调板右上角的黑色小三角按钮，在打开的调板控制菜单中选择"调板选项"命令，这时会打开如图 3.20 所示的"图层调板选项"对话框。在该对话框中，用户可以根据需要设置缩览图的大小或者不显示缩览图。需要注意的是，如果设置缩览图太大，会影响图像显示的刷新速度。

图 3.20　"图层调板选项"对话框

另外，在"图层"调板的最下方还有 7 个工具按钮，用户可以通过单击它们对图层直接进行相应的编辑操作。使用这些按钮等同于执行"图层"调板的控制菜单中的相关命令。

3.4.2　创建图层

创建图层是进行图层处理的基础。在 Photoshop CS2 中，用户可以在一个图像中创建很多图层，每个图层都有自己的混合模式和不透明度，每个图层的操作独立性允许我们对图像进行复杂的处理。

1．创建普通图层

如果想要创建普通图层，只需单击"图层"调板中的"创建新图层"按钮，即可在调板中创建一个空白图层；此外，用户也可以选择菜单栏中的"图层"按钮，在"新建"菜单中选择"图层"选项；也可以单击"图层"调板右上角的黑色小三角按钮，在打开的控制菜单中选择"新建图层"命令。

选择菜单栏中的"图层"，在"新建"菜单中选择"图层"选项，将会打开如图 3.21 所示的"新建图层"对话框。在该对话框中，用户可以设置所创建图层的名称、图层的标准颜色、图层混合模式和不透明度等参数选项。如果启用"使用前一图层创建剪贴蒙版"复选框，所创建的图层将会成为剪贴蒙版。

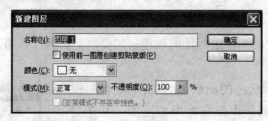

图 3.21 "新建图层"对话框

2．创建调整图层

通过创建以"色阶"、"色彩平衡"、"曲线"等调整命令功能为基础的调整图层，我们可以单独对其下方图层中的图像进行调整处理，并且不会真正修改原图。如果我们隐藏或删除调整图层，即可撤销调整图层的图像处理效果，从而方便我们反复编辑处理图像画面效果。

在创建调整图层后，如果想要观看图层的原效果，只需单击该图层前的"图层可视"图标，即可隐藏该图层；如果我们对设置的调整效果不满意，可以双击该调整图层的图层缩览图，即可打开所设置参数的调整命令对话框，在其中重新调整设置。

另外，我们还可以单击"图层"调板底部的"创建填充或调整图层"按钮，在打开的快捷菜单中选择相应的调整命令来创建调整图层。

3．创建填充图层

填充图层的作用和使用方法与调整图层基本相同，用户可以在"图层"调板中创建纯色、渐变、图案三种填充图层。

如果想要改变填充图层的填充内容或将其转换为调整图层，可以选择所需操作的填充图层，然后选择菜单栏中的"图层"选项，选择"更改图层内容"级联菜单中的相应选项进行操作。

3.4.3　编辑图层

图层的编辑操作主要包括图层的删除、复制、移动、链接、合并等。此外，我们还可根据需要在"图层"调板中创建图层的剪贴蒙版和使用组合图层。

1．删除图层

在图像处理中，对于一些不需使用的图层，虽然可以通过隐藏图层的方法取消它们对图像整体显示的影响，但是它们仍然存在于图像文件中，并且占用一定的磁盘空间。因此，为了精减图像文件，用户可以根据需要即时删除"图层"调板中不需要的图层。

在"图层"调板中选择所需删除的图层，然后通过下列几种方法进行删除操作。

单击"图层"调板右上角的黑色小三角按钮，在打开的控制菜单中选择"删除图层"

命令，然后在打开的"系统提示信息"对话框中单击"是"按钮，即可删除所选的图层。

单击"图层"调板底部的"删除图层"按钮，然后在打开的"系统提示信息"对话框中单击"是"按钮，即可删除所选择的图层。

选择需要删除的图层，将其拖动至"图层"调板底部的"删除图层"按钮上并释放鼠标，即可删除所选择的图层。

右键单击要删除的图层，从打开的快捷菜单中选择"删除图层"选项，然后在打开的"系统提示信息"对话框中单击"是"按钮，即可删除所选择的图层。

> **提示**　选择要删除的图层，然后单击键盘上的"Delete"键，即可删除所选择的图层。但这时不会出现系统提示。

2．复制图层

Photoshop CS2 提供了多种复制图层的方法，可以进一步方便用户创建多种图像效果。如阴影效果、发光效果等。在复制图层时，我们可以在同一图像文件内复制任何图层，包括"背景"图层，也可以将选择操作的图层从一个图像文件复制到另一个图像文件中。

我们可以选择菜单栏中的"图层"，然后选择"复制图层"选项，将会打开如图 3.22 所示的"复制图层"对话框，通过该对话框复制图层。

在"复制图层"对话框中的"为"文本框中，我们可以设定新建图层的名称；在"目标"选项区域的"文档"下拉列表框中，可以选择目标图像文件。默认情况下，复制的图层位于图像文件中的原图层上。

图 3.22　"复制图层"对话框

3．调整图层的叠放次序

由于各个图层中的图像在图像文件窗口中显示时会相互遮挡，因此我们在图层编辑过程中经常需要排列和移动图层所在的层次，从而使各个图层中的图像能够按照所需的图像效果显示。

如果想要调整图层的叠放次序，可以先在"图层"调板中选择所需调整位置的图层，然后按下鼠标并拖动，将其移至所要放置的图层位置上，释放鼠标即可，如图 3.23 所示。

在拖动图层的过程中，图层之间将会显示一个虚线框。

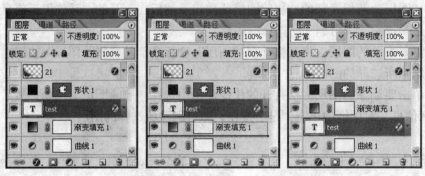

图 3.23　改变图层叠放次序

在 Photoshop 中，除了在"图层"调板中通过鼠标拖放调整图层的叠放次序外，用户还可以选择菜单栏的"图层"选项，然后选择"排列"命令级联中的相关命令，以此来调整图层的叠放次序，如图 3.24 所示。

图 3.24　调整图层叠放次序

提示： 用户不能改变"图层"调板中的"背景"图层的叠放次序，如果想要移动"背景"图层，则只能现将其转换为普通图层，然后再进行移动。

3.4.4　图层样式

Photoshop CS2 提供了各种各样的图层样式效果，如暗调、发光、斜面、叠加和描边。利用这些效果，可以迅速改变图层内容的外观。图层效果与图层内容链接，当移动或编辑图层内容时，图层效果也被相应修改。例如，如果对文本图层应用投影效果，在编辑文本时投影将会自动更改。应用于图层的效果将变成图层的自定样式的一部分。当图层具有样式时，在"图层"面板的该图层名称右边会出现"f"图标。可以在"图层"面板中展开样式，以查看组成样式的所有效果或编辑效果从而更改样式。

图 3.25 显示了带有"投影"样式图层的"图层"调板，只要单击"图层"调板下方的"图层样式"按钮，就可以从列表中选取效果，如图 3.26 所示。

图 3.25　使用图层样式的图层

图 3.26　图层样式子菜单

右键单击"图层"面板中的所要编辑的图层，然后选择"混合选项"选项，就会打开"图层样式对话框"，如图 3.27 所示。在"图层样式"对话框中单击左侧"样式"选项栏中的复选框就可以为图层添加各种效果了。

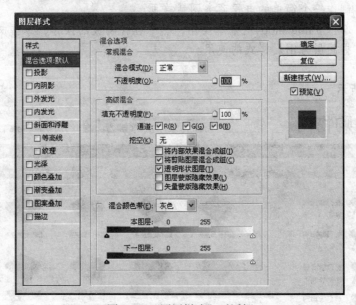

图 3.27　"图层样式"对话框

在"图层样式"对话框中各区域的功能如下。

"样式"区域：位于对话框的左侧，用于设置要使用的图层样式，只需要选中要使用的图层样式前面的复选框，即可对图层附加相应的图层样式。

"混合选项"区域：位于对话框的中部，用于设置图层样式的各种参数，对于不同的图层样式，它们的"混合选项"区域的参数选项是不同的。

"预览"区域：位于对话框的右侧，用于显示当前已附加的图层样式的效果，可以通过这个区域预览图层样式。

 课后习题

1．Photoshop 提供哪几种常用的"颜色模式"，它们各自的定义又是什么？
2．简述"打开"和"打开为"两种文件打开方式的区别。
3．简述"存储"和"存储为"两种文件存储方式的区别。
4．文字工具中包含了哪四种工具？它们各自的功能是什么？
5．在使用图形工具时，按住什么键，可以绘制出正圆、正方形等宽高比例对等图形。

课后实验

实验项目：制作一个简单的电子商务网站首页。

实验目标：掌握 Photoshop 的基本操作，熟练各种调板的操作，掌握文字工具和形状工具的用法，掌握图层与图层样式的使用。

实验结果：

如图 3.28 所示。

图 3.28　一个简单的电子商务网站首页

实验步骤:

1. 新建一个文件, 宽度和高度分别为"800 像素"和"600 像素", 并设置背景内容为"白色"。

2. 按照第 2 章中的课后实验, 在图像文件窗口的左上角制作一个购物网的 Logo。

3. 使用矩形工具在顶部中央, 绘制一个搜索输入框和一个搜索按钮, 并为它们分别添加图层样式。为搜索输入框添加"内阴影", 为"搜索按钮"添加渐变色和边框。渐变色示例为下图, 在右侧有一段极其短的白色区域, 这样可以使得我们的按钮在顶端形成一个高亮的立体效果。如图 3.29 所示。

图 3.29　绘制搜索输入框和搜索按钮

4. 使用自定形状工具, 找到"放大镜"形状, 在按钮的上方绘制一个放大镜。注意调整图层的顺序。

5. 使用矩形工具, 设定宽高分别为"760 像素"和"18 像素", 绘制橙黄色的导航条。

6. 使用矩形工具, 绘制"最新上市"和"商品列表"区域, 使用图层样式为该区域添加背景色和边框。图层绘制的顺序如图 3.30 所示。

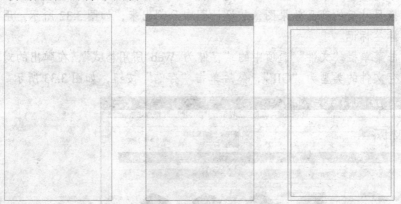

图 3.30　"最新上市"和"商品列表"图层绘制顺序

7. 使用矩形工具, 设定宽高分别为"760 像素"和"1 像素", 绘制出底部的银灰色分界线。

8. 在 Photoshop 中打开两幅商品效果图, 并将它们复制到该文档中, 然后利用菜单栏"编辑"选项中的"自由变换"(或使用 Ctrl+T)来对其进行缩放变换。在缩放图像的大小时, 按住 Shift 键可保持图像的宽高比例。

9. 使用文字工具完成图中文字的制作。在制作文字时, 除了 Logo 图标中的"购物网"

三个字以外，在制作其他文字时，将文字边缘选项设为"无"，这样设计出的文字样式才能与网页中显示的样式相同，如图 3.31 所示。注意，在制作文字的时候，注意调整文字图层与形状图层的层次顺序，使得文字图层可以显示在形状图层之上。

图 3.31　设置文字边缘选项

10．在网站首页的设计完成以后，我们要将设计图片保存，供网页编辑所使用。所以，我们要用到切片工具 和切片选择工具 ，利用切片工具在设计图中分割出我们要保存的区域，切片选择工具用来调整切片区域的大小。利用切片选择工具将网站 Logo、搜索按钮和两个变换尺寸后的商品效果图，从设计图中分割出来，如图 3.32 所示，用户所分割的区域用蓝色标签标记。

11．单击菜单栏"文件"选项中的"存储为 Web 所用格式"，在弹出的对话框的右上方，选择保存文件的类型为"GIF"，然后单击"存储"按钮，如图 3.33 所示。

图 3.32　从设计图中分割要保存的区域

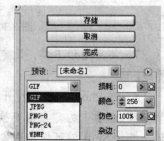

图 3.33　存储文件

12．在弹出的"将优化结果存储为"的对话框中，将"切片"选项设为"所有用户切片"，将我们所保存的文件命名为"images"，并保存到"D:\"下，单击"保存"按钮保存。

13．这时，我们会在"D:\"发现一个以"images"命名的文件夹，其中保存着我们分割好的图像，我们将它们重命名为：

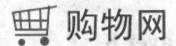
logo.gif

search_button.gif

goods.gif

new.gif

实验提示：

1．利用 Ctrl+[或 Ctrl-]组合键对图像文件窗口进行放大或缩小。

2．按住 Space 空格键，鼠标会变成手型工具，此时单击鼠标左键可以拖动图像文件窗口的可视区域。

3．为每个图层起一个名字，方便查找。

4．在图层调板中注意使用"组"，将位置相对固定的图层放入同一个组。

第 *4* 章

初步认识 Dreamweaver 8

 引导案例

不可缺少的网页利器

Dreamweaver 最初是由美国 Macromedia 公司开发的，它集网页制作和网站管理功能为一体，该网页编辑器最大的特点就是所见即所得，它是第一套针对专业网页设计师专门开发的视觉化网页开发工具，使用它可以敏捷高效地制作出跨平台和跨浏览器的网页。所见即所得网页编辑器的优点就是直观性，使用方便，容易上手，我们在网页编辑器进行网页制作时所看到的网页布局，就是用户能够在浏览器中看到的网页布局。

使用 Dreamweaver 可以快速地将 Fireworks、FreeHand 或 Photoshop 等图像文件添加到网页中。使用检色吸管工具吸取显示器上的颜色，可以很方便地设定最接近的网页安全色。使用网站地图功能可以高效地设计出网站的草图、设计、更新和重组网页。改变网页位置或档案名称，Dreamweaver 会自动更新所有连接。使用支持文字、HTML、HTML 属性标签及语法的搜寻和置换功能，可以使繁杂的网站更新工作变得简单快速。Dreamweaver 是唯一提供 Roundtrip HTML、可视化编辑与源代码同步编辑的网页设计软件。它包含 HomeSite 和 BBEdit 等主流文字编辑器。帧（frames）和表格的制作速度快得令我们无法想象。进阶表格编辑功能使我们简单地选择单格、行、栏或做未连续之选取，甚至可以排序或格式化表格群组，Dreamweaver 支持精准定位，利用可轻易转换成表格的图层以拖拉置放的方式进行版面配置。

所见即所得 Dreamweaver 成功整合动态式出版视觉编辑及电子商务功能，提供超强的支持能力给 Third-party 厂商，包含 ASP、Apache、BroadVision、Cold Fusion、iCAT、Tango 与自行发展的应用软件。当我们正使用 Dreamweaver 设计动态网页时，所见即所得的功能，让我们不需要通过浏览器就能预览网页。梦幻样板和 XML Dreamweaver 将内容与设计分开，应用于快速网页更新和团队合作网页编辑。建立网页外观的样板，指定可编辑或不可编辑的部分，内容提供者可直接编辑以样式为主的内容却不会不小心改变既定之样式。我们也可以使用样板正确地输入或输出 XML 内容。利用 Dreamweaver 设计的网页，可以全

万位地呈现在任何平台的热门浏览器上。

（注：以上内容摘自百度百科）

问题：Dreamweaver 真正优势到底在哪里？对于初学者，应该怎样掌握一个针对高级网页设计师而设计的网页设计软件？

◇ **学习目标** ◇

1. 了解 Dreamweaver 的集成工作区的概念。
2. 掌握如何选择工作区布局。
3. 了解各个工具栏和面板所处的位置。
4. 重点掌握各个工具栏和面板所处的基本功能。
5. 了解站点规划与设计的概念。
6. 重点掌握如何设置和管理站点。

学习导航

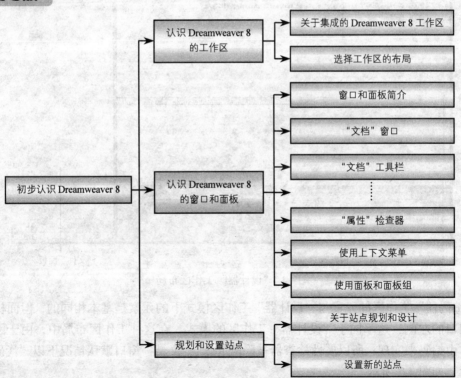

4.1　认识 Dreamweaver 8 的工作区

4.1.1　关于集成的 Dreamweaver 8 工作区

Dreamweaver 8 提供了一个将所有元素放置于一个窗口中的集成布局。在集成的工作区中，所有窗口和面板都被集成到一个更大的应用程序窗口中。工作区有两种基本模式：一种是为了方便页面设计者的"设计器"工作区布局，另一种则是为了方便代码编写者的"编码器"工作区布局。图 4.1 为"设计器"工作区布局。

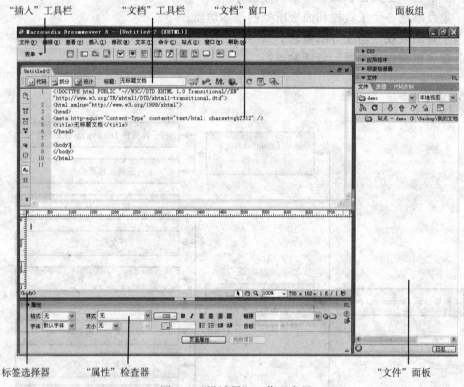

图 4.1　"设计器"工作区布局

"编码器"工作区的元素与"设计器"工作区模式下的元素是基本相同的，但面板组放置于窗口的左侧，这不同于"设计器"工作区的模式。在这种工作区布局中，由于网页设计基本由编码来实现，所以属性检查器被隐藏起来，"文档"窗口默认情况下以"代码"视图显示，如图 4.2 所示。

面板组　　"插入"工具栏　　　　"文档"工具栏　　　　　"文档"窗口

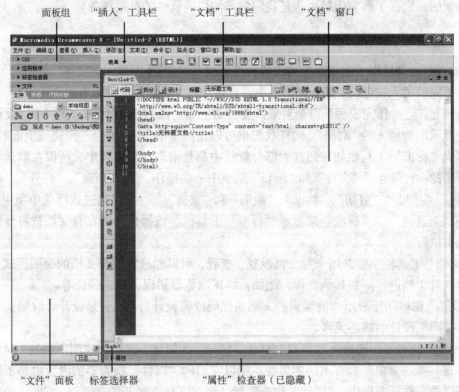

"文件"面板　　标签选择器　　　　　"属性"检查器（已隐藏）

图 4.2　"编码器"工作区布局

4.1.2　选择工作区的布局

由于软件本身为用户提供了两种默认的工作区模式。那么对于不同的用户，如果要在不同的工作区模式下进行切换，该如果去做呢？当然，本书作者还是建议大多数初级用户使用"设计器"样式。

若要从一种工作区切换到另一种工作区，其步骤如下，如图 4.3 所示。

第一步：选择"窗口"→"工作区布局"。

第二步：在右侧的弹出式列表中选择需要的工作区样式。

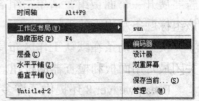

图 4.3　选择工作区布局

4.2　认识 Dreamweaver 8 的窗口和面板

本节将简要介绍浮动和集成工作区布局中出现的元素。它们是我们在网页编辑过程中最常用到的元素，了解它们的用法是我们学习使用该软件的首要任务。

4.2.1 窗口和面板简介

"插入"工具栏用于在页面中插入各种类型的"对象"（图像、多媒体、表格等）。当我们点击不同的插入按钮时，都会弹出一个设置对话框，来设置将要插入对象的属性，如"对象"路径等。当操作完成后，每个对象都会自动生成一段 HTML 代码，同时会在设计视图中同步显示出所插入的"对象"。同样我们也可以使用菜单中的"插入"来完成上面的功能。

因为"标准"工具栏的按钮在大部分软件中都是出现在菜单项中，所以在默认状态下是不显示的，它包含了"文件"和"编辑"菜单中一些操作，如："新建"、"打开"、"保存"、"另存为"、"拷贝"、"剪切"、"粘贴"、"撤消"和"重做"等。可以通过选择菜单项中的"查看"→"工具栏"→"标准"来显示"标准"工具栏。该操作必须在有文档被打开的情况下才能被执行。

"文档"工具栏主要是用来对文档设置、查看，可以通过它调整文档的视图模式，也可以通过它对文档进行一些其他操作，比如：纠正浏览器错误，标记验证等。

"文档"窗口用于显示当前编辑的文档的代码或者设计外观，它是设计者时刻要关注的窗口，是网页设计的核心元素。

"属性"检查器用于检查和设置 HTML "标记"的属性，在设计视图下就是"对象"的属性，每一类"对象"拥有不同的属性，所以它们的"属性"检查器的内容也是不同。在编码器样式工作区布局中，"属性"检查器默认情况下是不展开的。

标签选择器是用来显示在"设计"视图中环绕当前选定内容的标签的层次结构的。如果要选择某个标签及其全部内容，只需单击该层次结构中的任何标签。它在"代码"视图中不可见，因此在编码器样式工作区布局中，默认情况下不可见。

面板组是一组面板的集合。一组面板包括一个面板标题、设置下拉列表及内容列表。若要展开一个面板组，请单击组名称左侧的展开箭头；若要取消停靠一个面板组，请拖动该组标题条左边缘的手柄。

快速启动条在默认工作区布局中不显示，它的主要作用是在状态栏中显示用于打开和关闭最常用面板和检查器的按钮。

Dreamweaver 8 还提供了许多其他面板、检查器和窗口，如"历史记录"面板和代码检查器，这里都未作详细的说明。绝大多数的面板可以组合进面板组中，一小部分的则只能浮动在窗口之上。若要打开面板、检查器和窗口，选择"窗口"菜单项中的相应选项即可。"窗口"菜单中项目旁的复选标记表示指定的项目当前是打开的（虽然它可能隐藏在其他窗口后面）。若要显示一个当前未打开的项目，请从菜单中选择项目名称。

4.2.2 "文档"窗口

工作区的中心就是"文档"窗口，它用来显示当前文档。在网页编辑过程中，它也是我们编辑任务的核心元素。我们所编辑网页的代码和外观设计都是通过"文档"窗口显示出来的，为了方便不同性质的设计人员利用本软件开发网页，软件向我们提供了三种视图模式。

（1）"设计"视图是一个用于可视化页面布局、可视化编辑和网页应用程序快速开发的设计开发模式。在该视图中，Dreamweaver 文档完全可视化，所见即所得，所看到的页面布局会与在浏览器中看到的一模一样。我们可以配置"设计"视图以在处理文档时显示动态内容。

（2）"代码"视图是一个用于编写和编辑 HTML、JavaScript、服务器语言代码［如 PHP 或 ColdFusion 标记语言（CFML）］，以及任何其他类型代码的手工编码环境。

（3）"代码和设计"视图使我们可以在单个窗口中同时看到同一文档的"代码"视图和"设计"视图。

当"文档"窗口有一个标题栏时，标题栏显示页面标题，并将文件的路径和文件名在括号中显示出来。如果我们做了更改但仍未保存，则 Dreamweaver 在文件名后显示一个星号。

当"文档"窗口在集成工作区布局（仅限 Windows）中处于最大化状态时，它没有标题栏，在这种情况下，页面标题及文件的路径和文件名显示在主工作区窗口的标题栏中。

当"文档"窗口处于最大化状态时，出现在"文档"窗口区域顶部的选项卡显示所有打开的文档的文件名。若要切换到某个文档，请单击它的选项卡。

4.2.3 "文档"工具栏

"文档"工具栏中包含了一组按钮，这组按钮使我们可以在文档的不同视图间快速切换："代码"视图、"设计"视图、同时显示"代码"和"设计"视图的拆分视图。

工具栏中还包含一些与查看文档、通过本地站点与远程站点传输文档常用的命令和选项。如图 4.4 所示。

以下选项出现在"文档"工具栏中：

（1）显示代码视图仅在"文档"窗口中显示"代码"视图。

（2）显示代码视图和设计视图在"文档"窗口的一部分中显示"代码"视图，而在另一部分中显示"设计"视图。当选择了这种视图模式时，"视图选项"菜单中的"在顶部查看设计视图"选项变为可用。

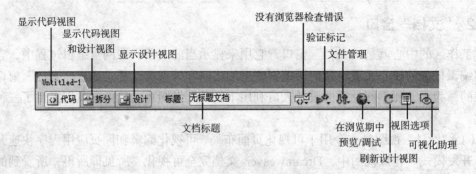

图 4.4 "文档"工具栏介绍

（3）显示设计视图仅在"文档"窗口中显示"设计"视图。

（4）文档标题是用来设置文档的网页标题的，该标题会显示在浏览器的标题栏中。如果文档已经有了一个标题，则该标题将显示在该区域中。

（5）没有浏览器检查错误使我们可以检查跨浏览器兼容性。

（6）验证标记允许我们验证当前文档或选定的标签。

（7）文件管理显示"文件管理"下拉式菜单。

（8）在浏览器中预览/调试允许我们在浏览器中预览或调试文档。从下拉式菜单中选择一个浏览器作为要预览调试的默认浏览器。

（9）刷新设计视图当我们在"代码"视图中进行更改后刷新文档的"设计"视图。在执行某些操作（如保存文件或单击该按钮）之前，我们在"代码"视图中所做的更改不会自动显示在"设计"视图中。

（10）视图选项允许我们为"代码"视图和"设计"视图设置选项，其中包括对视图显示上下顺序进行选择。该菜单中的选项只能应用于用于当前视图。

（11）可视化助理允许我们使用不同的可视化助理来设计页面。

4.2.4 "标准"工具栏

"标准"工具栏中包含"文件"和"编辑"菜单中一般操作的按钮："新建"、"打开"、"保存"、"保存全部"、"剪切"、"复制"、"粘贴"、"撤消"和"重做"。可以像使用等效的菜单命令一样使用这些按钮。

4.2.5 "状态"工具栏

"文档"窗口底部的状态栏提供与我们正创建的文档有关的其他信息。具体介绍，如图 4.5 所示。

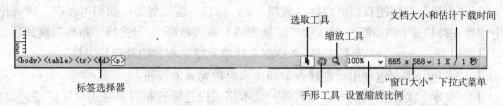

图 4.5 状态工具栏介绍

标签选择器用来显示当前选定标签所属的层次结构。点击该结构中的标签，便可以选择该标签及其内部的全部内容。单击<body>可以选择文档的整个正文。若要设置标签选择器中某个标签的 class 或 id 属性，请右键单击该标签，然后从上下文菜单中选择一个类或 ID。

手形工具允许我们单击文档并将其拖到"文档"窗口中。单击选取工具可禁止手形工具的使用。

缩放工具和设置缩放比例弹出式菜单允许我们为文档设置缩放级别。

"窗口大小"下拉式菜单（仅在"设计"视图中可见）允许我们将"文档"窗口的大小调整到预定义或自定义的尺寸。

"窗口大小"下拉式菜单的右侧是页面（包括全部相关的文件，如图像和其他媒体文件）的文档大小和估计下载时间。

4.2.6 "插入"工具栏

"插入"工具栏包含用于创建和插入对象（如表格、层和图像）的按钮。当鼠标经过一个按钮时，会出现一个工具提示，其中含有该按钮的名称。如图 4.6 所示。

这些按钮被放在几组类别中，我们可以在"插入"栏的左侧切换它们。当前文档包含服务器代码时（如 ASP 或 CFML 文档），还会显示其他类别。当我们启动 Dreamweaver 时，系统会装载我们上次所使用的工具类别。

图 4.6 "插入"工具栏

某些类别的按钮具有下拉式菜单。从下拉式菜单中选中一个选项时，该选项将被设置成该按钮的默认首选操作。例如，如果从"图像"按钮的下拉式菜单中选择"图像占位符"，下次单击"图像"按钮时，Dreamweaver 会插入一个图像占位符。每当从下拉式菜单中选择一个新选项时，该按钮的默认按钮都会变为当前使用按钮。

"插入"栏按以下的类别进行组织：

（1）"常用"类别使我们可以创建和插入最常用的对象，如图像和表格。

（2）"布局"类别使我们可以插入表格、div 标签、层和框架。我们可以在三种表格视图中选择一种模式："标准"（默认）、"扩展表格"和"布局"。当选择"布局"模式后，我们可以使用 Dreamweaver 布局工具："绘制布局单元格"和"绘制布局表格"。

（3）"表单"类别包含用于创建表单和插入表单元素的按钮。

（4）"文本"类别使我们可以插入各种文本格式设置标签和列表格式设置标签，如 b、em、p、h1 和 ul。

（5）"HTML"类别使我们可以插入用于水平线、头内容、表格、框架和脚本的 HTML 标签。

（6）"应用程序"类别使我们可以插入动态元素，如记录集、重复区域及记录插入和更新表单。

（7）"Flash 元素"类别使我们可以插入 Macromedia Flash 元素。

（8）"收藏"类别使我们可以将"插入"栏中最常用的按钮分组和组织到某一常用位置。我们可以修改"插入"栏中的任何对象或创建我们自己的对象。

4.2.7 "编码"工具栏

"编码"工具栏包含可以让我们执行多种标准编码操作的按钮，例如，收起和展开选定的代码、高亮显示无效代码、应用和删除注释，以及插入最近使用过的代码。编码工具栏仅在"代码"视图中可见，它以垂直方式显示在"文档"窗口的左侧。如图 4.7 所示。

我们不能取消停靠或移动"编码"工具栏，但可以将其隐藏。还可以编辑"编码工具栏"来显示更多按钮（如"自动换行"、"隐藏字符"和"自动缩进"）或隐藏我们不想使用的按钮。不过，为此我们必须编辑生成该工具栏的 XML 文件。

图 4.7 "编码"工具栏

4.2.8 "属性"检查器

"属性"检查器使我们可以检查和编辑当前选定页面元素（如文本和插入的对象）的最常用属性。"属性"检查器中的内容根据选定的元素会有所不同。如图 4.8 所示。

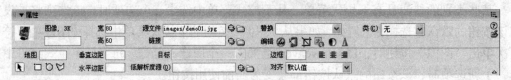

图 4.8 "属性"检查器

（1）若要显示或隐藏"属性"检查器，请执行以下操作：选择"窗口"→"属性"。

（2）若要展开或折叠"属性"检查器，请执行以下操作：单击"属性"检查器右下角的扩展箭头。

（3）若要查看页面元素的属性，请执行以下操作：在"文档"窗口中选择页面元素。

（4）若要更改页面元素的属性，请执行以下操作。

① 在"文档"窗口中选择页面元素。

② 在"属性"检查器中更改任意属性。我们对属性所做的大多数更改会立刻应用在"文档"窗口中。

③ 如果我们所做的更改没有被立即应用，请执行以下操作之一：

- 在属性编辑文本字段外单击。
- 按 Enter 键（Windows）或 Return 键。
- 按 Tab 键可以切换到另一属性。

4.2.9　使用上下文菜单

Dreamweaver 广泛使用了上下文菜单，这样可以很快捷地操作正在处理的对象或窗口。该菜单仅列出适用于当前所选对象或窗口的命令，如图 4.9 所示。

图 4.9　上下文菜单

若要使用上下文菜单，请执行以下操作：

（1）右键单击选定对象或窗口。

（2）从该上下文菜单中选择一个命令。

4.2.10　使用面板和面板组

Dreamweaver 8 中的面板被组织到面板组中。面板组中选定的面板显示为一个选项卡。每个面板组都可以展开或收起，并且可以和其他面板组停靠在一起或取消停靠。

面板组还可以停靠到集成的应用程序窗口中。这样用户可以很方便地随时操作所需的面板，而不会使工作区变得混乱。

1．查看面板和面板组

我们可以按需要显示或隐藏工作区中的面板组和面板。

（1）若要展开或折叠一个面板组，请执行下列操作之一：

● 单击面板组标题栏左侧的展开箭头 ▶|；

● 单击面板组的标题。

（2）若要关闭面板组使之在屏幕上不可见，请执行以下操作：

● 从面板组标题栏中的"选项"菜单 ≣| 中选择"关闭面板组"，该面板组即从屏幕上消失。

（3）若要打开屏幕上不可见的面板组或面板，请执行以下操作：

● 选择"窗口"菜单，然后从菜单中选择一个面板名称。"窗口"菜单中项目旁的复选标记表示指定的项目当前是打开的（虽然它可能隐藏在其他窗口后面）。

（4）若要在展开的面板组中选择一个面板，请执行以下操作：

● 单击该面板的名称。

（5）若要查看面板组的"选项"菜单 ≣|（如果未显示），请执行以下操作：

● 通过单击面板组名称或它的展开箭头展开该面板组。"选项"菜单仅在面板组展开时才可见。

2．停靠和取消停靠面板和面板组

我们可以按需要移动面板和面板组，并能够对它们进行排列，使之浮动或停靠在工作区中。

大多数面板仅能停靠在集成工作区中"文档"窗口区域的左侧或右侧，而另外一些面板（如"属性"检查器和"插入"栏）则仅能停靠在集成窗口的顶部或底部。

（1）若要取消停靠一个面板组，请执行以下操作：

● 通过手柄 ▦（在面板组标题栏的左侧）拖动面板组，直到其轮廓表明它不再处于停靠状态为止。

（2）若要将一个面板组停靠到其他面板组（浮动工作区）或停靠到集成窗口，请执行以下操作：

- 通过手柄拖动面板组，直到其轮廓表明它处于停靠状态为止，如图 4.10 所示。

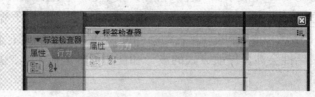

图 4.10　停靠面板组

（3）若要从面板组中取消停靠一个面板，请执行以下操作：
- 从面板组标题栏中的"选项"菜单中选择"组合至"→"新建面板组"（"组合至"命令的名称根据活动面板的名称而改变)，该面板出现在一个由它自己组成的新的面板组中。

（4）若要在面板组中停靠一个面板，请执行以下操作：
- 从面板组的"选项"菜单的"组合至"子菜单中选择一个面板组名称（"组合至"命令的名称根据活动面板的名称而改变）。

（5）若要拖动一个浮动（取消停靠）面板组而不停靠它，请执行以下操作：
- 通过面板组标题栏上方的条来拖动它。只要我们不是通过手柄拖动面板组，它就不会停靠。重新调整面板组大小和重命名面板组我们可以根据自己的需要更改面板组的大小和名称。

（6）若要更改面板组的大小，请执行以下操作：
- 对于浮动面板，可像通过拖动方式调整操作系统中任何窗口的大小一样，通过拖动可以调整面板组的大小。
- 对于停靠的面板，可拖动面板与"文档"窗口之间的拆分条。

4.3　规划和设置站点

4.3.1　关于站点规划与设计

在 Dreamweaver 中，站点这个术语可以指 Web 站点，也可以指属于 Web 站点文档的本地存储位置。当开始考虑创建 Web 站点时，为了确保站点成功，应该按照一系列的规划步骤进行。即使创建的仅是个人主页，只有朋友和家人会看到，仔细规划站点也是有益的，它可以确保每个人都能够成功地使用站点。

1. 确定目标

确定站点的目标是创建 Web 站点时应该采取的第一步。向自己或客户提出有关站点的问题：我们希望通过 Web 站点来实现什么目标？写下目标，这样便可以在设计过程中不断提醒自己。目标使我们可以集中注意力，针对特定的需要和当前的任务来设计和规划站点。与销售产品的 Web 站点相比，提供特定主题新闻的 Web 站点应该具有截然不同的外观和导航方式。目标的复杂性会涉及导航方式的设计和使用何种创作工具，甚至影响站点的外观和布局。

2. 选择目标用户

确定了要使用 Web 站点实现的目标之后，需要确定希望谁访问站点。这看起来可能是一个愚蠢的问题，因为大多数人希望每个人都访问他们的 Web 站点。但是，创建世界上每个人都能使用的 Web 站点是很困难的。人们使用不同的浏览器，以不同的速度连接，并且可能有也可能没有媒体插件。所有这些因素都会影响站点的使用，这就是需要确定目标用户的原因。考虑一下以下问题：谁将被我们的 Web 站点吸引或者我们希望吸引谁？我们认为他们将使用何种计算机？哪种平台可能占主导地位（Macintosh、Windows、Linux 等）？平均连接速度是多少（调制解调器还是 DSL）？他们将使用何种浏览器和何种显示器尺寸？我们要创建的是每个人都使用同样的操作系统和浏览器的内部网站点吗？所有这些外部因素会极大影响我们所设计网页的布局方式。选择了用户群体，并确定他们将使用何种操作系统、连接速度和浏览器后，就可以确定设计目标了。例如，假设我们的目标用户主要由使用 17 英寸显示器的 Windows 用户组成，这些用户使用 Microsoft Internet Explorer 3.0 或更高版本的浏览器。在设计网页时，应该测试我们的站点在屏幕大小为 800×600 像素的 Windows 计算机上使用 Internet Explorer 的效果是否最好。

3. 创建具有浏览器兼容性的站点

创建站点时，应该明白访问者可能使用各种 Web 浏览器。在已知的其他设计限制下，要将站点尽可能设计成绝大多数浏览器能够兼容的站点。

目前世界上 Web 浏览器有二十多种，大多数浏览器已经发行了多个版本。即使我们只针对使用 Netscape Navigator 和 Microsoft Internet Explorer 的大多数 Web 用户，但我们应明确并不是每个人都在使用这两种浏览器的最新版本。如果我们的站点放在 Web 上，那么迟早会有人使用 Netscape Navigator 2.0 或是 AOL 向其客户提供的浏览器及 Lynx 一类的纯文本浏览器来访问它。

在有些情况下，不需要创建具有跨浏览器兼容性的站点。例如，如果站点仅在公司的内部网上可用，而所有雇员使用的浏览器都相同，我们就根据该浏览器的性能特点优化站点。同样，如果是创建在 CD-ROM 中分发的 HTML 内容，同时在该 CD 上附带某种浏览器安装程序，也可以认为所有客户都有可能使用同一种浏览器。

大多数情况下，对于设计用于公共查看的 Web 站点，最好使我们的站点可以在尽可能多的浏览器中查看。选择一种或两种浏览器作为目标浏览器，并针对这些浏览器兼容性特点设计站点，但是请不时地在其他浏览器中尝试浏览本站点，以避免包括太多不兼容的内容。也可以在讨论板上贴一则消息，让别人查看我们的站点。这是一种获取广泛用户反馈的好方法。

我们的站点越复杂（在布局、动画、多媒体内容和交互方面），跨浏览器兼容的可能性就越小。例如，并非所有的浏览器都可以运行 JavaScript。不使用任何特殊字符的纯文本页面也许能够兼容任何浏览器，但比起有效地使用图形、布局和交互的页面，这样的页面在美感上可能要差得多。所以，我们要兼顾最佳效果设计和浏览器最大兼容设计。

一个常用的方法是提供某些重要页面（如站点的主页）的多个版本。例如，可为该类页面分别设计一个有框架和无框架的版本。然后可在网页中增加条件判断，将那些不具备框架功能的浏览器转换到无框架版本。

4．组织站点结构

组织站点结构的任务相当重要，恰当地组织站点，可以节省很多时间。如果不考虑文档的目录层次结构，就开始盲目创建文档，有可能会产生一个文件量巨大的冗余的文件夹，或导致同类文件被放置在不同的文件目录下。

设置站点的一种常规做法，就是在本地磁盘上创建一个站点根目录，其中包含了所有文件的文件夹（称做本地站点），然后在该文件夹中创建编辑网页文档。当准备好发布站点时，再将这些文件拷贝到 Web 服务器上。这种方法要比直接在公共 Web 站点上创建编辑网页文档好得多，因为它允许我们在发布新版本站点之前，能够在本地站点先对网页功能进行测试，然后再将通过测试的完整站点更新至 Web 站点。

将站点分成不同类别，将相关的页面放在同一文件夹中。如公司的通讯稿、联系信息、工作告示等可以全部放在一个文件夹中，而在线目录页可以放在另一个文件夹中。必要时可以使用子文件目录。这种文件组织结构使得站点维护更加容易。

确定图像和声音文件等文件的存放位置。例如，将所有的图像放在一个文件夹下很方便，这样，当我们要在网页中插入图像时，就立即能够找到它。设计人员有时把将在站点上使用的所有非 HTML 项目放在一个名为 Assets 的文件夹中。该文件夹中可能包含其他文件夹的如 Images 文件夹、Shockwave 文件夹和 Sound 文件夹。或者，如果站点上的每个相关页面组之间没有许多共享资源，则每组相关页面可能有单独的 Assets 文件夹。

本地站点和远程 Web 站点应该具有完全相同的结构，如图 4.11 所示。如果我们使用 Dreamweaver 创建本地站点，然后将整个站点上传到远程 Web 站点，则 Dreamweaver 确保在远程 Web 站点中能正确地拷贝本地的目录结构。

5．创建设计外观

如果在使用 Dreamweaver 时，预先规划了设计和布局，后期的制作过程中就能节省许多时间。方法很简单：根据需求的页面布局外观，在纸上绘制一个实物草图。还有更高级的方法，就是使用诸如 Photoshop 或 Fireworks 等软件设计站点的布局图。重要的是要有一个布局和设计的实物模型，在后续的设计过程中有一个重要的参考。

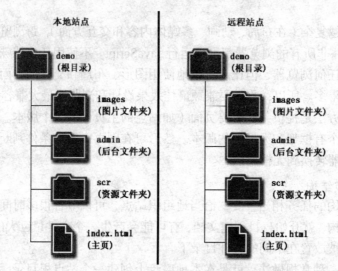

图 4.11　本地站点与远程站点

页面布局与设计风格保持一致性是相当重要的。我们希望用户能够轻松地浏览整个网站的各个页面，而不会因为所有页面具有不同外观或者每页导航位置不同而感到困惑。

6．设计导航方案

需要进行规划的另一方面是导航。当我们设计站点时，应考虑要给访问者留下何种印象。思考一个重要的问题，那就是用户访问站点时如何能够从一个页面迅速地跳转到另一个页面。请考虑以下几点。

（1）"我们在此处"信息使访问者能够很容易地了解他们在站点中的位置，以及如何返回到顶级页面。搜索和索引使访问者可以很容易地找到任何正在查找的信息。

（2）反馈为访问者提供了在站点有问题时与网站管理员（如果适合）联系的方法，以及与公司或站点相关的其他人员联系的方法。

（3）设计导航的外观。导航在整个站点范围内应该一致。如果将导航条放在网页的顶部区域，那么我们应该尽量将导航条中的所有页面都保持这样。

7．规划和收集资源

确定了设计布局后，就可以创建和收集需要的资源了。资源可以是图像、文本或媒体

（Flash、Shockwave 等）这样的项目。在开始开发站点前，我们要确保收集了所有资源并能够正确使用。否则，我们将不得不为找到一幅图像或创建一个按钮而经常中断开发过程。

如果我们自己创建资源，在开发前要确保所需的资源已经创建。然后组织资源，以便可以在制作网页时随时使用它们。Dreamweaver 能够让我们通过使用模板或库，在各个文档中复用页面的布局或者元素，但用模板或库创建新页面时要更容易些。

如果多个页面要使用相同的布局，则可以使用模板。为该页面布局设计一个模板，然后就在这个模板的基础上创建各个页面。当我们要更改所有页面的布局时，我们仅需更改模板即可。

如果我们确定某一幅图像或其他内容将会被加入到许多页面上，这时我们就可以使用库项目，将该独享设置成为库项目。这样一来，如果以后更改该项目，与该库项目相关的所有页面都会同步地更新。

4.3.2　设置新的站点

规划站点结构后，或者如果已经存在一个站点，应该先在 Dreamweaver 中定义站点，然后才能进行开发。设置 Dreamweaver 站点是一种组织所有与 Web 站点关联的文档的方法。

首先，先在硬盘上建立一个站点文件夹，用来存放和组织我们的网页，整个文件夹就作为一个站点，整个站点的所有信息都要放在该文件夹下，如图 4.12 所示，我们在 E 盘下建立一个名为"web"的文件夹。

接下来我们打开 Dreamweaver 8，在菜单选项中选择"站点"→"新建站点"，就打开了站点定义向导，该向导分为"基本"和"高级"两种模式，对于初级用户，我们选择使用默认的"基本"来进行站点的定义。如图 4.13 所示，该软件有着全中文的友好界面，对于有些选项就不多做详解。在"您打算为您的站点起什么名字？"下的输入框中填入我们的站点名，站点名的命名可以是英文也可以是中文。在这里，我们在 E 盘下建立一个命名为"demo"的站点文件夹，命名完成后结果如图 4.14 所示。然后我们单击"下一步"按钮。

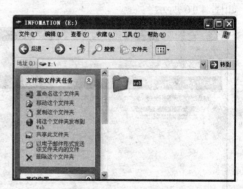

图 4.12　建立站点文件夹

我们现在进入了站点定义的第二步，该步骤是需要我们确定我们的站点是否需要使用服务器技术。讲到这里，可能我们会对什么服务器技术产生疑问，不要紧，关于服务器技术我们会在后续章节中进行详细的讲解。我们选择"否，我不想使用服务器技术"，如图 4.15 所示。这一步设置就算完成了，单击"下一步"按钮。

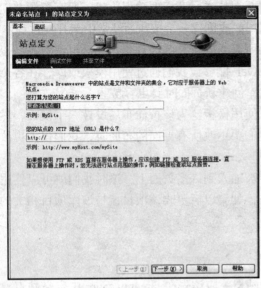

图 4.13　站点定义向导

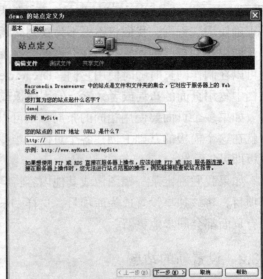

图 4.14　为站点命名

　　下面就要选择站点文件的路径了，也就是我们站点文件夹在硬盘上的位置，首先我们选择第一个选项，即"编辑我的计算机上的本地副本，完成后再上传到服务器（推荐）"。然后在输入框中填入"E:\web\"，或者也可以单击输入框右侧的文件夹图表用鼠标进行点选。如图 4.16 所示。

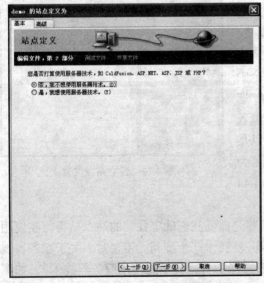

图 4.15　是否选用服务器技术

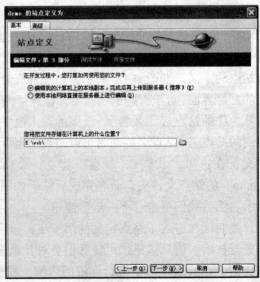

图 4.16　选择站点文件夹的位置

接下来一步选项是询问"您如何连接到远程服务器",作为初级用户,我们跳过该选项,选择"无"选项,如图 4.17 所示。

在单击"下一步"按钮后,我们设置新的站点的任务也就完成了,图 4.18 显示了我们之前设置好的站点信息,以便核对,如果没有发现错误,就可以单击"完成"按钮,完成站点的设置。如图 4.18 所示。

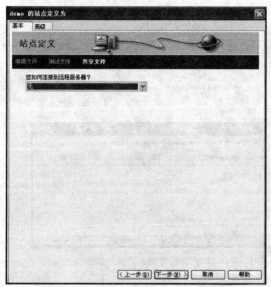

图 4.17 是否选择连接到远程服务器

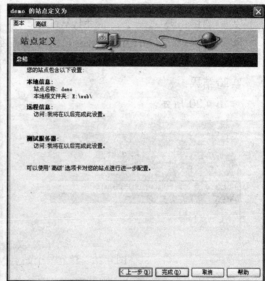

图 4.18 站点设置完成

完成新站点的设置后,我们就可以在 Dreamweaver 中工作区的"文件"面板中看到我们的"demo"站点了,如图 4.19 所示。

至此,一个新的站点就设置完成了,在 Dreamweaver 中的"文件"面板中会同步地显示"E:\web\"下的文件,同样,我们也可以在"文件"面板中进行新建、重命名、删除等文件操作。具体的方法我们会在后面的章节中进行讲解。

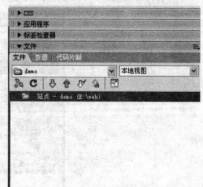

图 4.19 "文件"面板状态

课后习题

1.Dreamweaver 8 的工作区模式分为哪两种?它们分别适用于哪种类型的开发者?

2.简述"文档"工具栏和"插入"工具栏的功能。

3．"文档"窗口分为哪三种视图模式，它们分别适用于什么情况？

4．使用 Dreamweaver 8 的帮助文档，进一步了解 Dreamweaver 8 中各个面板的作用，回答以下问题：用户管理站点的面板是什么？

 课后实验

实验项目： 建立一个站点 MyWebsite 及其站点首页 index.html。

实验目标： 掌握 Dreamweaver 8 的站点的概念、站点设置与管理方法，掌握 Dreamweaver 8 制作网页的基本方法。

实验结果：

如图 4.20 所示。

图 4.20　建立一个站点 MyWebsite 及其站点首页

实验步骤：

1．在"D:\"下新建一个文件夹，名为"MyWebsite"，然后在 Dreamweaver 8 中新建名为"MyWebsite"的站点，站点根目录为"D:\ MyWebsite\"，如图 4.21 所示。

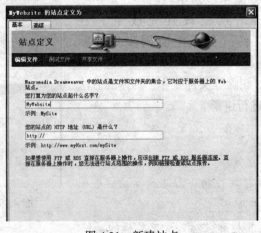

图 4.21　新建站点

84

2．在"文件"面板中，右键单击"站点-MyWebsite"，在弹出的下拉菜单中选择"新建文件"，将新建的文件命名为"index.html"，如图 4.22 所示。

图 4.22　新建文件

3．双击打开"index.html"文件，在"文档"窗口中选择"设计"视图，在文档中和标题中输入"我的网站首页！"，如图 4.23 所示。然后单击菜单栏中"文件"选项中的"保存"选项，或直接点击 Ctrl+S 键，保存网页。

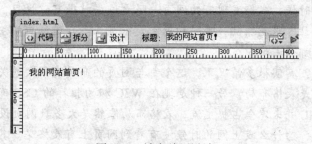

图 4.23　站点首页设计

4．保存完成后，点击 F12 键，对已经完成网页进行预览，如图 4.24 所示。

图 4.24　站点首页预览

第 5 章

在 Dreamweaver 8 中使用表格布置页面

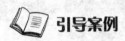 **引导案例**

网页中表格的妙用

在当今这个信息爆炸的时代，网络已经成为我们生活中不可缺少的部分，很多人每天必做的事情就是在网上浏览网页。

在浏览网页的时候，我们发现有的网页一眼看过去就很赏心悦目，看上去很整洁、很舒服，而有的网页让人眼花缭乱，唯一的感觉是很乱，不知道网页的主题到底是什么，想要找一个关键信息都很困难。

这是为什么呢？其实很多情况下，这个都与网页的布局有很大的关系。网页设计有两种布局方法，一种是表格布局，另一种是现在 W3C 极力推荐的 CSS 布局。不过，就目前来说，由于 XHTML 并未完全占据主流，表格布局依然是大多数网页设计师的首选。

也许有人会问，为什么我上网的时候没有看到网页上有表格呢。其实原因很简单，这是因为为了使网页元素间更好地融合在一起，网页设计者将表格边框的宽度设为了 0，这样表格就能够将网页元素按照一定的格局摆放而不会发生错乱，并且在网页预览的时候看不到表格。

问题：你能找出你平时浏览的网站中哪些是使用表格布局的吗？你能使用表格布局网页吗？在用表格进行页面布局时，应注意哪些方面呢？

◇ **学习目标** ◇

1. 重点掌握设置表格属性的方法。
2. 能够熟练操作表格及单元格，掌握添加或删除行、列，合并单元格等基本操作。
3. 能熟悉利用嵌套单元格设置布局表格的形式对网页进行布局，能结合当前流行的网页布局方式设计出合理、美观、大方的网页格局。
4. 能根据实际需要格式化表格，并设置合适的表格样式。
5. 了解排序表格的操作方法。

学习导航

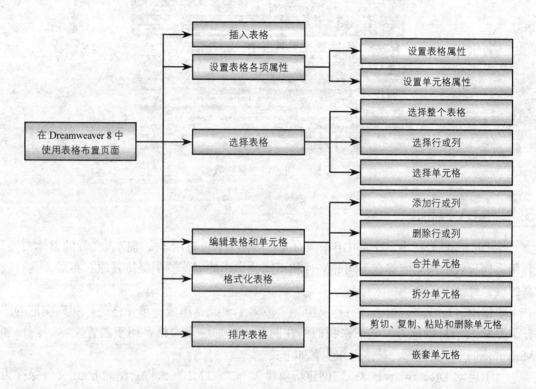

　　表格是网页中的重要组件，是进行网页设计时不可缺少的重要元素，因为 HTML 本身并没有提供更多的排版手段，往往就要借助表格实现网页的精细排版。可以说表格是网页制作中尤为重要的一个技巧，表格运用得好坏，直接反映了网页设计师的水平。它能够简单、有效地组织各种数据：文本、图像、超级链接、表单、子表格等，从而设计出版式漂亮的网页。

　　表格是用于在网页上显示表格式数据及对文本和图形进行布局的强有力的工具，虽然我们上网浏览网页时没有看到什么表格，但是许多网页设计的排版实际上都是采用隐藏边框的表格来实现的。表格化的页面在不同系统、不同分辨率的浏览器里都能显示出原有的布局和对齐。它除了在网页定位上具有精准控制的特点外，还具有规范、灵活的特点，因此几乎所有网页都会采用表格定位网页元素。表格最直观的应用就是将数据在表格中进行显示，如图 5.1 中采用表格来显示车次。

图 5.1　用表格来显示数据

5.1　插入表格

在 Dreamweaver 中，表格可用于制作简单的图表，也可用于安排网页文件的整体布局，利用表格排版的网页能够在不同的平台和不同分辨率的浏览器中保持其原有布局，具有较高的兼容性。

表格由一行或多行组成，每行又由一个或多个单元格组成，单元格是行和列交汇的部分，是输入信息的地方。接下来我们将在网页中添加一个表格，用于放置文本、图形和 Macromedia Flash 资源，具体操作步骤如下：

（1）启动 Dreamweaver 8，"创建新项目" → "HTML"，将新建的 html 文件保存为 index.html，如图 5.2 所示。

图 5.2　新建 html 文件

（2）选择设计视图，在文档窗口中单击一次，在页面左上角放置插入点，如图 5.3 所示。

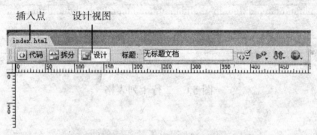

图 5.3　移动光标到要插入表格的地方

（3）选择菜单"插入"→"表格"命令，或在"插入"工具栏中单击"表格"按钮 。

（4）在弹出的"表格"对话框中，执行下面的操作：在"表格大小"区域中设置"行数"为"3"，"列数"为"1"，"表格宽度"为"791"像素，设置"边框粗细"、"单元格边距"和"单元格间距"均为"0"，如图 5.4 所示。

（5）单击"确定"。文档中则出现一个 3 行 1 列的表格，如图 5.5 所示。

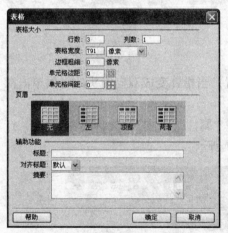

图 5.4　插入表格

图 5.5　3 行 1 列表格

（6）在表格外的空白处单击，取消选中该表格。

（7）再次选择"插入"→"表格"，插入第二个表格，在"表格大小"区域中设置"行数"为"2"，"列数"为"1"，"表格宽度"为"791"像素，设置"边框粗细"、"单元格边距"和"单元格间距"均为"0"。

（8）单击"确定"。一个 2 行 1 列的表格即出现在第一个表格下方，页面现在应如图

5.6 所示。

图 5.6 2 行 1 列表格

提示： 插入表格后可能会看到表格选择器（由绿色线条指示）。通过在表格外单击，通常可以隐藏表格选择器。也可以通过选择"查看"→"可视化助理"→"表格宽度"来禁用表格选择器。

5.2 设置表格各项属性

直接插入的表格有时并不能完全符合要求，因此可以通过设置表格属性来调整表格或单元格的外观。

5.2.1 设置表格属性

设置表格属性的具体操作步骤如下：

（1）将光标移动到第一个表格线条上的任意位置，当指针变成双向箭头的时候单击鼠标左键，即可选中该表格。

（2）选中第一个表格，在菜单栏选择"窗口"→"属性"或按下<Ctrl+F3>组合键，打开"属性"检查器，设置"间距"为"1"，如图 5.7 所示。

图 5.7 设置表格属性

（3）用同样的方法设置第二个表格，设置"间距"为"1"。

下面对表格"属性"检查器的各项参数做一个简单的说明。

- "表格 Id"：即表格名称，如 Id=table 表示一个名叫"table"的表格。
- "行"和"列"：分别用于设置表格的行数和列数，如设置"行"为"2"，"列"为"2"，则将建立一个 2 行 2 列的表格。

- "宽"和"高"：分别用于设置表格的宽度和高度，在右侧的下拉列表中还可以选择数值的单位。选择"像素"，表示表格的宽度（或高度）是绝对数值，不随浏览器窗口的变化而变化，选择"%"则表示表格的宽度（或高度）值是其与浏览器窗口的宽度（或高度）的百分比数值，这时的表格宽度（或高度）值是相对的，随浏览器的宽度（或高度）值的变化而变化。
- "填充"：设置单元格内容和单元格边界之间的像素值。
- "间距"：设置相邻单元格间的像素值。
- "对齐"：设置表格的对齐方式，有"默认"、"左对齐"、"居中对齐"和"右对齐"4 个选项。
- "边框"：设置表格的宽度，以像素为单位，如果边框宽度设置为"0"，则不显示边框。
- "背景颜色"：设置表格的背景颜色。
- "边框颜色"：设置表格的边框颜色。
- 和 按钮：前者表示清除列宽，后者表示清除行高，单击这两个按钮可以删除所有明确指定的行高或列宽。
- 和 按钮：前者表示将表格宽度由百分比转换为以像素为单位，后者表示把表格高度由百分比转换成以像素为单位。
- 和 按钮：前者表示将表格宽度由像素转换为以百分比为单位，后者表示把表格高度由像素转换成以百分比为单位。

5.2.2　设置单元格属性

和设置整体表格属性操作类似，单元格的属性设置也是在"属性"检查器里完成的。在所要设置属性的单元格内任意位置单击，即选中该单元格，"属性"检查器中显示该单元格的属性，如图 5.8 所示。下面对单元格"属性"检查器中各项参数做一个简单的说明。

图 5.8　单元格的"属性"检查器

（1）"水平"：设置单元格的水平对齐方式，在"水平"下拉列表中有"默认"、"左对齐"、"居中对齐"和"右对齐"4 个选项。

（2）"垂直"：设置单元格的垂直对齐方式，在"垂直"下拉列表中有"默认"、"顶端"、"居中"、"底部"和"基线"5个选项。

（3）"宽"和"高"：设置单元格的宽度和高度，其单位可以用"像素"或者"%"表示，默认单位为"像素"。

（4）"不换行"：选中"不换行"复选框，可以防止单元格中输入较长文本时自动换行，而是单元格自动调整长度来容纳数据。

（5）"标题"：选中"标题"复选框，可以设置该单元格为标题行，即表格的表头。默认情况下，表格的标题单元格内容为粗体且居中对齐。

（6）"背景"：设置单元格的背景图像，单击文件夹图标 🗀 可以浏览选择图像文件，或拖动"指向文件"图标 ⊕ 选择图像文件。

（7）"背景颜色"：设置单元格的背景颜色。

（8）"边框"：设置单元格边框的颜色。

5.3 选择表格

5.3.1 选择整个表格

可以使用多种方法选择整个表格。若要选择整个表格，请执行以下操作之一。

（1）移动鼠标至表格的左上角、左下角、右上角或右下角，当鼠标指针变成 ▦ 时，单击鼠标左键即可选中整个表格。

（2）移动鼠标至表格线条上的任意位置，当鼠标指针变成 ╫ 时，单击鼠标左键即可选中整个表格。

（3）在表格中任意一个单元格内单击，然后在"文档"窗口左下角的"标签选择器"中选择<table>标签即可。

（4）在表格中任意一个单元格内单击，然后选择菜单项"修改"→"表格"→"选择表格"。

（5）在表格中任意一个单元格内单击，单击鼠标右键，在弹出的菜单中选择"表格"→"选择表格"选项，则所选表格的下边缘和右边缘出现选择柄，如图5.9所示。

5.3.2 选择行或列

可以选择单个行或列或者多个行或列，若要选择单个或多个行或列，请执行以下操作。

（1）移动鼠标使其指向行的左边缘或列的上边缘。

（2）当鼠标指针变为选择箭头➡或⬇时，单击以选择单个行或列，或进行拖动以选择多个行或列。选择行的情况如图 5.10 所示。

图 5.9　选中整个表格

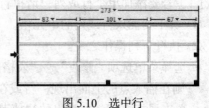

图 5.10　选中行

5.3.3　选择单元格

（1）若要选择单个单元格，请执行以下操作之一。

- 单击单元格内的任意位置，然后在"文档"窗口左下角的标签选择器中选择<td>标签即可选中该单元格。
- 按住<Ctrl>键，然后单击单元格内任意位置即可。
- 单击单元格，然后选择菜单选项"编辑"→"全选"。

提示　选择了一个单元格后再次选择"编辑"→"全选"可以选择整个表格。

（2）若要选择一行或矩形的单元格块，请执行以下操作之一。

- 在起始的单元格内单击鼠标左键，拖拽鼠标至最后一个单元格。
- 在一个单元格内单击鼠标左键，在同一个单元格中按住<Ctrl>键的同时单击以选中它，然后按住<Shift>键单击另一个单元格。这两个单元格定义的直线或矩形区域范围内的所有单元格都将被选中。

（3）若要选择不相邻的单元格，请执行以下操作。

- 在按住<Ctrl>键的同时单击要选择的单元格、行或列，若要选择多个单元格，只要按住<Ctrl>键不放就行了。
- 如果按住<Ctrl>键单击尚未选中的单元格、行或列，则会将其选中。如果它已经被选中，则再次单击会将其从选择中删除。

5.4　编辑表格和单元格

创建完表格后，如果表格的行数或列数仍然不符合要求，则可以通过复制、粘贴、合并单元格、拆分单元格等一系列操作来编辑表格，直至达到要求。

5.4.1 添加行或列

（1）若要添加单个行或列，请执行以下操作。

① 选中要插入行或列的单元格。

② 执行下列操作之一。

- 选择菜单选项"修改"→"表格"→"插入行"或"修改"→"表格"→"插入列"，则在插入点的上面出现一行或在插入点的左侧出现一列。

- 单击鼠标右键，在弹出的快捷菜单中选择菜单选项"表格"→"插入行"（或"插入列"）命令，如图 5.11 所示。

- 选择菜单选项"插入"→"表格对象"，然后选择"在上（下）面插入行"或"在左（右）边插入列"，在插入点的上（下）面出现一行或左（右）侧出现一列，如图 5.12 所示。

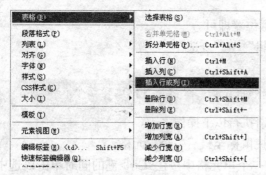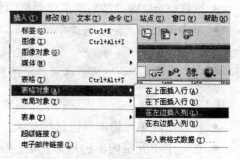

图 5.11 插入行或列　　　　　　　图 5.12 插入表格对象

小窍门　在表格的最后一个单元格内任意位置单击鼠标左键，按<Tab>键，则表格中会自动添加一行。

（2）若要添加多行或多列，请执行以下操作。

① 在所要添加行或列的单元格内单击鼠标右键。

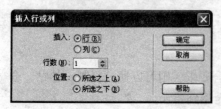

② 选择"修改"→"表格"→"插入行或列"，即出现"插入行或列"对话框，如图 5.13 所示。

③ 选择"行"或"列"，并设置"行数"或"列数"及"位置"。

④ 单击"确定"即可插入多行或多列。相应数目的行或列出现在表格中。

图 5.13 插入行或列对话框

5.4.2　删除行或列

有时候我们可能要删除一些不要的行或列，若要删除行或列，请执行以下操作之一。

（1）在要删除的行或列中的一个单元格内单击鼠标左键，然后选择"修改"→"表格"→"删除行"或"修改"→"表格"→"删除列"，如图 5.11 所示。

（2）选中要删除的行或列，然后选择菜单选项"编辑"→"清除"。

（3）选中要删除的行或列，按<Delete>键或<BackSpace>键，即可删除整个行或列。

5.4.3　合并单元格

在 Dreamweaver 8 中，可以将相邻的两个或多个单元格合并为一个单元格，进行合并的单元格不仅要连续，而且选中的单元格区域必须为矩形，否则无法合并，如图 5.14、图 5.15 所示。

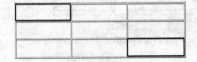
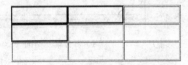

图 5.14　单元格不连续　　　　　　　　　　　图 5.15　单元格区域不为矩形

若要合并表格中的两个或多个单元格，请执行以下操作。

（1）选择多个连续的单元格，并确保单元格区域为矩形。

（2）执行下列操作之一。

① 选择菜单选项"修改"→"表格"→"合并单元格"。

② 在"属性"检查器（或选择菜单选项"窗口"→"属性"）中，单击合并单元格按钮 囗。

> **提示**　如果没有看到按钮，请单击"属性"检查器右下角的箭头▽，展开"属性"检查器以便看到所有选项。原来每个单元格的内容将合并放到合并后单元格中，所选的第一个单元格的属性将应用于合并后的单元格。

5.4.4　拆分单元格

在 Dreamweaver 8 中，不光可以合并单元格，还可以将一个单元格拆分为两个或多个单元格。若要拆分单元格，请执行以下操作。

（1）在要拆分的单元格内单击鼠标左键。

（2）执行下列操作之一。

① 选择菜单选项"修改"→"表格"→"拆分单元格"。

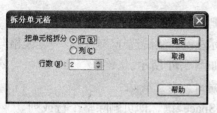

图 5.16 拆分单元格

② 在"属性"检查器（或选择菜单选项"窗口"→"属性"）中，单击"拆分单元格"按钮 ⅱ。

（3）在"拆分单元格"对话框中，选择拆分单元格的行（列）数，如图 5.16 所示。

（4）单击"确定"按钮，即可将单元格拆分为设定的行数或列数，如图 5.17 为单元格拆分前后的对比图。

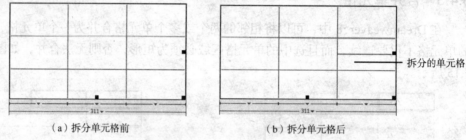

（a）拆分单元格前 　　　　　　（b）拆分单元格后

图 5.17 拆分单元格前后对比

5.4.5 剪切、复制、粘贴和删除单元格

在 Dreamweaver 8 中，可以复制、粘贴或删除单个表格单元格或多个单元格，并保留单元格的格式设置。可以在插入点（即光标处）粘贴单元格，也可用剪切板上内容替换现有表格中选中的单元格。

（1）若要剪切或复制表格单元格，请执行以下操作。

① 选择一个或多个连续的单元格，确保单元格区域为矩形。

② 选择菜单选项"编辑"→"剪切"或"编辑"→"拷贝"，如图 5.18 所示。

（2）若要粘贴表格单元格，请执行以下操作。

① 选择要粘贴单元格的位置：

● 若要用剪切板上的单元格替换现有的单元格，请选择一组与剪贴板上的单元格具有相同布局的现有单元格。例如，如果复制或剪切了一块 3×2 的单元格，则应选择另一块 3×2 的单元格通过粘贴进行替换；

● 若要在特定单元格上方粘贴一整行单元格，则在该单元格内单击鼠标左键；

● 若要在特定单元格左侧粘贴一整列单元格，则在该单元格内单击鼠标左键；

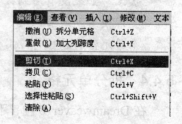

图 5.18 剪切或拷贝

- 若要用剪切板上的单元格创建一个新表格，则在表格外单击鼠标左键。

② 选择菜单选项"编辑"→"粘贴"。如果将整个行或列粘贴到现有的表格中，则这些行或列将被添加到该表格中。如果粘贴单个单元格，则将替换所选单元格的内容。如果在表格外进行粘贴，则这些行、列或单元格用于定义一个新表格。

> **提示**　如果剪贴板中的单元格的数目不足一整行或一整列，并且您单击某个单元格然后粘贴剪贴板中的单元格，则您所单击的单元格和与它相邻的单元格可能（根据它们在表格中的位置）被您粘贴的单元格替换。

（3）若要删除单元格内容，但使单元格保持原样，请执行以下操作。

① 选择一个或多个单元格，确保所选部分不是完全由完整的行或列组成的。

② 选择菜单选项"编辑"→"清除"或按<Delete>键。

5.4.6　嵌套单元格

在 Dreamweaver 8 中，表格的嵌套没有特殊的限制，表格可以像文本、图像一样直接插入到另一个表格的单元格中。所谓嵌套表格即插入到一个单元格中的表格。对嵌套表格进行各种设置和普通表格一样，但是，其宽度受它所在单元格的宽度的限制。

若要在表格单元格中嵌套表格，请执行以下操作。

（1）在要插入表格的单元格中单击鼠标左键。

（2）选择菜单选项"插入"→"表格"，即会出现"插入表格"对话框。

（3）在对话框中设置表格行数、列数等属性，单击"确定"，即可生成嵌套表格，如图 5.19 所示。

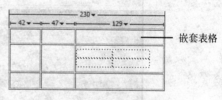

图 5.19　插入嵌套表格

5.5　格式化表格

使用 Dreamweaver 8 中的表格格式化功能，可以通过对话框的简单设置方便、快速地生成表格样式。对于网页初学者来说，使用格式化表格可以大大减少网页制作时间，提高工作效率。格式化表格的步骤如下。

（1）选中所要格式化的表格。

（2）选择菜单选项"命令"→"格式化表格"，如图 5.20 所示。

（3）在弹出的"格式化表格"对话框中，可以选择不同的表格样式，并且还可以在给定的样式上进行自定义修改，如图 5.21 所示。

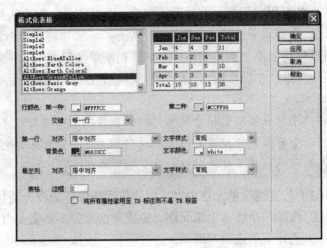

图 5.20　选择"格式化表格"命令　　　　　　　　图 5.21　格式化表格

下面我们用一个具体的例子对格式化表格操作进行讲解。

（1）启动 Dreamweaver 8，打开文件夹"D:\MyWebsite"下的"01.html"，预览图如图 5.22 所示。

图 5.22　素材网页 01.html

（2）选中网页中"我的课程表"下方的表格，选择菜单选项"命令"→"格式化表格"，随后弹出"格式化表格"对话框。在对话框的样式列表里选择"AltRows:Green&Yellow"选项。

（3）单击"行颜色：第一种后面的颜色按钮，在弹出的颜色选择器里选择色标值为"#FFFF99"的颜色。

（4）设置第二种颜色色标值为"#CCFF66"，设置"第一行"的"文字样式"为"粗体"，"背景色"色标为"#9900FF"，如图 5.23 所示。

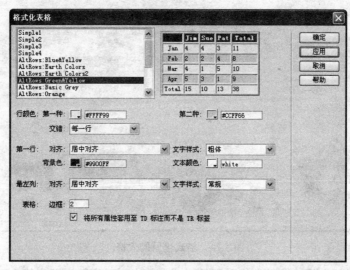

图 5.23 设置好各项属性的"格式化表格"对话框

（5）单击"确定"按钮，则格式化表格设置完成，保存网页后，按下<F12>键查看网页效果，如图 5.24 所示。

下面对"格式化"表格对话框中各项参数进行简要说明。

（1）"行颜色"选项区中设置表格每行的颜色，其中"第一种"设置表格中行使用的第一种颜色，"第二种"设置表格行使用的第二种颜色，"交错"在其下拉列表中选择以上两种颜色在表格中交替出现的方式，有"不要交错"、"每一行"、"每两行"、"每三行"和"每四行" 5 个选项。当选择"不要交错"时，则表格行的颜色全部设置为第一种颜色，否则按照选项所说的交错方式交错。

（2）"第一行"选项区中设置表格第一行的格式。其中"对齐"设置第一行单元格中文本的格式，有"无"、"左对齐"、"居中对齐"和"右对齐" 4 种，"文字样式"设置文本的样式，有"常规"、"粗体"、"斜体"和"加粗斜体" 4 种，"背景色"设置第一行单元格的背景色，"文本颜色"设置第一行单元格中文本的颜色。

图 5.24　格式化后的表格

（3）"最左列"选项区设置表格左列的样式。其中"对齐"设置表格左列单元格中文本的对齐方式，有"无"、"左对齐"、"居中对齐"和"右对齐"4 种，"文字样式"设置文本的样式，有"常规"、"粗体"、"斜体"和"加粗斜体"4 种。

（4）"边框"：设置表格边框的宽度。

（5）"将所有属性套用至<td>标注而不是<tr>标签"：钩选该复选框，则可以将所有属性全部写在<td>标记中，而不是<tr>标签。

5.6　排序表格

有时候，我们希望输入的表格数据有一定的规律，如按照数字从大到小排序。在 Dreamweaver 8 中，我们可以通过"排序表格"来对表格进行排序，可以只对单列的内容按一定的规则进行排序，也可以对两列的内容执行更加复杂的表格排序，但是不能对包含合并单元格的表格进行排序。

若要对表格进行排序，请执行以下操作。

（1）选择该表格或在任意单元格单击鼠标左键。

（2）选择菜单选项"命令"→"排序表格"，弹出"排序表格"对话框，如图 5.25 所示。

（3）设置属性后单击"确定"，即可。

下面我们用一个具体的例子来对格式化表格进行讲解。

（1）启动 Dreamweaver 8，打开文件夹"D:\MyWebsite"下的素材文件"02.html"，预览图如图 5.26 所示。

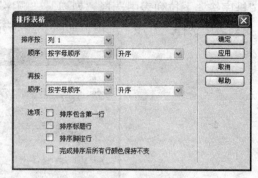

图 5.25　设置表格排序方式

图 5.26　素材网页 02.html

（2）选中网页中第一行单元格中"酒店名称"的那个表格。

（3）选择菜单选项"命令"→"排序表格"，弹出"排序表格"对话框后，在对话框中

"排序按"下拉列表中选择"列 4","顺序"下拉列表中选择"按数字排序",在后面的下拉列表中选择"升序"选项,如图 5.27 所示。

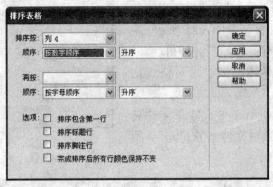

图 5.27　设置"排序表格"对话框的属性

（4）单击"确定"按钮,完成为表格排序,则表格按照"最低房价"那一列按数字从小到大依次排列。

（5）保存文档,按<F12>键在浏览器中预览效果,表格按第 4 列数字从小到大排序的结果如图 5.28 所示,由图中可看出,表格内容与图 5.26 中所示的表格内容有所不同,已根据"最低房价"的升序排列。

酒店名称	星级	地址	最低房价	
郑州都市客栈（航海店 ）	准1星	郑州市航海中路72号	130	预订
郑州柏维索克快捷酒店	挂牌0星	河南省郑州市铭功路143号	138	预订
郑州未来宜居酒店（经二.	准2星	河南省郑州市金水区 政四街	145	预订
郑州悦莱酒店	准1星	郑州市金水区红旗路57号	148	预订
郑州未来宜居酒店（红专.	准2星	郑州市红专路126号	150	预订
如家快捷酒店—郑州金水.	挂牌0星	郑州市金水区金水路政一街.	159	预订
如家快捷酒店—郑州东大.	准2星	郑州市城东路68号（城东路.	169	预订
如家快捷酒店—郑州二七.	挂牌0星	河南省郑州市解放路138号	169	预订
郑州物华大酒店	挂牌3星	郑州市纬五路38号（45000.	180	预订
?郑州杜康大酒店	挂牌3星	郑州市桐柏路178号	219	预订
?亚龙湾大酒店（郑州）	挂牌3星	河南省郑州市丰产路101号	248	预订
郑州机场温泉大酒店	挂牌3星	郑州机场迎宾路1号	260	预订
郑州天泉大酒店	挂牌3星	郑州市西大同路1号火车站.	272	预订
郑州海天大酒店（河南）	挂牌3星	郑州市城东路288号（4500.	278	预订
河南民航大酒店(郑州)	挂牌0星	金水路3号	280	预订

图 5.28　排序后的表格

下面对"格式化"表格对话框中各项参数进行简要说明。

（1）"排序按"：下拉列表中内容为表格的列数，确定以哪个列的值将作为对表格的行进行排序的标准。

（2）"顺序"：下拉列表中有"按数字顺序"和"按字母顺序"两个选项，用于确定是按字母还是按数字顺序；后面的下拉列表中有"升序"和"降序"两个选项，确定是以升序（字母按从 A 到 Z 的顺序，数字按照从小数字到大数字的顺序）还是降序对列进行排序。当列的内容是数字时，选择"按数字顺序"。如果按字母顺序对一组由一位或两位数组成的数字进行排序，则会将这些数字作为单词进行排序（排序结果如 1、10、2、20、3、30），而不是将它们作为数字进行排序（排序结果如 1、2、3、10、20、30）。

（3）"再按/顺序"：确定在不同列上第二种排序方法的排序顺序。在"再按"下拉列表中指定应用第二种排序方法的列，并在"顺序"下拉列表中指定第二种排序方法的排序顺序。

（4）"排序包含第一行"：选中该复选框则指定表格的第一行应该包括在排序中。如果第一行是不能移动的标题，则不选择此选项。

（5）"排序标题行"：钩选该复选框指定使用与 body 行相同的条件对表格 thead 部分（如果存在）中的所有行进行排序。值得注意的是，即使在排序后，thead 行仍将保留在 thead 部分中并仍显示在表格的顶部。

（6）"排序脚注行"：钩选该复选框指定使用与 body 行相同的条件对表格 tfoot 部分（如果存在）中的所有行进行排序。但是，即使在排序后，tfoot 行仍将保留在 tfoot 部分中并仍显示在表格的底部。

（7）"完成排序后所有行的颜色保持不变"：钩选该复选框指定排序之后表格行属性（如颜色）应该与同一内容保持关联。如果表格行使用两种交替的颜色，则不要钩选此复选框以确保排序后的表格仍具有颜色交替的效果。如果行属性特定于每行的内容，则钩选此复选框以确保这些属性保持与排序后表格中正确的行关联在一起。

课后习题

1．插入表格的方法有哪几种？

2．如何设置表格的属性？如何插入嵌套表格？

3．简述格式化表格及排序表格的方法。

4．结合本章所讲的内容，认真领会并动手实践所学内容，确保对表格的简单操作都能熟练运用。

5．结合自己的专业，上网查找与自己专业相关的网站，注意观察网站的布局方式。并根据本章的学习，自己设计一个比较简单的网页布局，注意使用嵌套表格。

课后实验

实验项目: 利用表格实现对网页的布局。

实验目标: 掌握 Dreamweaver `8 的基本操作,能够熟练地设置表格及单元格属性,掌握表格嵌套及合并方法等操作。

实验结果:

如图 5.29、图 5.30 所示。

结构图

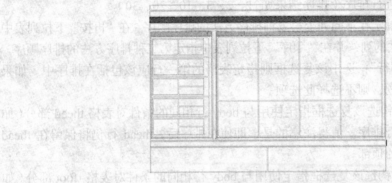

图 5.29 本章实验结果:结构图

预览图

图 5.30 本章实验结果:预览图

实验步骤：

1．新建一个文件，宽度和高度分别为"800 像素"和"600 像素"，并设置背景内容为白色。

2．在文档中单击鼠标左键，在"插入"栏中选择"常用选项"，单击"表格"按钮插入 1 行 4 列的表格，表格宽度为"760 像素"，边框为"0"，如图 5.31 所示。

图 5.31　插入 1 行 4 列的表格

3．将光标在所插入的表格外边框处单击，单击"表格"按钮在表格下方插入一个 1 行 1 列的表格，设置表格宽度为"760 像素"，边框为"0"，在"属性"检查器中设置高度为"16 像素"。

4．用同样的方法插入一个 1 行 3 列的表格，设置表格宽度为"760 像素"，边框为"0"，另外在"属性"检查器中设置高度为"18"，表格背景色值为"#ff6600"，如图 5.32 所示。

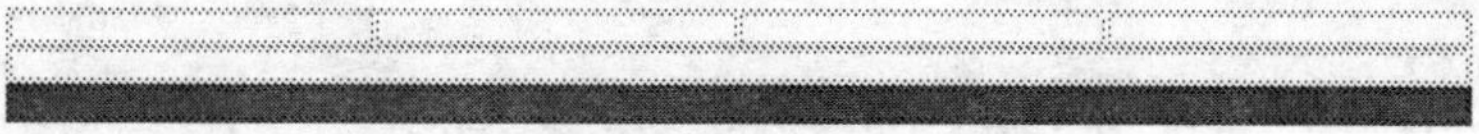

图 5.32　继续插入表格

5．用相同的方法插入一个 1 行 1 列的表格，背景色为默认的颜色，设置表格宽度为"760 像素"，边框为"0"，在"属性"检查器中设置高度为"18 像素"。

6．再在上一个表格下方插入一个 1 行 3 列的表格，设置表格宽度为"760 像素"，边框为"0"，在"属性"检查器中设置高度为"350 像素"。

7．分别在这个 1 行 3 列的表格的第 1 个单元格中插入一个 2 行 2 列的表格，设置该表格高度为"200 像素"，宽度为"329 像素"，间距为"0"，合并第 2 行的两个单元格，分别设置第 1 行的两个单元格的背景色为"#c8c8c8"，第 2 行的单元格的背景色为"#f8f8f8"。

8．为了使得网页布局结构更清晰，我们可以将表格的边框显示出来，而传统的设置边框的方法即设置边框的宽度为"1"，但是效果却很不美观，如图 5.33 所示。这里我们采用 CSS 样式来设置表格边框，关于 CSS 的知识我们将在下面的章节进行详细介绍，这里就不赘述了。选择"拆分"视图，选中这个 2 行 2 列的表格，在拆分视图的代码窗口可以看到有部分代码被选中，在被选中的第一行代码 "<table width="200" height="329" border="0">" 中添加代码 "style="border:1px #c8c8c8 solid""，即添加后第一行选中部分的代码为 "<table width="200" height="329" border="0" style="border:1px #c8c8c8 solid" >"。

图 5.33　边框为"1"与采用 CSS 后的对比

9．在上述的 1 行 3 列的表格的第 3 个单元格插入 2 行 2 列的表格，合并第 2 行的两个单元格。添加代码"style="border:1px #c8c8c8 solid""，设置相同的边框样式，并分别合并第 2 行的两个单元格。分别设置第 1 行的两个单元格的背景色为"#c8c8c8"，第 2 行的单元格的背景色为"#f8f8f8"，如图 5.34 所示。

图 5.34　继续插入与合并单元格并进行设置

10．在这个 1 行 3 列的表格的第 1 个单元格中所嵌套的表格的第 2 行的单元格中个插入一个 5 行 1 列的表格，设置该表格背景色为白色，表格宽度为"190 像素"，高度为"316 像素"。用同样的方法在代码视图中添加代码"style="border:1px #c8c8c8 solid""设置该表格边框样式。在每行的单元格中各插入一个 2 行 2 列的表格，分别合并每个表格第 1 列的两个单元格。

11．在这个 1 行 3 列的表格的第 3 个单元格中所嵌套的表格的第 2 行的单元格中插入一个 3 行 4 列的表格，表格宽度为"530 像素"，高度为"316 像素"，间距为"0"。设置该表格背景色为白色，这样嵌套表格与原来的表格之间的空隙处会显示原来表格的背景色，如此可以使得表格更有层次感。在代码视图中添加代码"style="border:1px #c8c8c8 solid""设置表格边框样式，如图 5.35 所示。

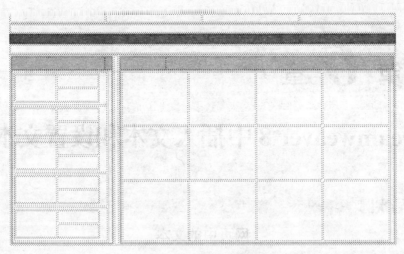

图 5.35　插入表格并设置

12．插入一个 1 行 1 列的表格，高度为"16 像素"，宽度为"760 像素"边框为"0"。

13．插入 1 行 2 列的表格，表格宽度为"760 像素"，高度为"80 像素"，边框为"0"，最终的效果图如实验结果所示。

> **提示：** 默认情况下，表格的"属性"检查器中的"间距"文本框中为空，但是其默认值并不为"0"，而为"1"。在操作的过程中可能会出现上面插入的 3 行 4 列表格的单元格内边框在预览的时候会显示出来，这就是因为没有把"间距"设为"0"的缘故。

第 *6* 章

在 Dreamweaver 8 中插入文本和设置文本格式

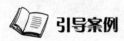 **引导案例**

网页中的文本

网页的组成元素很多，最常见的莫过于文本、图像和动画了。通过文本我们可以以最直接的方式了解网页信息。例如，电子商务网站中对商品的描述等，图片可以描述商品的外貌特征，而文字则可以以最准确的、最精准的方式对商品进行描述。文本是网页中必不可少的一部分。

也许有人会好奇地问，我只用过 Word 编辑文本，在网页中对文本的操作是不是很难啊？其实，网页中文本的操作并不困难，在很多方面和 Word 类似。在展示效果上，可以设置动态效果，比 Word 文本更具有表现力。

问题：你以前用过 Dreamweaver 8 以外的网页编辑工具吗？如 FrontPage，它们有什么不同吗？哪个效果更丰富一点？

◇ **学习目标** ◇

1. 掌握插入文本和设置文本格式的方法。
2. 能较熟练地设置文本对象的属性，如字体、字体大小、字体颜色和字体样式等。
3. 掌握设置文本标题的方法，能熟练进行文本对齐和文本缩进。
4. 能够创建项目列表或编号列表，并根据需要调整项目列表的图标、编号列表的起始编号等属性。

学习导航

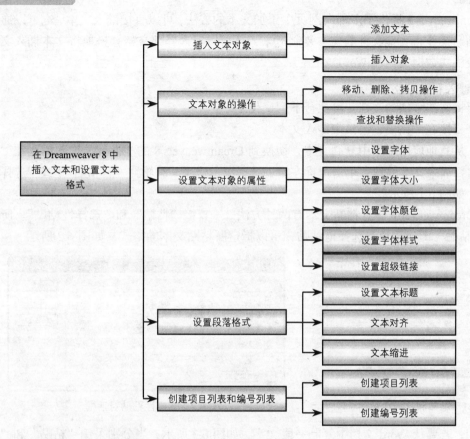

6.1 插入文本对象

　　文本对象是网页的基本组成部分，我们从网页上了解的大部分信息都是从文本对象中获得的，因此正确处理好文本对象，可以提高网页的可读性，使得网页更能吸引网页浏览者。文本处理是网页设计中最简单的一部分，学习网页设计也应该从最基本的文本处理开始。

6.1.1 添加文本

　　文本就是网页中的文字和特殊字符。由于最初互联网传输信息的流量比较小，传输大的文件需要太多的时间，所以当时几乎所有的网页内容都是使用文本，从而避免了由于文件太大造成的浏览网页的等候时间过长。虽然今天网页上可以使用图像、声音、动画等多种方式来表现其特点和生动性，但如果离开了文字，我们都会觉得"言之无文"、"内容空洞"。

Dreamweaver 8 提供了多种向网页中添加文本的方法，可以直接键入文本，也可以通过复制和粘贴操作将其他文件的文本复制过来，还可以导入外部文档轻松地将文本插入文档中，如表格式数据文档和 Word 文档。

1．键入和粘贴文本

若要将文本添加到文档，可执行下列操作之一：

（1）直接在"文档"窗口中键入文本。

（2）从其他应用程序中复制文本，切换到 Dreamweaver 8 的"设计"视图中，在"文档"窗口要插入文本的地方单击鼠标左键，选择菜单选项"编辑"→"粘贴"（或"选择性粘贴"），如图 6.1 所示。

在 Dreamweaver 8 中，粘贴文本有两种方法——直接"粘贴"和"选择性粘贴"。所谓"选择性粘贴"即让用户有选择地粘贴，可以指定所粘贴文本的格式，如图 6.2 所示。

图 6.1　粘贴和选择性粘贴

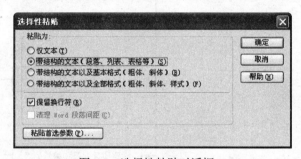

图 6.2　选择性粘贴对话框

例如，若要从 Word 文档中复制一段文字，如图 6.3 所示，当分别采用"粘贴"和"选择性粘贴"时，在 Dreamweaver 8"文档"窗口中的效果如图 6.4 所示。

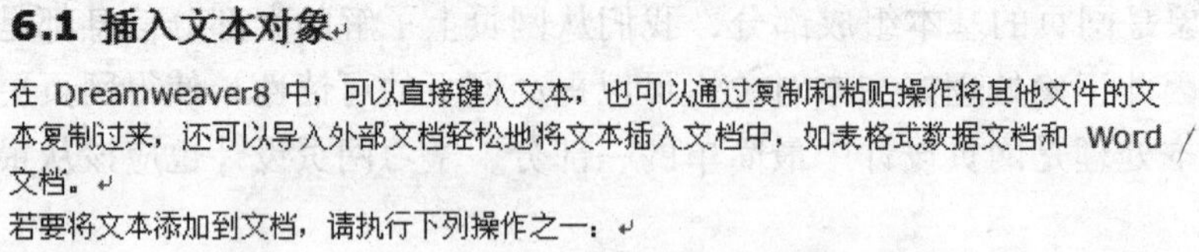

6.1 插入文本对象

在 Dreamweaver8 中，可以直接键入文本，也可以通过复制和粘贴操作将其他文件的文本复制过来，还可以导入外部文档轻松地将文本插入文档中，如表格式数据文档和 Word 文档。

若要将文本添加到文档，请执行下列操作之一：

图 6.3　Word 文档中的一段文字

由图 6.4 可看出，"选择性粘贴"的对话框中粘贴为"仅文本"去除了原文本的所有格式，包括段落标记，如图中"6.1 插入文本对象"后去除了换行，而"带结构的文本"则保留了段落，"带结构的文本以及基本格式"在前者的基础上保留了"6.1 插入文本对象"的加粗效果，"带结构的文本以及全部格式"在前者的基础上保留了字体人小的设置。

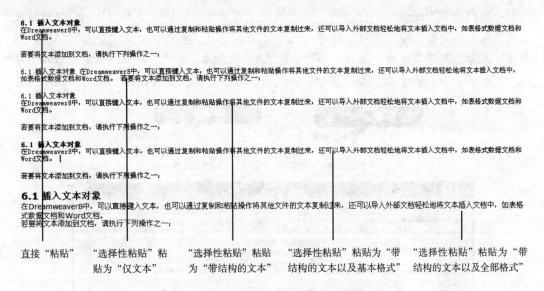

图 6.4　"粘贴"和"选择性粘贴"的不同效果

　　另外，我们注意到，直接"粘贴"的文字效果和"带结构的文本以及基本格式"相同，实际上这并不是绝对的，是可以设置的。单击图 6.2 所示的"选择性粘贴"对话框中的"粘贴首选参数(P)…"按钮，弹出"首选参数"对话框，如图 6.5 所示，我们可以看到，当前默认的首选参数为"带结构的文本以及基本格式（粗体、斜体）（B）"，这和前面观察的结果是一致的。因此，我们可以单击不同的单选按钮设置菜单选项"编辑"→"粘贴"默认的粘贴效果。

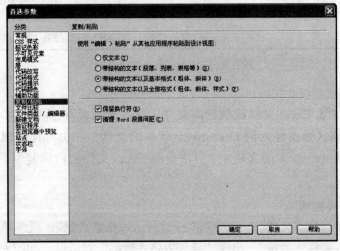

图 6.5　首选参数对话框

小窍门 在 Dreamweaver 8 中，默认情况下是不能连续输入多个空格的，只能输入一个。如果想要输入多个空格，请将输入法提示框上的"半角"改为"全角"，如图 6.6 所示。或者选择菜单选项"编辑"→"首选参数"，在弹出的"首选参数"对话框中，钩选"允许多个连续的空格"复选框即可连续输入多个空格，如图 6.7 所示。

图 6.6　将输入法上的"半角"改为"全角"

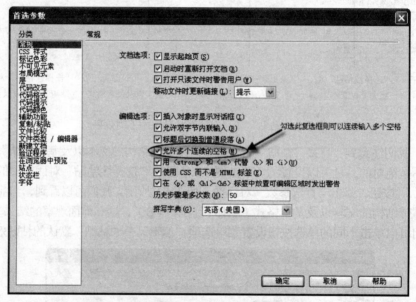

图 6.7　设置允许多个连续空格

2．导入表格式数据文档

首先将文件（如 Excel 文件或数据库文件）保存为制表符分隔的文本文件，再将该文本文件中的表格式数据导入到 Dreamweaver 8 的文档中。另外还可以将文本从 Excel 文档添加到 Dreamweaver 8 的文档中，方法是将 Excel 文件的内容复制并粘贴到"文档"窗口中。

3．导入表格式数据

（1）选择菜单选项"文件"→"导入"→"导入表格式数据"，或选择"插入"→"表格对象"→"导入表格式数据"，出现"导入表格式数据"对话框，如图 6.8 所示。

（2）单击"浏览"按钮，选择所需的文件或在文本框中输入它的名称。

（3）选择将文件保存为分隔文本时使用的分隔符。选项包括"Tab"、"逗点"、"分号"、"引号"和"其他"。如果选择"其他"，在下拉列表右边的文本框中输入用作分隔符的字符。

（4）完成后单击"确定"，则完成向"文档"窗口中插入数据。

4．导入 Word 或 Excel 文档的内容

若要将 Word 或 Excel 文档的内容添加到"文档"窗口中，选择菜单选项"文件"→"导入"→"Word 文档"或"文件"→"导入"→"Excel 文档"，如图 6.9 所示。

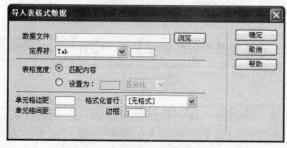

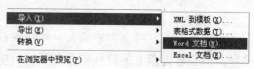

图 6.8　导入表格式数据对话框　　　　图 6.9　导入 Word 文档或 Excel 文档

在弹出的对话框中，选择所需要插入的文档后，Word 或 Excel 文档的内容将出现在页面中。

> **提示：** 该方法适用于 Word 文档或 Excel 文档内容不太多的情况，若插入文档的数据量很大会导致打开的速度很慢，这时候选择从 Word 或 Excel 文档中"复制"→"粘贴"所需内容效率会更高。

5．换行

在 Dreamweaver 8 中文字换行有 3 种方法。

（1）自动换行：在输入文字时，若一行的长度超过了 Dreamweaver 窗口的显示范围，文字将自动换到下一行。自动换行的好处在于不管浏览器窗口的大小，网页文字都将依照窗口大小自动换行，避免超出页面之外而需要移动滚动条浏览的情况。

（2）按<Enter>键换行：在输入文字后按<Enter>键换行，且新段落和上一段落之间空一行。

（3）按<Shift+Enter>组合键换行：如果想要手动换行，中间又不能出现空白行可以按<Shift+Enter>组合键。按<Enter>键和按<Shift+Enter>组合键换行的效果如图 6.10 所示。

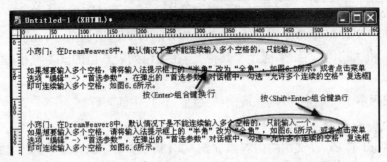

图 6.10　按<Enter>键和按<shift+Enter>组合键换行的效果

6.1.2　插入对象

在网页中除了可以输入文本，插入图像、表格等基本的网页元素外，还有一些元素也是非常重要的，如一些特殊字符、水平线等对象，这些也是网页中较为常用的元素。

1. 插入特殊字符

在网页中，有时会需要插入一些特殊符号。通过输入法的软键盘可以插入一些特殊的符号，但是软键盘上的符号毕竟有限，可能会没有网页上需要插入的特殊符号，如注册商标、商标、版权符号等。

在 Dreamweaver 8 中，可以很方便地插入这些特殊符号，不过有些特殊字符在网页的设计中只是一个标志，只有在浏览器窗口中才能显示出其真实的样子。

若要插入特殊符号，请执行以下操作。

（1）在要插入特殊符号的位置单击鼠标左键。

（2）选择菜单选项"插入"→"HTML"→"特殊字符"，在"特殊字符"弹出的子菜单中选择要插入的特殊字符，如图 6.11 所示。

在弹出的子菜单中各个特殊字符的 HTML 标记及含义如表 6.1 所示。另外，在 Dreamweaver 8 中，对段落的编辑有分段和换行之分，分段指一个段落结束后另起一段进行编辑，而换行则是在同一段落内强制换行进行编辑，分段和换行的 HTML 标记分别为：<P></P>和
，分段的快捷键是<Enter>键，而换行的快捷键是<Shift+Enter>组合键。

表 6.1　特殊字符及其含义

名　　称	HTML 标记	符　　号
版权	&copy;	©
注册商标	&reg;	®
商标	&#8482;	™
英镑符号	&pound;	£

续表

名　　称	HTML 标记	符　　号
日元符号	&yen;	¥
欧元符号	&#8364;	€
左引号	&#8220;	"
右引号	&#8221;	"
破折线	&#8212;	—

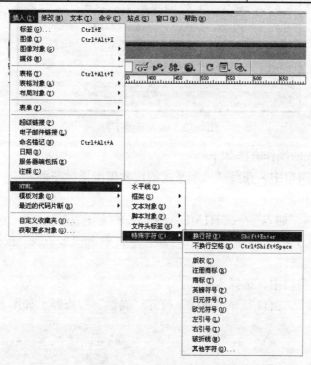

图 6.11　插入特殊字符

在弹出的子菜单中选择"其他字符"选项，弹出"插入其他字符"对话框，该对话框可插入其他特殊符号。选择相应的字符，在"插入"文本框中将显示该字符的 HTML 标记，如图 6.12 所示，单击"确定"按钮即插入所要插入的字符。

6.1 节中我们讲了如何输入多个空格，这里通过插入"不换行空格"也可以实现插入空格的功能。

2．插入水平线

水平线对于组织信息很有用，在网页设计中常被运用为网页元素的隔离。在页面上，可以使用一条或多条水平线以可视方式分隔文本和对象，最常用的是作为网页正文内容和

115

版权信息的隔离线。

图 6.12　插入其他字符

（1）插入水平线的操作方法如下。

① 在"文档"窗口中，在要插入水平线的位置单击鼠标左键。

② 执行下列操作之一：

● 选择菜单选项"插入"→"HTML"→"水平线"；

● 在"插入"工具栏中选择"HTML" HTML ▼，单击"水平线"按钮▦。

（2）设置水平线属性。

① 在"文档"窗口中，选择水平线。

② 选择菜单选项"窗口"→"属性"打开"属性"检查器，如图 6.13 所示。

图 6.13　水平线"属性"检查器

（3）"属性"检查器中各个选项的含义如下。

①"水平线"：下面的文本框用来设置水平线的名称。

②"宽"和"高"：设置水平线的宽度和高度，可以以像素为单位设置宽和高的具体值，也可以以百分比的形式设置水平线的宽和高占文档窗口的比例。

③"对齐"：右边的下拉列表中有四个选项，指定水平线的对齐方式，有"默认"、"左对齐"、"居中对齐"或"右对齐"4 个选项，"默认"的对齐方式为"居中对齐"。只有当水平线的宽度小于浏览器窗口的宽度时，该设置才适用。

④"阴影"复选框：选中该复选框将使水平线产生阴影效果；取消选择复选框，则水

平线去掉阴影效果，使用纯色绘制水平线，呈实心型，如图 6.14 所示。

3．插入日期

上网的过程中经常会在网页中看到最后一次修改网页的时间，这说明网页是在不断更新的，这在某种程度上能鼓励访问者再次光临本网站。该功能不是可有可无的，而是一个良好的信息公告。

（1）插入日期的操作方法如下。

① 在要插入日期的地方，单击鼠标左键，选择菜单选项"插入"→"日期"，弹出"插入日期"对话框，如图 6.15 所示。

② 在"插入日期"对话框中设置"星期格式"为"星期四"，设置"日期格式"为"1974-03-07"，设置"时间格式"为 10：18PM 后，单击"确定"按钮后就可以插入日期"Saturday，2009-03-21 8:46 PM"。

图 6.14　水平线阴影效果

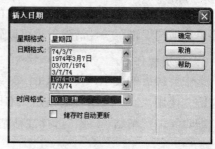

图 6.15　"插入日期"对话框

（2）在"插入日期"对话框中，各个选项的含义如下。

①"星期格式"：右边下拉列表中有"[不要星期]"、"星期四，"、"星期四"、"Thursday，""Thu，"5 个选项。选择"[不要星期]"将不使用星期格式，即在日期中不插入星期；选择其他选项，则使用相应的星期格式。

②"日期格式"：在右边的下拉列表中选择一种日期显示格式。

③"时间格式"：右边的下拉列表中有"[不要时间]"、"10：18PM"和"22：18"三个选项。选择"[不要时间]"则日期中不插入时间，"10：18PM"为 12 小时的时间表示法，"22：18"为 24 小时的时间表示法，用户可以根据个人习惯选择一种。

④"储存时自动更新"复选框：如果选中该复选框，则存储时将自动更新文档中的日期，否则将插入普通的文本，存储时不自动更新日期。

6.2　文本对象的操作

插入文本对象后，有时候需要对文本对象进行调整，或进行移动、删除、拷贝、查找和替换等操作。

6.2.1 移动、删除、拷贝操作

Dreamweaver 8 中，移动、删除、拷贝操作和 Word 中相关操作类似，具体方法如下。

1．移动操作

移动操作很简单，只要选中所要移动的文本，将鼠标指针放在选中的区域，当鼠标指针变为白色箭头形状的时候，按住鼠标左键不放，将所选文字拖动到要移动的位置后，释放鼠标即可。

另外，还可以通过菜单选项"编辑"→"剪切"和"编辑"→"粘贴"这两步实现文本的移动。这和上一章中使用方法类似，这里就不赘述了。

2．删除操作

删除文字也很简单，选中所要删除的文本，按<Delete>键或<Backspace>键即可。或选择菜单选项"编辑"→"清除"也可以删除文字。

3．拷贝操作

选中要拷贝的文字，使用<Ctrl+C>组合键拷贝所选内容，在要放置文本的地方单击鼠标左键，使用<Ctrl+V>组合键粘贴文本即可。另外也可使用菜单选项"编辑"→"拷贝"和"编辑"→"粘贴"（或"选择性粘贴"）。

6.2.2 查找和替换操作

Dreamweaver 8 中提供了强大的查找和替换功能，可以在当前文档中方便地查找、替换所需改动的文字。选择菜单选项"编辑"→"查找和替换"或按<Ctrl+F>组合键，将弹出"查找和替换"对话框，如图 6.16 所示。

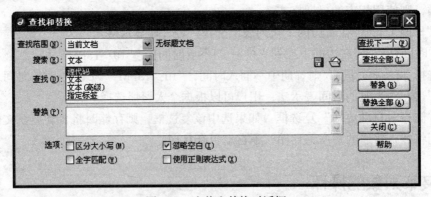

图 6.16 查找和替换对话框

"查找范围"下拉列表框中有"所选文字"、"当前文档"、"打开的文档"、"文件夹"、"站点中选定的文件"和"整个当前本地站点"6 个选项。选择不同的选项，确定"查找"操作不同的范围。

"搜索"下拉列表框中指定要搜索文件的类型。

（1）"源代码"表示在 HTML 源代码中搜索特定的字母串，即搜索"代码"视图中的字符。

（2）"文本"：在"设计"视图中搜索特定的文本字符串，忽略文本的样式，如加粗、斜体。

（3）"文本（高级）：可以搜索在特定 HTML 标签内或不在特定 HTML 标签内的字符串。

（4）"指定标签"：可以搜索特定的标签、属性和属性值。

在"查找"文本框中，输入要查找的内容，在"替换"文本框中，输入要替换为的内容，如果不需要替换为其他文本也可不输入。

6.3　设置文本对象的属性

文本对象是网页内容的重要元素，也是表达网站内容和网站作用的主要方式，因此网页内容的设置技巧是每个网页制作者的必备技能。

Dreamweaver 8 提供了编辑文本的可视化界面，可以方便、快捷地完成文本编辑工作。可以设置所输入文本字体的类型、大小、颜色及对齐方式等，也可以使用 CSS（层叠样式表）样式创建和应用自定义样式。

文本的格式化就是对文本的格式进行设置。在这一方面，Dreamweaver 8 跟普通文字处理程序一样，可以对网页中的文字和字符进行格式化处理。比如设置文本为标题、段落、列表等格式，改变文本的字体及大小、文本的颜色、文本的对齐方式，加粗文本，使文本倾斜，为文本加下画线等。

6.3.1　设置字体

设置文本字体大小有多种方法，如 CSS 样式设置、"属性"检查器中字体设置。我们这里先讲比较简单、常用的使用"属性"检查器设置字体这种方法，在第 9 章，我们将详细讲述如何利用 CSS 样式设置文本属性。

当在"文档"窗口中输入文字时，默认的字体是宋体，若要改变字体，则选中要改变字体的文本，打开"属性"检查器，在"字体"的下拉列表框中选择所要的字体组合，如图 6.17 所示，字体下拉列表框如图 6.18 所示。字体组合决定了浏览器在网页中显示文本的方式。浏览器使用用户系统上安装的字体组合中的第一种字体，如果未安装字体组合中的任何一种字体，则浏览器按用户的浏览器首选参数指定的方式显示文本。

图 6.17 字体"属性"检查器

如果在字体下拉列表框中没有所要的字体，用户可以自己编辑字体列表，操作步骤如下。

（1）打开"属性"检查器，打开"字体"下拉列表框，如图 6.18 所示，单击"编辑字体列表"选项，打开"编辑字体列表"对话框，如图 6.19 所示，"选择的字体"列表框中显示的是所选组合的字体，"可用字体"列表框中显示的是系统上安装的所有可用字体的列表。

图 6.18 设置字体下拉列表框

图 6.19 "编辑字体列表"对话框

（2）若要编辑现有字体列表中的字体，选中"字体列表"中的字体，单击对话框中⫷按钮从"可用字体"列表中添加字体，添加的字体出现在左边的"选择的字体"列表框中，或单击⫸按钮从"选择的字体"列表框中删除字体。若要创建新的字体，单击➕按钮，单击➖按钮移除"字体列表"中的字体。单击▲按钮，使得字体在"字体列表"中的位置上移，而单击▼按钮，则使得字体的位置下移。若要添加系统上未安装的字体，请在"可用字体"列表下面的文本域中键入字体名称，然后单击⫷按钮将该字体添加到组合中。添加系统上未安装的字体在很多情况下都很有用。

（3）单击"确定"按钮，保存所进行的操作。

提示 在网页设计的过程中，应尽量避免使用罕见字体，否则很有可能因为浏览该网页的用户没有安装该字体而自动将罕见字体替换成常规字体，无法实现网页原本要实现的效果。

120

6.3.2　设置字体大小

设置字体大小的方法如下。

（1）选中要设置大小的文字。

（2）单击图 6.17 中字体"属性"检查器中"大小"下拉列表框，选择合适的字体大小，一般字体大小以"像素(px)"为单位，也可以根据个人习惯更改为其他单位。

> **提示：** 字体大小数值越大，文字越大，反之，就越小。一般网页中，文字大小以 12 像素为宜。

6.3.3　设置字体颜色

网页中，设置丰富的字体颜色是非常必要的，合理地设置和搭配字体颜色可以增强文档的表现力，使网页更能够吸引用户。

可以更改所选文本的颜色，使新颜色覆盖"页面属性"中设置的文本颜色。如果未在"页面属性"中设置任何文本颜色，则默认文本颜色为黑色。

1．更改文本颜色

若要更改文本颜色，步骤如下：

（1）选中要设置颜色的文字。

（2）执行以下操作之一。

① 选择菜单选项"文本"→"颜色"，在弹出的"颜色"对话框中选择一种字体颜色，单击"确定"按钮即可，如图 6.20 所示。

② 单击"属性"检查器中的▢按钮，在如图 6.21 所示的调色板中选择所需要的颜色，或直接在▢右边的文本框中直接输入颜色的十六进制数字。

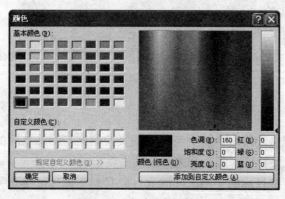

图 6.20　"颜色"对话框

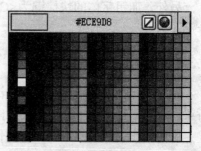

图 6.21　调色板

2．设置文本为默认颜色

（1）在"属性"检查器中，点击█按钮，弹出如图 6.21 所示的调色板。

（2）单击☑按钮则可以使文本设置为默认颜色。

6.3.4 设置字体样式

在 Dreamweaver 8 中，不光可以设置字体、字号和字体颜色，还可以设置其他属性，如设置文字为粗体、斜体等，这些都是通过"文本"菜单完成的。

选择菜单选项"文本"→"样式"，将弹出如图 6.22 所示的子菜单。

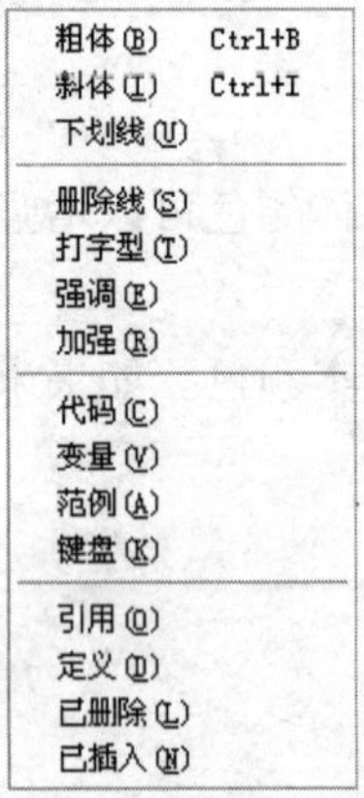

各菜单选项的含义如下所示。

（1）"粗体"：设置文字为粗体。

（2）"斜体"：设置字体为斜体。

```
粗体 (B)    Ctrl+B
斜体 (I)    Ctrl+I
下划线 (U)

删除线 (S)
打字型 (T)
强调 (E)
加强 (R)

代码 (C)
变量 (V)
范例 (A)
键盘 (K)

引用 (Q)
定义 (D)
已删除 (L)
已插入 (N)
```

图 6.22 "样式"子菜单

（3）"下画线"：在文字下面添加下画线，使用<u></u>标记。

（4）"删除线"：在文字上添加删除线，如~~删除线~~，即添加了删除线，使用<s></s>标记。

（5）"打字型"：为选中的文字添加等宽标记。

（6）"强调"：选中的文本采用斜体，起强调作用。

（7）"加强"：选中的文本采用粗体，起加强作用。

（8）"代码"：设置选中的文本采用描述程序代码效果。

（9）"变量"：设置选中的文字采用动态字体。

（10）"范例"：设置选中的文本采用标准字体。

（11）"键盘"：设置选中的文本为黑体。

（12）"引用"：设置选中的文本为斜体，用<cite></cite>标记。

（13）"定义"：设置选中的文本为斜体，用<dfn></dfn>标记。

（14）"已删除"：为选中的文本加上删除线，用<del></del>标记。

（15）"已插入"：为选中的文本加上下画线，用<ins></ins>标记。

另外，加粗字体的快捷键为<Ctrl+B>组合键，设置文字为斜体的快捷键为<Ctrl+I>组合键。

6.3.5 设置超级链接

超级链接在网站中应用极其广泛，它是连接一个网页与其他网页及网站与网站之间的桥梁，也是网页区别于其他形式媒体的重要特征，多个有关联的网页就组成了网站。

了解从作为链接起点的文档到作为链接目标的文档之间的文件路径对于创建链接至关重要。

1. 绝对路径与相对路径

每个网页都有一个唯一的地址，称做统一资源定位器（Uniform Resources Locator，URL），它的功能是能够提供在 Internet 上查找资源的途径。URL 是访问网站的一种绝对路径，格式为：protocol://host[:port]/path/[;parameters][?query]# anchor。其中各部分的含义如下：protocol 表示 Internet 协议；host 表示网页所在服务器的域名或 IP 地址；port 指端口号，默认端口为 80；path 指明服务器上某个资源的位置，通常采用以"/"分隔开的字符串的形式，表示主机上的一个目录或文件地址；parameters 用于指定特定参数，URL 中不一定包含这一项；?query 用于给动态网页传递参数，也是可选项；anchor 用于指定网络资源的某一片段。

不过，当创建本地链接（即从一个文档到同一站点上另一个文档的链接）时，通常不指定要链接到的文档的完整 URL，而是指定一个始于当前文档或站点根文件夹的相对路径。

路径一般分为两种：

（1）绝对路径：提供所链接文档的完整 URL，如 http://www.baidu.com 就是一个绝对路径。如果要访问其他服务器上的文档，必须使用绝对路径。对于本地链接（即同一站点内文档间的链接）也可使用绝对路径链接，但是通常情况下我们不建议采用这种方式，因为一旦将此站点移动到其他位置，则所有本地绝对路径链接都将断开。因此在本地链接应使用相对路径，这样能为在站点内移动文件提供更大的灵活性。

（2）相对路径：省去对当前文档和所链接的文档都相同的绝对 URL 部分，而只提供不同的路径部分，如 images/flower.gif。文档相对路径对于大多数 Web 站点的本地链接来说，是最适用的路径。在当前文档与所链接的文档处于同一文件夹内，而且可能保持这种状态的情况下，文档相对路径特别有用。文档相对路径还可利用文件夹层次结构，指事定从当前文档到所链接的文档的路径，从而链接到其他文件夹中的文档。

例如，若要创建"index.html"到 images/flower.gif（在名为 images 的文件夹中）的链接，有以下几种情况：

① 如果 index.html 与 flower.gif 处于同一文件夹中，则相对路径即为文件名："flower.gif"。

② 若 index.html 与 flower.gif 处于不同的文件夹中，且 index.html 文件与 images 文件夹在同一目录下，则可使用相对路径"images/flower.gif"。每个正斜杠"/"表示在文件夹层次结构中下移一级。

③ 若 index.html 与 flower.gif 处于不同的文件夹中，且 flower.gif 与 index.html 的父文件夹在同一目录中，若要链接到 flower.gif，可使用相对路径"../flower.gif"。每个"../"表示在文件夹层次结构中上移一级。

④ 若 flower.gif 在站点根目录下的 images 文件夹下，则可以直接通过路径

"/images/flower.gif"对 flower.gif 进行访问，即它是以根目录作为参照物的。这种路径的优点是不必考虑链接文件和被链接文件之间的位置关系，而缺点是一旦目标文件所处的文件夹被移到非根目录时会导致相应的链接发生错误。

一般我们使用绝对路径（通常是 Http 路径）链接外部站点，而相对路径则应用于站点内部。

2．创建文本链接

在网页中使用最频繁的莫过于超文本链接了，不管是站点内网页的跳转还是站点间的友情链接都少不了它的身影。

（1）链接外部站点。链接外部站点一般采用绝对路径。

① 打开如图 6.23 所示的 html 文件，选中"百度一下"按钮下方的文字"hao123"。

图 6.23　添加外部链接前

② 打开"属性"检查器，如图 6.24 所示，在"链接"文本框中输入"www.hao123.com"作为文本"hao123"所指向的外部站点的绝对路径。

③ 单击"目标"的下拉列表框，在弹出的下拉列表框中有 4 个选项："_blank"，"_parent"，"_self"和"_top"。选择"_blank"后保存网页。

④ 按<F12>键预览网页，并单击文本链接"hao123"，我们看到 IE 浏览器在新窗口中打开"http://www.hao123.com"所对应的网页。如图 6.25 所示。

图 6.24　"属性"检查器

下拉列表框中四个选项的含义如下。

（1）"_blank"：在一个新的、未命名的浏览器窗口中打开被链接的网页或文件。

（2）"_parent"：在该链接所在框架的父框架或父窗口中打开被链接网页或文件，如果包含链接的框架不是嵌套框架，则在当前整个浏览器窗口中打开所链接的网页或文件。

（3）"_self"：在当前框架或窗口中打开被链接的网页或者文件，这是默认的打开链接的方式，所以通常不需要指定。

（4）"_top"：在整个浏览器窗口中打开被链接的网页或者文件，也多用于框架结构的网页中，如果应用于非嵌套框架网页中，则直接在当前窗口中打开。

提示　我们平时在上网的过程中很多情况下会省去输入URL的协议内容如"http://"，而这并不会影响我们登录到我们想浏览的网页，因为浏览器会自动在 URL 上添加上"http://"。但是创建文本链接的时候，我们在输入绝对地址要注意填写完整的 URL 名称，否则会导致网页的链接失败。

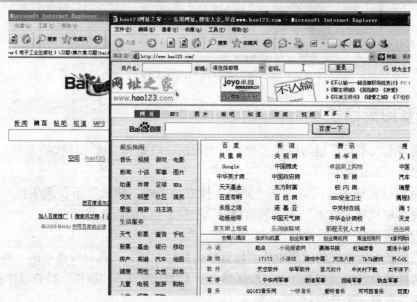

图 6.25　文本链接打开 "http://www.hao123.com" 效果图

（2）链接站点内部文件。若要将文本链接至站点内部文件，方法如下。

① 打开如图 6.23 所示的 html 文件，选中文本 "hao123"。

② 单击"属性"检查器的"链接"文本框后的文件夹按钮 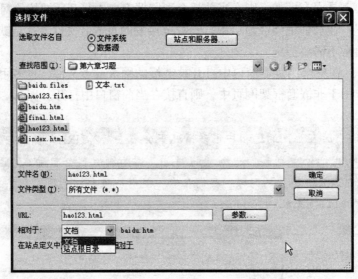，在弹出的如图 6.26 所示的"选择文件"对话框中选择所要链接的内部文件，如"hao123.html"。

③ 注意，选项"URL"文本框中所显示的"hao123.html"是由 Dreamweaver 8 自动分配的路径，而"相对于"下拉列表框中有两个选项："文档"和"站点根目录"，默认情况下为"文档"，即被链接文件当前的路径是相对于链接所在地文档的；若选择"站点根目录"则被链接文件的路径是相对于站点根目录而言的。

图 6.26　选择站点内部文件

6.4　设置段落格式

段落是排版文本最常用的格式之一，一个段落一般是具有统一样式的文本，段落与段落之间通过按<Enter>键进行区分。

选中所要设置格式的段落，在"属性"检查器中的"格式"下拉列表框中选择段落格式或选择菜单选项"文本"→"段落格式"，选择相应的段落格式。

若要设置段落格式，请执行以下操作。

（1）在所要设置格式的段落中任意位置单击鼠标左键，或选择段落中的一些文本。

（2）选择菜单选项"文本"→"段落格式"子菜单或打开"属性"检查器中的"格式"下拉列表框，选择一个选项：

① 选择段落格式（如"标题 1"、"标题 2"、"预先格式化的"等）。

② 选择"无"删除段落格式。

6.4.1 设置文本标题

一般一篇文章都会有标题、副标题、章和节等结构，这使得文章更有层次，结构更鲜明。Dreamweaver 8 提供了 6 个等级的标题格式，如图 6.27 所示，标题格式有："标题 1"、"标题 2"、"标题 3"、"标题 4"、"标题 5"和"标题 6"，表示第 n 级别的标题，n 为标题格式中的数字。另外 Dreamweaver 8 中还提供了相应的标题标签<hn>，如图 6.28 所示。其中 n 表示标题的级别，n 越小，标题对应的字号越大，定义如下。

（1）<h1>和</h1>：定义 1 级标题。

（2）<h2>和</h2>：定义 2 级标题。

（3）<h3>和</h3>：定义 3 级标题。

（4）<h4>和</h4>：定义 4 级标题。

（5）<h5>和</h5>：定义 5 级标题。

（6）<h6>和</h6>：定义 6 级标题。

图 6.27 "属性"检查器中设置标题等级

图 6.28 4 级标题的<h4>标签

在 Dreamweaver 8 中设置文本标题的具体操作步骤如下所示。

（1）在"文档"窗口中，在所要设置标题的段落中任意位置单击鼠标左键。

（2）执行以下操作中的一项。

① 选择菜单选项"文本"→"段落格式"，在弹出的子菜单中选择相应的标题级别选项，可选择的选项从"标题 1"到"标题 6"，如图 6.29 所示。

② 选择"属性"检查器中"格式"下拉列表框，从弹出的菜单中选择相应的选项，如图 6.27 所示。6 个级别的标题的大小如图 6.30 所示。

对段落应用标题标签时，Dreamweaver 8 自动添加下一行文本作为标准段落。若要更改此设置，请选择"编辑"→"首选参数"（Windows），然后在"常规"类别中的"编辑选项"下确保取消选中"标题后切换到普通段落"。

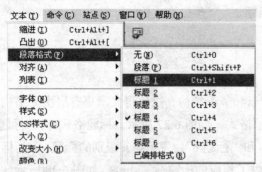

图 6.29　菜单选项中设置段落格式　　　　　　图 6.30　6 级标题效果图

6.4.2　文本对齐

进行网页布局时，根据网页风格和整体设计的需要，文本对齐也是比较常用的操作。Dreamweaver 8 中提供了 4 种对齐方式：左对齐、右对齐、居中对齐和两端对齐，这种对齐方式仅适用于水平位置，表格内对象的对齐属性通过单元格属性设置，可以分别设置水平方向和垂直方向的对齐方式。可以通过使用"属性"检查器或选择菜单选项"文本"→"对齐"，在弹出的子菜单选择相应的选项对齐页面上的文本。

若要对齐文本，请执行以下操作。

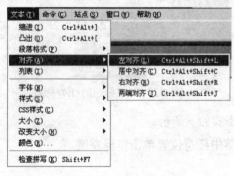

图 6.31　设置对齐方式

（1）选择要对齐的文本，或在要对齐的文本中任意位置单击鼠标左键。

（2）执行下列操作之一。

① 选择菜单选项"文本"→"对齐"，在弹出的子菜单中然后选择对齐方式，如图 6.31 所示。

② 单击"属性"检查器中的对齐选项（"左对齐"、"右对齐"、"居中对齐"或"两端对齐"），其中 按钮表示"左对齐"， 按钮表示"居中对齐"， 按钮表示"右对齐"， 按钮表示"两端对齐"。

提示： 水平对齐将文本作为一个整体来进行操作，不能对段落的一部分进行水平对齐，因此一个段落只有一种对齐方式。

6.4.3　文本缩进

如果通过文本对齐方式的设置还不能满足所需要的格式要求，可以通过文本凸出和文本缩进来调整文本的宽度。

若要缩进文本和取消缩进，请执行以下操作：

（1）在要缩进的段落中单击鼠标左键。

（2）执行以下操作之一。

① 选择菜单选项"文本"→"缩进"或"凸出"。

② 单击"属性"检查器中的"文本缩进"按钮🔛或"文本凸出"按钮🔛即可增大或减小文本的宽度。

对于缩进后的文本，如果想减少缩进量，可以通过文本凸出来实现，文本缩进是文本两端都同时缩进相同宽度的，可以对段落应用多重缩进。每选择一次该命令，文本就从文档的两侧进一步缩进。缩进后的文本与原来的文本对比效果如图 6.32 所示。

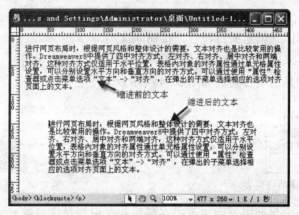

图 6.32　缩进前后文本的对比效果

🔑 **提示**　在实现"文本凸出"效果时，由于文本距页面边缘的距离限制，文本距页面边缘的宽度不能超过宽度的默认值，而"文本缩进"功能则没有这一限制。文本宽度最小可以缩小到一个字一行，当继续缩进的时候，页面的宽度会自动增大，即文本距页面边缘的距离可以一直增大。若要实现首行文字，只有手动插入空格。

6.5　创建项目列表和编号列表

在网页编辑中，有时会需要逐条列出文本项目，这时会使用列表。包含层次关系、并列关系的标题都可以制作成列表形式，这样可以详细地列出主题的要点，有利于用户方便、快速地了解网页内容。列表包括项目列表、编号列表和定义列表，其中项目列表将所要罗列的内容逐条列出，不进行编号；编号列表将所要列出的内容按顺序排列，并进行编号；

定义列表用于对文本中的某个词或某一段文字进行解释，显示该词或文字的说明信息，下面将分别进行介绍。

6.5.1 创建项目列表

1. 创建项目列表的步骤

如果段落与段落之间是并列关系，可以使用项目列表。操作步骤如下：

（1）选中所要创建项目列表的文本。

（2）执行下列操作之一。

① 选择菜单选项"文本"→"列表"，在弹出的子菜单中选择"项目列表"选项，如图 6.33 所示。

② 单击"属性"检查器的"项目列表"按钮 ，则在所选文本前会加上项目符号。创建项目列表时，也可以先创建项目符号，再输入文本。

（3）在上一段落末尾按<Enter>键，则在下一行自动产生项目符号，直接在项目符号后输入文本即可。创建好的项目列表如图 6.34 所示。

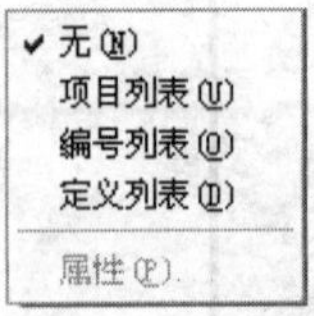

图 6.33　选择项目列表

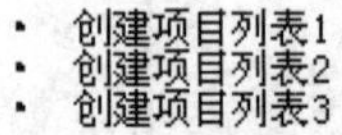

图 6.34　创建项目列表

如果想结束一个项目列表，用户可以在最后一个设置过项目符号的段落后连续按两次<Enter>键；若想取消一个项目列表，则在所要取消项目列表的段落中任意位置单击鼠标左键，再单击"项目列表" 按钮 或者在图 6.33 中单击"无"或者单击"项目列表" 选项取消对"项目列表"的选中即可。

2. 更改项目符号

默认情况下，项目符号采用黑色实心圆点，Dreamweaver 8 中，用户可以根据自己的喜好编辑项目符号。更改项目符号的操作方法如下。

（1）选中要更改项目符号的文本或在文本中任意位置单击鼠标左键。

（2）打开"属性"检查器，单击"列表项目"按钮，弹出"列表属性"对话框，如图 6.35 所示。

提示： 选中文本时只能选中一个添加过项目列表的段落，选多个或者没有添加项目符号的段落，"列表项目"按钮将是灰化不能使用的。

图 6.35　"列表属性"对话框

（3）在"样式"下拉列表框中选择"正方形"选项，单击"确定"按钮后返回，可以看到文本的项目符号已经变成了黑色，是新的正方形。

提示：　更改后的项目符号对所有的项目列表都适用。

如果改变设置项目列表中的某一项项目符号，步骤如下。

（1）在要单独改变项目符号的文本中单击鼠标左键。

（2）在"属性"检查器中单击"列表项目"按钮，在弹出的"列表属性"对话框中，在"新建样式"下拉列表框中选择所要设置的项目符号，如"项目符号"，单击"确定"按钮后，可以看到只有这个项目符号变成了黑色空心圆点。如图 6.36 所示。

3．嵌套项目列表

对于不同级别的内容，Dreamweaver 8 中还可以通过嵌套使用项目列表来区分级别。嵌套使用项目列表的具体方法如下。

（1）选中要设置为低级别的已添加过项目列表的文本。

（2）单击"属性"检查器中的"缩进"按钮，则该文本自动缩进，且原来的项目符号自动变为空心圆点，使用同样的方法可以嵌套更多的项目列表，如图 6.37 所示。

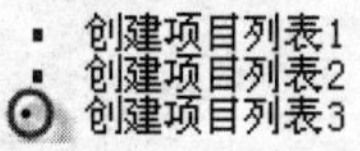

- 创建项目列表1
- 创建项目列表2
- 创建项目列表3

图 6.36　修改项目列表符号

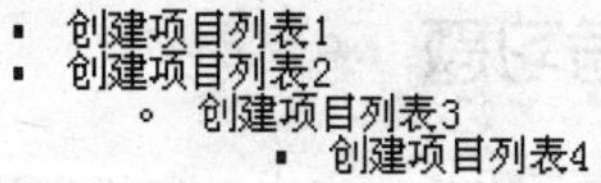

- 创建项目列表1
- 创建项目列表2
  - 创建项目列表3
    - 创建项目列表4

图 6.37　嵌套项目列表示例

6.5.2　创建编号列表

当网页中的文本之间具有先后关系，需要按序排列时，可以使用编号列表。创建编号列表、嵌套编号列表的方法和项目列表类似，这里就不赘述了。默认编号列表的符号为阿拉伯数字，但是也可以通过图 6.35 中所示的"列表属性"对话框中进行个性设置，如图 6.38

所示，选择"列表类型"为"编号列表"，"样式"下拉列表框有 5 个选项，"数字"、"小写罗马字母"、"大写罗马字母"、"小写字母"和"大写字母"。

编号列表默认是从第一个符号开始编号的，如"数字"从"1"开始编号，"小写罗马字母"从"i"开始编号，"大写罗马字母"从"I"开始编号，"小写字母"从"a"开始编号，而"大写字母"从"A"开始编号。如果想修改编号列表的第一个编号，可以在图 6.38 所示的"列表属性"对话框中进行设置。方法如下。

（1）在要更改起始编号的文本中单击鼠标左键。

（2）单击"属性"检查器上的"列表项目"按钮，弹出如图 6.38 所示的"列表属性"对话框。

（3）在"样式"下拉列表中选择所要需要的样式，如"数字"，在下面"开始计数"文本框中输入所要设置的数字，如"3"，如图 6.39 所示。

图 6.38　设置"编号列表"符号

图 6.39　设置起始编号

（4）单击"确定"后返回，更改起始编号后的效果如图 6.40 所示。

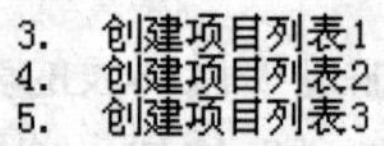

> 3.　创建项目列表1
> 4.　创建项目列表2
> 5.　创建项目列表3

图 6.40　更改起始编号效果

课后习题

1．向网页中插入文本对象的方法有哪几种？请列举出来。

2．如何设置文本的字体、字体大小、颜色等属性？

3．如何设置段落的格式，如设置文本的标题、缩进等。

4．如何在文本中添加项目列表和编号列表？如何修改项目列表的符号？如何修改编号列表的起始编号？

5．结合自己的专业，上网浏览相关的网页，注意观察网站的文本内容格式的设置。

课后实验

实验项目：

新建文本链接，并将该文本链接指向另一个网页，在新网页中插入文本，并设置文本标题。在文本标题和正文内容之间插入水平线。设置字体大小、颜色等属性。

实验结果：

如图 6.41 所示。

图 6.41　第 6 章实验结果

实验步骤：

1．打开 originalWeb.html，选中网页右上角的文本"用户须知"，在"属性"检查器中选择文件夹按钮，在打开的"选择文件"对话框中选择"userNotice.html"文件，单击"确定"按钮，我们会看到文本"用户须知"变成蓝色带有下画线的样式用户须知，如图 6.42 所示。也许很多人会觉得这样很不美观，不过通过应用 CSS 样式我们可以解决这一问题，在以后的章节中将介绍如何用 CSS 样式设置字体、颜色等属性，这里我们就不讨论了。

133

图 6.42　打开链接文件

2．保存 originalWeb.html 文件，打开 userNotice.html 文件，在写有"用户须知"的灰色表格下方的第一个单元格中输入"用户须知"，在"属性"检查器中设置为"居中对齐"，"段落格式"为"标题1"。

3．在刚才输入的文本"用户须知"后按<Enter>键，选择菜单选项"插入"→"HTML"→"水平线"，插入一个水平线，在"属性"检查器中"宽度"后面的下拉列表框中选择"%"，并在"宽度"文本框中输入"70"。

4．在刚才输入"用户须知"的单元格下面的单元格中单击鼠标左键，选择菜单选项"文本"→"列表"→"编号列表"，此时单元格中会插入编号列表"1."。从"文本.txt"文本文件中复制编号"1"对应的内容并粘贴到刚才插入的编号列表"1."后面。按<Enter>键插入编号列表"2."。

5．同样从"文本.txt"文件中复制相应的文字粘贴到编号列表"2."后面。用同样的方法插入其他文本内容。

6．打开 originalWeb.html 文件，并按<F12>键预览，按"用户须知"文本链接，可看到在新窗口中打开了 userNotice.html 对应的网页，如图6.41"实验结果"所示。

第 **7** 章

在 Dreamweaver 8 中插入图像和多媒体

 **引导案例**

网页中什么吸引了你的眼球

我们平时浏览了很多网页，有的吸引人，有的很无聊，你有没有想过除了页面布局是否合理，还有什么影响你决定继续浏览这个网页还是关闭该网页转向其他网页。

试想一下，如果一个网页中全是大段的文字，除非你是在观看技术文档，否则你会愿意从头看到尾吗？我想，答案应该是否定的吧。文字确实能够比较严密地表达一些信息，但是却远远没有图像和其他一些动态元素来得直接、形象、生动。

比如，一个笑话用文字表达你可能不一定觉得很好笑，但是如果将它转化为 Flash 动画的形式，通过搞笑的画面和声音来表现，说不定会让你捧腹。两者让你选择，你自然会选择后者。

……

问题：在浏览网页的过程中，你觉得哪些网页元素对于吸引浏览者注意力很有作用？如果你设计网页，你会向网页中添加哪些元素。

◇ **学习目标** ◇

1. 掌握向网页中添加图像的方法。
2. 掌握设置图像属性、插入 Flash 对象及其他媒体文件的方法。
3. 能够使用 Dreamweaver 8 自带功能，对图像文件进行编辑。
4. 掌握创建图像链接的方法，能够根据需要创建热区链接。
5. 能在本章的基础上，结合前几章的学习，设计网页，对网页进行合理布局和设置，在网页中插入各种网页元素。

学习导航

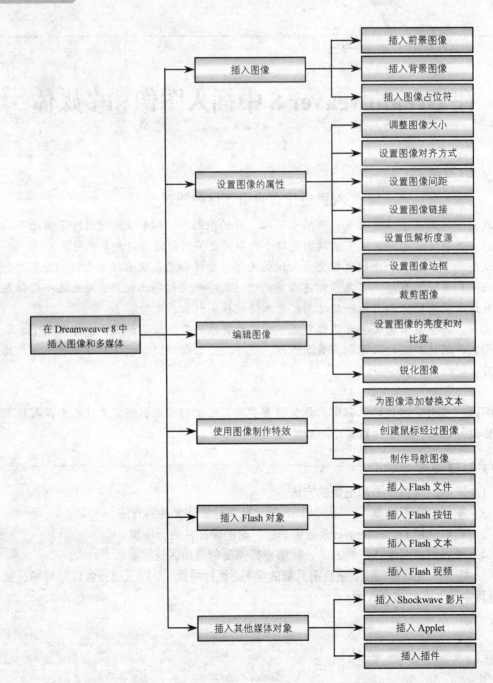

图像文件格式有很多，如 BMP、PSD、SVG 等，但是网页中通常使用的只有 3 种，即 GIF、JPEG 和 PNG。目前，GIF 和 JPEG 文件格式的支持情况最好，大多数浏览器都可以查看它们。

（1）GIF（Graphics Interchange Format，图形交换格式）格式的特点是压缩比高，磁盘空间占用较少，所以这种图像格式迅速得到了广泛的应用。

GIF 格式的文件缺点是不能存储超过 256 色的图像，但是它可以显示动态图像，通过将若干张静止图像串联起来，按照一定的顺序播放从而形成动画，具有生动的表现效果，目前 Internet 上大量采用的彩色动画文件多为这种格式的文件。

此外，考虑到网络传输中的实际情况，GIF 图像格式还增加了渐显方式，也就是说，在图像没有下载完全的时候，浏览器会先显示图像的大致轮廓，使得浏览者可以先看到图像的大致情况。

（2）JPEG（Joint Photographic Experts Group，联合图像专家组标准）也是常见的一种图像格式，文件的扩展名为.jpg 或.jpeg，采用有损压缩方式，去除冗余的图像和彩色数据，获取极高的压缩率的同时能展现十分丰富生动的图像，可以用最少的磁盘空间得到较好的图像质量。

JPEG 文件可以包含数百万种颜色，同时 JPEG 还是一种很灵活的格式，具有调节图像质量的功能，允许用不同的压缩比例对文件进行压缩。随着 JPEG 文件品质的提高，文件的大小和下载时间也会随之增加，当然我们完全可以在图像质量和文件大小之间找到平衡点。

JPEG 格式的文件尺寸较小，下载速度快，使得网页有可能以较短的下载时间提供大量美观的图像，成为网络上最受欢迎的图像格式之一。

（3）PNG（Portable Network Graphics，可移植网络图形）是一种替代 GIF 格式的无专利权限制的格式，它汲取了 GIF 和 JPG 二者的优点，存储形式丰富，兼有 GIF 和 JPG 的色彩模式，能把图像文件压缩到极限以利于网络传输，但又能保留所有与图像品质有关的信息。

PNG 采用无损压缩方式来减少文件的大小；显示速度很快；只需下载 1/64 的图像信息就可以显示出低分辨率的预览图像；支持透明图像的制作，透明图像在制作网页图像的时候很有用，我们可以把图像背景设为透明，用网页本身的颜色信息来代替设为透明的色彩，这样可让图像和网页背景很和谐地融合在一起，Macromedia 公司的 Fireworks 软件的默认格式就是 PNG。PNG 的缺点是不支持动画应用效果，Microsoft Internet Explorer（4.0 和更高版本）和 Netscape Navigator（4.04 和更高版本）只能部分支持 PNG 图像的显示，因此 JPEG 和 GIF 格式的适用更广泛。

7.1　插入图像

图像在网页中具有提供信息、美化界面、体现网站风格与主题的作用，在网页适当的地方添加图像，可以以更简洁的形式对网页进行说明，也增加了网页的吸引力。

在将图像插入 Dreamweaver 文档时，Dreamweaver 自动在 HTML 源代码中生成对该图像文件的引用。为了确保此引用的正确性，该图像文件必须位于当前站点中。

7.1.1 插入前景图像

所谓插入前景图像，即插入和普通文本一样可以直接操作和编辑的对象，插入图像和插入文本在本质上一样的，插入图像的位置不可以再放置其他文本或图像。

如果要在网页中插入图像，请执行以下操作。

（1）在"文档"窗口中，在要插入图像的位置单击鼠标左键，然后执行以下操作之一。

① 在"插入"栏中选择"常用"类别，如图 7.1 所示，单击"图像"图标，在弹出的子菜单中选择"图像"选项，如图 7.2 所示。

图像按钮

图 7.1 "插入图像"按钮　　　　　　　　图 7.2 "插入图像"按钮下拉子菜单

② 选择菜单选项"插入"→"图像"，如图 7.3 所示。

③ 选择菜单选项"窗口"→"资源"，打开"资源"检查器，将图像从"资源"检查器拖到"文档"窗口中的所需位置，然后跳到第（3）步。

（2）在弹出的如图 7.4 所示对话框中，执行下列操作。

选择"文件系统"单选按钮，可以直接从本地硬盘选择一个图像文件，选择"数据源"单选按钮则可以从数据库中选取图像文件。选择所要插入的图像，并单击"确定"按钮，如果所选图像文件不在当前站点中，会弹出一个对话框询问是否要将此文件复制到当前站点中，如图 7.5 所示，单击"是"按钮复制文件到站点中。

（3）选择要插入的图像后，会弹出如图 7.6 所示的对话框。"替换文本"后对应的下拉列表框中可以输入文字，在 Dreamweaver 8 中，当图像在网页中显示不出来时，在该图片的位置会出现替换文本的信息。如图 7.6 中"替换文本"的内容为"文具"，则当该图像不能正常显示时，在图像的位置上会显示"文具"字样，这样可以在网络不通畅时也能让用户知道图像所要表达的信息，而且当鼠标经过图像时，会浮现包含替换文本的信息框。

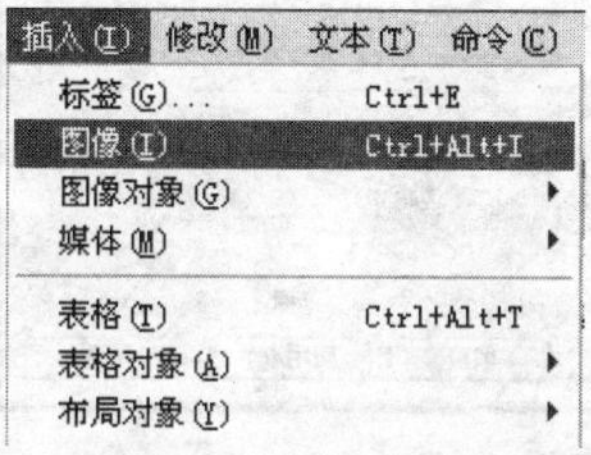

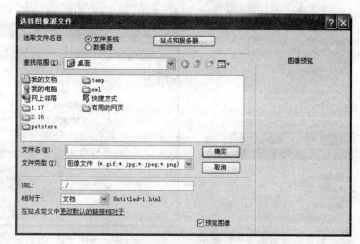

图 7.3 菜单选项中插入图像

图 7.4 "选择图像源文件"对话框

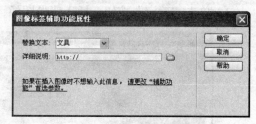

图 7.5 复制文件到站点中

图 7.6 使用"替换文本"

7.1.2 插入背景图像

插入背景图像即将插入的图像作为网页背景使用，在所插入的背景图片上仍然可以插入前景图片或插入文本，背景图像与背景颜色的用途是类似的。

插入背景图像和插入前景图像的方法不同，若要插入背景图像，操作方法如下。

（1）执行以下操作之一。

① 在"文档"窗口中单击鼠标左键，打开"属性"检查器，单击"页面属性"按钮。

② 选择菜单选项"修改"→"页面属性"，如图 7.7 所示。

（2）弹出的"页面属性"对话框如图 7.8 所示。在"分类"中选择"外观"，单击"背景图像"后面的"浏览"按钮，选择所要设置为背景的图片，"重复"后面的下拉列表框中有 4 个选项："不重复"、"重复"、"横向重复"和"纵向重复"，默认情况下为"重复"。选择"不重复"时，图像起始摆放位置为网页左上角，若图像尺寸小于网页尺寸，则图像没有覆盖的范围为网页的背景色；选择"重复"选项时，若图像尺寸小于网页尺寸，则横向和纵向上背景图像出现平铺效果，即背景图像横向不断重复出现，直至填满网页背景；若选择"横向重复"则只是在横向上图像采用平铺效果；选择"纵向重复"在纵向上平铺。

139

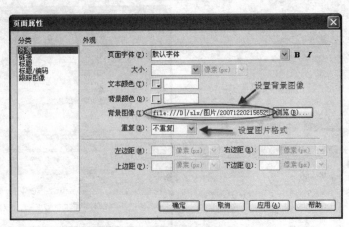

图 7.7 "设置页面属性"菜单　　　　　　　图 7.8 设置背景图像

（3）单击"确定"按钮，插入背景图像，插入背景图像后的效果如图 7.9 所示。

图 7.9 插入背景图像效果图

提示 Dreamweaver 8 对中文不是很兼容，因此在设置背景图片时，要注意设置该图片名为英文或数字的组合，图片名中最好不要出现中文，否则很可能导致背景图在预览的时候无法显示。

7.1.3　插入图像占位符

图像占位符是一个占据页面位置和空间的空图像块，并不显示真实图像，在没有现成的处理好的图像可以用的情况下，为了显示此处图像的尺寸和用途，可以用图像占位符预先设置好图像的位置，在图像处理好后再进行替换。

若要插入图像占位符，请执行以下操作。

（1）执行以下操作之一。

① 在"文档"窗口中，在要插入图像占位符的位置单击鼠标左键，选择菜单选项"插入"→"图像对象"，在弹出的子菜单中选择"图像占位符"选项，如图 7.10 所示。

② 在"插入"栏中选择"常用"类别，单击 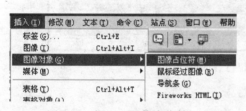 图标，在弹出的子菜单中选择"图像占位符"选项，如图 7.2 所示。

（2）弹出"图像占位符"对话框，如图 7.11 所示。在"名称"文本框中输入占位符的名称，这里输入"flower"，设置占位符的"宽度"和"高度"均为 400 像素，"颜色"为灰色，"替换文本"为"花儿"。注意："名称"文本框中不能输入中文或以数字开头，否则会弹出如图 7.12 所示的消息框。

图 7.10　插入"图像占位符"

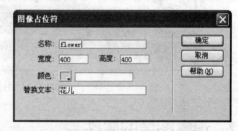

图 7.11　"图像占位符"对话框

（3）单击"确定"按钮，所插入的图像占位符如图 7.13 所示，按<F12>键预览网页，如图 7.14 所示。

图 7.12　输入非法的警告

图 7.13　插入"图像占位符"效果图

图 7.14　"图像占位符"预览图

7.2　设置图像的属性

插入图像后，用户可以根据自己的需要对图像的属性进行设置。图像属性是指图像大小、名称等关于图像的信息。用鼠标单击图像后，图像四周出现可编辑的缩放手柄，说明该图像已被选中，同时"属性"检查器将显示关于图像的属性设置，如图 7.15 所示。

图 7.15　图像"属性"检查器

7.2.1　调整图像大小

插入图像后，图像处于选中状态，Dreamweaver 8 会自动读取图像的属性，并在"属性"

检查器中显示出来。"属性"检查器中，"宽"和"高"两个义本框中的数值即为所插入图像的宽度和高度，默认单位为"像素"。默认情况下，图像以实际大小显示，但是可以通过调整图像尺寸从而满足页面布局的需要。

Dreamweaver 8 中，可以以可视化的形式调整图像的大小，从而有助于用户看到不同尺寸的图像对布局的影响情况。若要调整图像大小，既可以手动调整，也可以在"属性"检查器中通过设置相应参数进行调整。

（1）若要手动调整，操作步骤如下。

① 鼠标左键单击要调整大小的图像。

② 在图像底部或右侧或右下角移动鼠标，当鼠标变成双向箭头↕或↔或↖时，拖动鼠标。若要调整元素的宽度，请拖动↔。若要调整元素的高度，请拖动↕。若要同时调整元素的宽度和高度，请拖动↖。拖动图像的过程中不会锁定图像纵横比，即可以调整图像宽度与高度之比。若要保持图像自身的纵横比，只需再拖动鼠标的过程中按住<Shift>键。

（2）若要在"属性"检查器中调整图像大小，操作步骤如下。

① 鼠标左键单击要调整大小的图像。

② 在"属性"检查器中，在"宽"和"高"文本框中设置图像的宽度和高度。注意，"宽"和"高"文本框中的数值大小在设置的过程中也没有比例限制，即设置"宽度"后，"高"文本框中的数值不会随之变化。若要图像保持原图像的纵横比，可以事先计算好"宽度"和"高度"应该设置的数值。

（3）若要撤销对图像大小的改变，除了选择菜单选项"编辑"→"撤销调整大小"或使用快捷键<Ctrl+Z>外，还可以单击"属性"检查器"宽"和"高"文本框右侧的 ⟳ 按钮重设图像大小。

（4）当我们对图像进行放大或缩小操作后，会发现图像会变得模糊，这是因为经过放大或缩小操作以后，图片没有相应改变其像素以适应当前的大小。

在 Dreamweaver 8 中重新调整图像的大小时，可以对图像进行重新取样来重新计算图像的像素大小，以容纳其新尺寸。如图片缩小，则需要减少一些像素，图片放大了则需要增加一些像素，以与原始图像的外观尽可能地匹配。对图像进行重新取样会减小图像文件的大小，其结果是下载性能的提高。

重新取样图像以取得更高的分辨率一般不会导致品质下降，但重新取样以取得较低的分辨率总会导致数据丢失，并且通常会使品质下降。

若要对图像进行重新取样，请执行以下操作。

（1）如上所述，调整图像大小。

（2）单击图像"属性"检查器中的"重新取样"按钮 🖼。当弹出如图 7.16 所示的消息框后，单击"确定"按钮就可以将新的图像大小设置为默认大小。若要撤销重新取样，只需使用快捷键<Ctrl+Z>就可以撤销操作。

图片放大前、放大后及重新取样后的效果对比图如图 7.17、图 7.18 和图 7.19 所示。由图中可以看到，图 7.18 中由于放大导致图片比较模糊，有很多马赛克，而经过"重新取样"后，由图 7.19 可以看出很多马赛克被消去，像素之间过渡也比较自然，图像质量有了较明显的提高。

图 7.16　"重新取样"消息框

图 7.17　图片放大前效果图

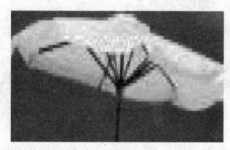

图 7.18　图片放大后效果图

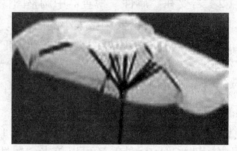

图 7.19　图片"重新取样"后效果图

注意　上述步骤只是调整了图像的显示尺寸，改变了其在网页上显示的外观，但是并没有改变图像文件实际大小，不会缩短图像下载时间。并且图像大小变化不能过大，否则可能会降低图像的显示质量。若要改变图像文件实际大小，可以借助专门的图像编辑软件，如 Fireworks 或 Photoshop 等工具对图像进行预处理，按比例调整图像，这样才能保证图像不会失真。

7.2.2　设置图像对齐方式

图像和文本类似，也可以设置对齐方式。用户可以将图像与同一行中的文本、另一个图像、插件或其他元素对齐。较文本对齐只有水平对齐选项这一特性，图像在对齐方面更具灵活性，不仅能够设置"左对齐"、"右对齐"和"居中对齐"，而且还能够以多种方式在垂直方向上设置对齐，水平方向有 3 个选项："左对齐"、"右对齐"和"居中对齐"。

垂直方向的对齐方式有 9 个选项："基线"、"顶端"、"居中"、"底部"、"文本上方"、"绝对居中"、"绝对底部"、"左对齐"、和"右对齐",如图 7.20 所示。

1. 水平对齐

选中所要设置水平对齐方式的图像,在"属性"检查器上有 3 个按钮,"左对齐"按钮≣,"居中对齐"按钮≣和"右对齐"按钮≣。选中所要设置水平对齐方式的图像,点击相应的按钮,可以设置相应的水平对齐方式。3 种水平对齐方式效果图如图 7.21 所示。

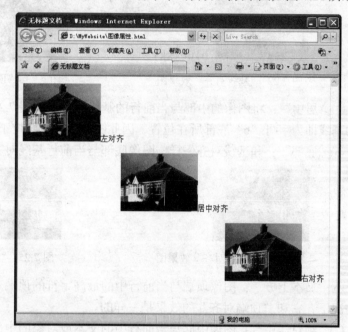

图 7.20　设置垂直对齐方式　　　　图 7.21　3 种水平对齐方式对比效果

2. 垂直对齐

垂直对齐可以设置图像与文本或网页其他元素的对齐方式。由于网页中一般都是图文混排,所以很有必要通过垂直对齐的设置来调整图像与网页其他元素的位置关系。垂直对齐有 9 个选项,可以通过单击"属性"检查器中的"对齐"下拉列表,详见图 7.20。

若要设置图像的垂直对齐方式,请执行以下操作。

（1）鼠标左键单击该图像。

（2）在"属性"检查器中"对齐"下拉列表框中设置该图像的对齐属性。

对齐下拉列表框中各对齐选项含义如下。

① "默认值":通常为"基线对齐"。但是根据站点访问者的浏览器的不同,默认值也可能会有所不同。

②"基线"：图像底部与文本或同一段落中其他对象的基线对齐，如图 7.22 所示。由图中可以看到，文本对象的基线与字母"k"底部平齐，而字母"y"底部则在基线下面，因此图像在与文本基线对齐的时候实际上就是与字母"k"底部所在位置对齐。

③"顶端"：图像顶端与当前行的最高对象的顶端对齐，如图 7.23 所示。由图我们注意到，图像是与文本"blue sky"中最高字符"b"的最高部分对齐的。

图 7.22 "基线对齐"效果图 　　　　　　　　　图 7.23 "顶端对齐"效果图

④"居中"：将图像的中部与当前行的基线对齐，如图 7.24 所示。由图可看出，当前行的基线即为字母"b"底部所在位置，因此图像中部正好位于当前行的基线上。

⑤"底部"：和基线对齐一样，图像底部与当前行基线对齐，如图 7.25 所示。

图 7.24 "居中对齐"效果图 　　　　　　　图 7.25 "底部对齐"效果图

⑥"文本上方"：图像顶端与当前行中的最高字符的顶端对齐，如图 7.26 所示。大多数情况下，它和"顶端对齐"的效果是一样的。

⑦"绝对居中"：图像中部与当前行中的文本或对象的中部对齐，如图 7.27 所示，注意与"居中对齐"的区别。

⑧"绝对底部"：图像底部与当前行中文本底部（包括字母底部，如字母 g 的底部）对齐，如图 7.28 所示。由图中可以看到，图像是与文本中最底部，即字母"y"的最底部对齐的。

图 7.26 "文本上方对齐"效果图　　图 7.27 "绝对居中对齐"效果图　　图 7.28 "绝对底部对齐"效果图

⑨"左对齐"：将所选图像放置在左边，当前行的所有文本移动到图像的右边，文本在图像右边自动换行。如果当前行的文本位于对象之前，它通常强制所选图像换到一个新行。

⑩ "右对齐"：将所选图像放置在右边，当前行的所有文本移动到图像的左边。

7.2.3　设置图像间距

在 Dreamweaver 8 中，可以通过设置垂直边距和水平边距来设置环绕图像的空白区域的大小。

打开"属性"检查器，在"垂直边距"和"水平边距"文本框中输入数值，即可以设置图像与其他对象的间隔。

设置"垂直边距"后，在图像上面和下面添加相同大小的空白区域，设置"水平边距"后，在图像左边和右边添加相同大小的空白区域。图 7.29 和图 7.30 分别为没有设置"垂直边距"和"水平边距"的效果图与"垂直边距"和"水平边距"均设置为"20"的效果图，由图中我们可以看到图 7.30 中文字与图片之间有一定的间隔。

图 7.29　"垂直边距"和"水平边距"均设置为"0"

图 7.30　"垂直边距"和"水平边距"均设置为"20"

7.2.4 设置图像链接

在浏览网页的过程中我们会发现，当我们单击有的图片时，会使当前网页转向另一个网页或打开一个新的网页，这是通过对图像设置超级链接而实现的。图像链接在网站中应用非常广泛，它的优点是比文本链接更形象，更能吸引浏览者的注意力。

1．直接设置图像链接

直接给图像设置链接与添加文本链接类似，方法如下。

（1）打开 users.html 文件，选中网页上方的写有文字"首页"的图像。

（2）单击"属性"检查器中"链接"后面的文件夹图标 □ ，在弹出的"选择文件"对话框中选择目标文件，并单击"确定"按钮完成图像链接的设置。

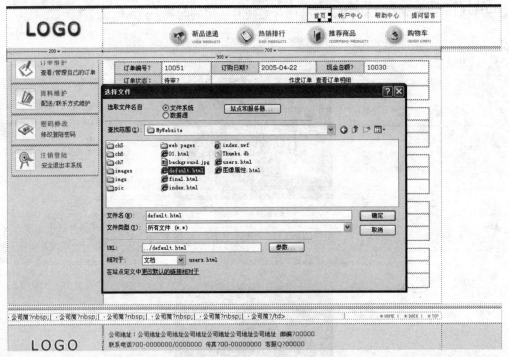

图 7.31 设置图像链接

（3）按<F12>键预览 user.html 文件，并单击"首页"图像，则会自动链接到 default.html 网页。

2．设置图像热区链接

在浏览网页的时候，我们可能会注意到鼠标在一些图像的不同位置单击时，会打开不同的网页，这是什么原因呢？其实这是通过建立图像热区链接实现的，每个热区都可以创建一个链接。

（1）打开 users.html 文件，选中写有"订单维护"文字的图像。

（2）在"属性"检查器中选择"地图"文本框下的"矩
形热点工具" 。当然，我们也可以根据实际需要选择其
他的热点工具，如"椭圆形热点工具" 和"多边形热点
工具" 。前者用于创建圆形热区，后者用于创建不规则
的多边形热区。

图 7.32　创建矩形热区

（3）按住鼠标左键拖动，沿着图像左侧的小图标钩出
矩形轮廓，完成后松开鼠标左键即可。

（4）在"属性"检查器中，单击"链接"文本框后面
的文件夹按钮 ，在打开的"选择"文件对话框中选择所
要链接的文件即可。

> **小·提示：** 如果创建的热区大小或位置还需要调整，可以单击"属性"检查器中"地
> 图"文本框下方的"指针热点工具" 对热区进行编辑。移动选择区域可进行热区位置
> 的移动，调节 4 个编辑点可以进行热区大小的调整。

7.2.5　设置低解析度源

在图像"属性"检查器中，有"低解析度源"一项，如图 7.33 所示。

图 7.33　"属性"检查器中的"低解析度源"一项

"低解析度源"一般用于设置图像加载前加载的替代图像。有时候，网页中插入的图像
质量较高，图像尺寸较大，导致下载时间较长，此时就需要先加载一个原图像低分辨率版
本的，较小的替代图像，使得用户能够较快地看到图像的概貌，此时浏览器继续下载高质
量的原图像，而浏览者可以选择继续等待还是跳转到其他页面。这种做法具有较高的效率，
可以避免犹豫过长的等待时间而导致用户流失的情况。一般情况下，设置"低解析度源"
的方法和插入图像的方法一样，在"属性"检查器中单击按钮 ，在弹出的"选择图像源
文件"对话框中便可以选择图像文件。

7.2.6　设置图像边框

　　默认情况下，插入的图像是没有边框的。若要给图像设置边框，可在图像的"属性"检查器上"边框"文本框中输入数值，数值的单位为像素，边框默认颜色为黑色。如果将数值设置为"0"或什么都不设置，则图像四周的边框将取消。没有设置边框和边框设置为"4"的效果对比图如图 7.34 和图 7.35 所示。

图 7.34　没有边框效果图　　　　　　　　图 7.35　"边框"设置为"4"效果图

7.3　编辑图像

7.3.1　裁剪图像

　　在 7.2.1 节中，我们介绍了在"属性"检查器中直接输入"宽"和"高"的数值来调整图像大小。但是当我们只需要图像的一部分的时候，可以通过"裁剪"功能去除不需要的区域，保留需要的部分。

　　若要裁剪图像文件，操作步骤如下。

　　（1）选中要裁剪的图像，并执行下列操作之一。

　　① 单击图像"属性"检查器中的"裁减工具"按钮 ◪ 。

　　② 选择菜单选项"修改"→"图像"→"裁剪"，如图 7.36 所示。

　　（2）所选图像周围会出现裁剪控制点，如图 7.37 所示，边界框包含的部分为要保留的部分。

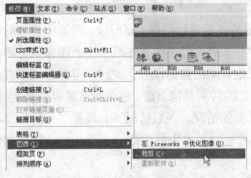　　　　　

图 7.36　"裁剪"命令　　　　　　　　图 7.37　图像周围出现裁剪控制点

（3）移动编辑框或调整边界框大小，直到边界框包含的图像区域为所要保留的部分，在边界框内双击鼠标左键或按<Enter>键，则边界框以外的图像区域被裁减掉，保留了边界框以内的区域。

7.3.2　设置图像的亮度和对比度

在 Dreamweaver 8 中，除了可以直接裁剪图像外，还可以改变其亮度、对比度，修正过亮或过暗的图像，这些功能相当于内嵌了小型的图像处理工具，省去了使用外部图像处理工具处理的麻烦。

打开图像的"属性"检查器，可以看到"亮度和对比度"按钮，可以修改图像中像素的亮度或对比度。这将影响图像的高亮显示、阴影和中间色调。修正过暗或过亮的图像时通常使用"亮度和对比度"。

若要调整图像的亮度和对比度，操作步骤如下。

（1）选择要调整的图像，并执行下列操作之一：

① 单击图像"属性"检查器中的"亮度/对比度"按钮。

② 选择菜单选项"修改"→"图像"→"亮度/对比度"，如图 7.38 所示。

（2）在弹出的"亮度/对比度"对话框中，调整滑块的位置来调整图像的亮度和对比度，或在相应的文本框中输入合适的数值，值的范围从-100 到 100。选中"预览"复选框时，在改变亮度和对比度的同时可以预览图像改变后的效果。

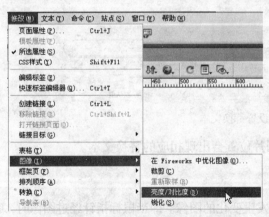

图 7.38　调整"亮度/对比度"

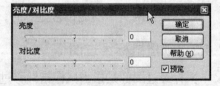

图 7.39　"亮度/对比度"对话框

（3）单击"确定"按钮确认设置。

7.3.3　锐化图像

锐化将增加对象边缘的像素的对比度，从而增加图像清晰度或锐度。

若要锐化图像，操作步骤如下。

（1）选择要锐化的图像，并执行下列操作之一。

① 单击图像"属性"检查器中的"锐化"按钮 △。

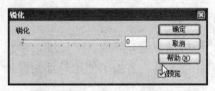

图 7.40 "锐化"对话框

② 选择菜单选项"修改"→"图像"→"锐化"，如图 7.38 所示。

（2）在弹出的"锐化"对话框中，拖动滑块调整锐化参数或直接在文本框中输入相应的数值，数值范围在 0 到 10 之间，如图 7.40 所示。

（3）单击"确定"按钮保存设置。

7.4 使用图像制作特效

在 Dreamweaver 8 中还可以为图像添加一些特殊效果。

7.4.1 为图像添加替换文本

在浏览网页的过程中，由于网速较慢或者图像文件较大，有些图像文件不能很快显示出来，访问者可以通过替换文本了解图片的信息。在 7.1.1 节中插入图像时可以设置替换文本，如图 7.6 所示。插入图像后，也可以在图像的"属性"检查器中添加替换文本，如图 7.41 所示。

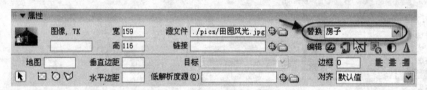

图 7.41 设置替换文本

当图像在网页中不能正常显示时，在图片位置会出现相应的替换文本。

7.4.2 创建鼠标经过图像

鼠标经过图像是指当鼠标指针移过时会发生变化的图像。即当鼠标指针经过图像时，它会变成另一幅图像，当鼠标指针离开后，它又变回原来的图像，即网页首次装载时显示的图像。可以在页面中插入鼠标经过图像。鼠标经过图像中的这两个图像应大小相等；如果这两个图像大小不同，Dreamweaver 8 将自动调整第二个图像的大小，使之与原始图像大小相等。

开始前，请选用一对或多对图像用于鼠标经过图像。您将使用两个图像文件创建鼠标经过图像：主图像（当首次载入页时显示的图像）和次图像（当鼠标指针移过主图像时显示的图像）。鼠标经过图像自动设置为响应 onMouseOver 事件。

若要创建鼠标经过图像，操作步骤如下。

（1）在"文档"窗口中，将插入点放置在要显示鼠标经过图像的位置。

（2）使用以下方法之一插入鼠标经过图像。

① 在"插入"栏中，选择"常用"，然后单击"图像"按钮，在弹出的子菜单中选择"鼠标经过图像"选项，如图 7.42 所示。

② 选择菜单选项"插入"→"图像对象"→"鼠标经过图像"。

（3）在弹出的"插入鼠标经过图像"对话框中设置原始图像和鼠标经过图像，如图 7.43 所示。

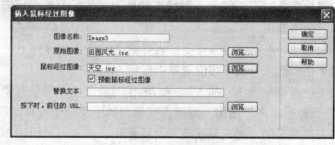

图 7.42　插入"鼠标经过图像"　　　　图 7.43　"插入鼠标经过图像"对话框

（4）单击"确定"按钮完成设置。

（5）由于在"设计"视图中无法看到鼠标经过图像的效果，可以按<F12>键预览。鼠标经过图像前与鼠标经过图像时的对比图如图 7.44 所示。

图 7.44　鼠标经过图像前与鼠标经过图像时对比图

7.4.3　制作导航图像

导航图像的功能是使网页访问者能够方便、快捷地在各个页面之间跳转。

一个页面只能插入一个导航条，而一个导航条中可以有若干个导航条元件。所谓导航条，实际上是一系列显示为按钮的图像，每个图像按钮链接到站点中不同的文档上，通过单击图像按钮，就可以实现在站点中的浏览。同时，也可以为这些图像实现轮替效果，或为图像添加更多的动感特性，使网页更为生动，如弹起状态、按下状态等。

导航条元件有 4 种状态，每种状态对应一个图像："状态图像"、"鼠标经过图像"、"按下图像"和"按下时鼠标经过图像"。其中，"状态图像"指鼠标指针尚未与图像接触时所显示的图像；"鼠标经过图像"指鼠标指针经过状态图像时所显示的图像；"按下图像"指图像被单击后所显示的图像；"按下时鼠标经过图像"指图像被单击后，鼠标指针滑过被单击后的图像时所显示的图像。

创建导航条时不必包含 4 种状态的所有图像，只需根据需要选择部分状态，但是"状态图像"必须选用。

若要创建导航图像，首先要插入导航条，操作步骤如下。

（1）在要插入导航条的位置单击鼠标左键。

（2）选择菜单选项"插入"→"图像对象"→"导航对象"或在"插入"栏中，选择"常用"，然后单击"图像"按钮，在弹出的子菜单中选择"导航条"，如图 7.42 所示。

（3）在弹出的"插入导航条"对话框中，有选择地设置图像的各个状态的图像，如图 7.45 所示。

（4）单击"确定"按钮完成设置。按<F12>键，预览效果。如图 7.46 所示，设置了图像的"状态图像"和"鼠标经过图像"。

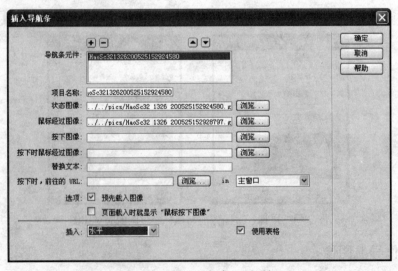

图 7.45 "插入导航条"对话框

图 7.46　制作导航图像效果图

在"插入导航条"对话框中，各个选项的含义如下。

（1）"项目名称"：设置导航元件的名称，当添加了该导航元件后，其名称会在上面的"导航条元件"列表中显示。项目名称只能包含数字和字母，且不能以数字开头。

（2）"状态图像"、"鼠标经过图像"、"按下图像"和"按下时鼠标经过图像"分别设置图像的 4 种相应状态的图像。

（3）"替换文本"：设置图像的替换文本。

（4）"按下时，前往的 URL"：设置图像被单击时所链接的地址。

（5）"预先载入图像"复选框：设置是否在下载页面的同时也下载图像。

（6）"页面载入时就显示'鼠标按下图像'"：设置是否在页面载入时直接显示鼠标按下图像。

（7）"插入"：选择"水平"选项，则导航条元件与原来的元素置于同一水平线上；选择"垂直"选项，则导航条元件与原来的元素置于同一竖直线上。

（8）"使用表格"复选框：选中该复选框，可将导航条元件放入表格中。

（9）➕和➖按钮：添加和删除导航条元件。

（10）🔼和🔽按钮：调整导航条元件在"导航条元件"列表中的上下位置。

7.5　插入 Flash 对象

在网页中可以插入各种 Flash 对象，如 Flash 动画、Flash 按钮等，多样的形式极大地丰富了网页的形式，提高了网页的观赏性和实用性。

7.5.1　插入 Flash 文件

动画是网页中很常见的动态元素，它比静态图像更生动，更能吸引网站浏览者的目光，而且可以在用户与网页之间产生交互，突出网站的内容和特色。

Flash 动画在网站中应用很多，可以作为网站片头、网页新闻、广告，也可以用做导航。若要向网页中插入 Flash 动画，需要有现成的 SWF 文件，SWF 文件以.swf 为后缀名。

1．在页面中插入 Flash 动画

图 7.47　"插入"栏插入 Flash 对象

若要向页面中插入 Flash 动画，操作步骤如下。

（1）在要插入 Flash 动画的位置单击鼠标左键。

（2）使用以下方法之一。

① 在"插入"栏中，选择"常用"，单击"媒体"按钮 🔾 ▾，弹出如图 7.47 所示的子菜单。

② 选择菜单选项"插入"→"媒体"，弹出如图 7.48 所示的子菜单。

（3）在弹出的子菜单中选择"Flash"，弹出"选择文件"对话框，选择相应的 Flash 文件，单击"确定"按钮后，Flash 内容占位符将显示在文档窗口中，效果如图 7.49 所示。

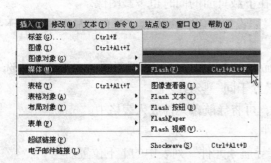

图 7.48　菜单选项插入 Flash 对象

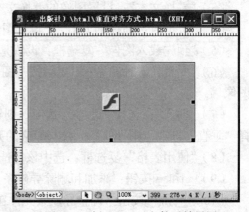

图 7.49　插入 Flash 文件后效果图

插入的 Flash 文件在文档窗口中不能直接观看，必须使用"属性"检查器上的播放按钮 ▶ 播放 或按<F12>键预览才能观看动画。

2．设置 Flash 文件属性

插入 Flash 文件后，还可以设置其属性。选中 Flash 文件的内容占位符，Flash 对象的"属性"检查器如图 7.50 所示。

（1）"Flash"下面的文本框：设置 Flash 对象的名称。

（2）"宽"和"高"文本框：设置 Flash 对象的宽度和高度。

（3）"文件"文本框：设置 Flash 对象对应的存放路径，可以重新设定。

图 7.50　Flash 对象 "属性" 检查器

（4）"重设大小"：单击该按钮，将 Flash 对象的内容占位符设置为插入时的大小。

（5）"循环" 复选框：选中该复选框，Flash 对象将循环播放。

（6）"自动播放" 复选框：选中该复选框，Flash 对象将在加载网页时自动播放。

（7）"垂直边距" 和 "水平边距"：设置 Flash 对象上下和左右空白的像素值。

（8）"品质"：下拉列表框中有 "低品质"、"自动低品质"、"自动高品质" 和 "高品质" 4 个选项，默认为 "高品质"。设置越高，动画播放效果越好，对系统配置的要求就越高。"低品质" 更注重播放速度，降低画面质量；"自动低品质" 注重播放速度的同时尽可能改善画面质量；"自动高品质" 注重画面质量，但可能因为画面质量而影响播放速度；"高品质" 注重画面质量，而不是播放速度。

（9）"比例"：设定显示比例，有 "全部显示"、"无边框" 和 "严格匹配" 3 个选项。

（10）"对齐"：设置 Flash 对象在页面上的对齐方式。

（11）"背景颜色"：设置 Flash 对象区域的背景颜色，在加载和播放时将显示背景颜色。

（12）"播放"：单击 "播放" 按钮，播放 Flash 对象，再次单击该按钮，停止播放 Flash。

（13）"参数"：单击该按钮，弹出如图 7.51 所示的对话框，用于输入能使 Flash 顺利运行的附加参数。

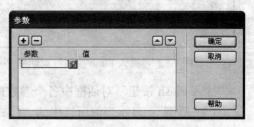

图 7.51　"参数" 对话框

7.5.2　插入 Flash 按钮

在 7.5.1 节中，我们介绍了如何插入 Flash 文件，插入的 Flash 文件必须为 SWF 文件，而本节我们将介绍插入 Flash 按钮，插入的按钮不需要是事先制作好的，Dreamweaver 8 中可以轻松地制作 Flash 按钮。

若要插入 Flash 按钮，操作方法与插入 Flash 文件类似，方法如下。

（1）在要插入 Flash 按钮的位置单击鼠标左键。

（2）在 "插入" 栏中，选择 "常用"，单击 "媒体" 按钮，弹出如图 7.47 所示的子菜单，选择 "Flash 按钮" 选项。

（3）弹出如图 7.52 所示的"插入 Flash 按钮"对话框，设置 Flash 按钮的"样式"为第一种样式，"按钮文本"为"开始"，将按钮另存为本地硬盘上。

注意 按钮存放路径不能包含中文。

（4）单击"确定"按钮后，插入 Flash 按钮。效果如图 7.53 所示。

图 7.52　"插入 Flash 按钮"对话框

图 7.53　插入 Flash 按钮效果图

"插入 Flash 按钮"对话框中各个参数的含义如下。

（1）"范例"：显示当前所选中的"样式"列表框中的选项所对应样式的效果图。

（2）"样式"：设置按钮所对应的样式。

（3）"按钮文本"：设置在按钮上显示的文本。

（4）"字体"：设置按钮上显示文本的字体。

（5）"大小"：设置按钮上文本的字体大小。

（6）"链接"：设置所插入的按钮所指向的链接。

（7）"目标"：设置按钮所指向链接的打开方式，有"_blank"、"_parent"、"_self"和"_top" 4 个选项。选择"_blank"，打开按钮所指向的链接时将打开一个新的空白页；选择"_self"，在同一框架或窗口中打开所链接的文档；"_parent"将链接的网页载入含有该链接框架的父框架集或父窗口中，如果含有该链接的框架不是嵌套的，则在浏览器全屏窗口中载入链接的文件，"_self"参数一样；"_top"在当前的整个浏览器窗口中打开所链接的文档，因而会删除所有框架。

（8）"背景色"：设置 Flash 按钮的背景色。

（9）"另存为"：保存该 Flash 按钮，保存为.swf 文件。

Flash 按钮的属性设置与 Flash 文件类似，这里就不赘述了。

7.5.3　插入 Flash 文本

插入 Flash 文本和 Flash 按钮类似，不需要现成的、预先做好的 Flash 文本。

若要插入 Flash 按钮，操作方法与插入 Flash 按钮类似，方法如下。

（1）在要插入 Flash 按钮的位置单击鼠标左键。

（2）在"插入"栏中，选择"常用"，单击"媒体"按钮，弹出如图 7.47 所示的子菜单，选择"Flash 文本"选项。

（3）在弹出的如图 7.54 所示的"插入 Flash 文本"对话框中，在"文本"文本框中输入"插入 Flash 文本"，设置"转滚颜色"为绿色，并在"另存为"中将 Flash 文本保存在本地硬盘上，单击"确定"按钮后插入 Flash 文本，预览效果如图 7.55 所示。

"插入 Flash 文本"对话框中大多数属性和"插入 Flash 按钮"类似，这里就不赘述了。值得一提的是"转滚颜色"的含义是用来设置当鼠标指针经过 Flash 文本时，Flash 文本所显示的颜色，如图 7.55 所示。

图 7.54　"插入 Flash 文本"对话框　　　　图 7.55　插入 Flash 文本和鼠标经过时预览图

7.5.4　插入 Flash 视频

Flash 视频是一种新的流媒体格式，全称为 Flash Video。它有效地解决了文件体积庞大的 SEF 文件不能很好地在网络上使用的问题。

若要在网页中插入 Flash 视频，具体步骤如下。

（1）在要插入视频的位置单击鼠标左键。

（2）在"插入"栏中选择"常用"，单击"媒体"按钮，在弹出的子菜单如图 7.47 所示的子菜单中选择"Flash Video"。

（3）在弹出的对话框中，可以选择不同的"视频类型"："流视频"和"累进式下载视频"。选择的"视频类型"不同，弹出的对话框也不同，如图 7.56 所示的两种形式。

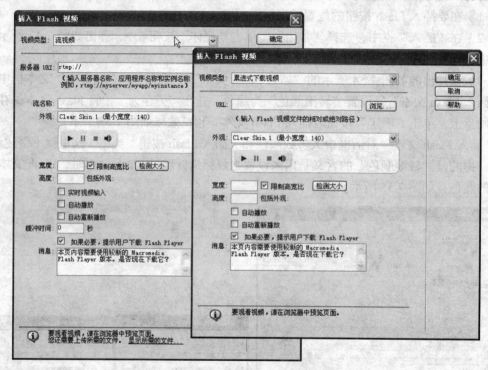

图 7.56 "插入 Flash 视频"对话框两种形式

其中，累进式下载视频将 Flash 视频（FLV 文件）下载到站点访问者的硬盘上，然后播放。但是，与传统的"下载并播放"视频传送方法不同，累进式下载允许在下载完成之前就开始播放视频文件。流视频对 Flash 视频内容进行流处理并立即在 Web 页面中播放。若要在 Web 页面中启用流视频，必须具有对 Macromedia Flash Communication Server 的访问权限，这是唯一可对 Flash 视频内容进行流处理的服务器。

必须有一个经过编码的 Flash 视频（FLV）文件，然后才能在 Dreamweaver 8 中使用它。可以插入使用两种编解码器（压缩/解压缩技术）创建的视频文件：Sorenson Squeeze 和 On2。

（4）在　URL　文本框中选择 Flash 视频文件或将路径添加到"服务器 URI"中，这是必需的步骤，其他选取默认值即可。

注意　如果使用"流视频"方式，则"服务器 URI"中的"rtmp"是观看 FLV 文件的协议，不能随意改变，否则可能造成不能正常播放视频的结果。

（5）单击"确定"按钮保存设置，并将 Flash 视频内容添加到网页中。"插入 Flash 视频"命令生成一个视频播放器 SWF 文件和一个外观 SWF 文件，它们用于在网页上显示 Flash 视频内容。

"插入 Flash 视频"对话框中，各个参数含义如下。

① "外观"：用于设置 Flash 视频内容的 Flash 视频组件的外观，所选外观的预览会出现在"外观"弹出式菜单下方。

② "宽度"和"高度"文本框：文本框中的值以像素为单位指定 FLV 文件的宽度和高度。可以任意调整这些值以更改网页上的 Flash 视频的大小。增加视频的尺寸时，视频的图片品质通常会下降。

③ "限制高宽比"复选框：选中该复选框保持 Flash 视频组件的宽度和高度之间的高宽比不变。默认情况下会选择此选项。

④ "自动播放"复选框：选中该复选框，指定在网页打开时是否播放视频。默认情况下取消选择该选项。

⑤ "自动重新播放"复选框：选中该复选框指定播放控件在视频播放完之后是否返回起始位置。默认情况下取消选择该选项。

⑥ "检测大小"按钮：单击该按钮，确定 FLV 文件的准确宽度和高度。但是，有时 Dreamweaver 8 无法确定 FLV 文件的尺寸大小。在这种情况下，必须手动输入宽度和高度值。

7.6　插入其他媒体对象

除了可以插入 Flash 文件、Flash 按钮、Flash 文本外，还可以插入 Shockwave 影片、Java Applet 等媒体对象。

7.6.1　插入 Shockwave 影片

Shockwave 是 Macromedia 公司指定的、经过压缩的、可在网页上交互的多媒体文件，具有文件小、下载快和交互性强等优点。

Shockwave 影片可以通过 Macromedia Director 来创建，它生成的压缩格式可以被浏览器快速下载，可以被当前主流的浏览器所支持。

若要插入 Shockwave 影片，只要在"插入"栏中选择"常用"，单击"媒体"按钮，在弹出的如图 7.47 所示的子菜单中选择"Shockwave"，在弹出的对话框中选择 Shockwave 影片，文件的扩展名为".dcr"、".dir"和".dxr"。插入 Shockwave 影片后，文档中会出现 Shockwave 内容占位符📺。插入 Shockwave 影片后，可以在 Shockwave "属性"检查器中设置其属性。观看 Shockwave 影片时，浏览器也要安装一个 Shockwave 播放器才能观看。

7.6.2   插入 Applet

插入 Applet 实际上就是插入 Java 小程序，其扩展名为.class。Java Applet 被嵌入到 HTML 语言中，并能被浏览器执行。用户浏览带有 Java 效果的网页时，浏览器会自动启动 Java 解释器，以执行 Java Applet。

在页面中使用 Java 编写的程序，不仅可以实现各种复杂功能，还可以创建各种特殊效果。和多媒体文件格式不同，它可以动态接受用户输入，动态进行改变，非常灵活。

若要插入 Applet，只要在"插入"栏中选择"常用"，单击"媒体"按钮，在弹出的子菜单如图 7.47 所示的子菜单中选择"APPLET"，在弹出的对话框中选择相应的 Applet 文件后，单击"确定"按钮插入 Applet，则在文档中出现 Applet 内容占位符📺。插入 Applet 后，也可以在 Applet 中"属性"检查器中设置属性。

7.6.3   插入插件

Dreamweaver 8 中，可以轻松地将插件嵌入到页面中，从而可以创建更丰富的多媒体页面。

以插入音频文件为例，若要在页面中插入插件，具体步骤如下。

（1）在要插入音频文件的位置单击鼠标左键。

（2）在"插入"栏选择"常用"，单击"媒体"按钮，在弹出的子菜单如图 7.47 所示的子菜单中选择"插件"。

（3）在弹出的"选择"文件对话框中，选择要插入的音频文件。

（4）单击"确定"按钮，插入音频文件，在文档中出现插件内容占位符📺。

（5）按<F12>键预览，效果如图 7.57 所示。

如果要修改音频文件，可以在"属性"检查器中，单击文件夹图标📁以浏览音频文件，或者在"链接"文

图 7.57   插入音频文件效果图

本框中键入文件的路径和名称即可。

 课后习题

1．插入前景图像和背景图像有何不同？
2．图像占位符的作用是什么？预览网页时，图像占位符的预览效果是怎样的？
3．图像替换文本的作用是什么？替换文本在什么情况下会在网页上显示？
4．Flash 对象包括哪些？如何向网页中添加 Flash 对象并设置参数？
5．如何向网页中添加音、视频？

课后实验

实验项目：

向网页中插入图像文件作为网站的 Logo，并插入 SWF 文件作为网页的片头。在表格中添加文字及图像。

实验结果：

如图 7.59、图 7.60 所示。

图 7.58 第 7 章实验结果 1

图 7.59　第 7 章实验结果 2

实验步骤：

1．打开 index.html 文件，选择菜单选项"插入"→"媒体"→"Flash"，在第 1 个表格的第 1 个单元格中插入 SWF 文件"cart.swf"；选择菜单选项"插入"→"表单"→"文本域"，在第 2 个单元格中插入文本域，标签文字为空；在第 3 个单元格中插入图像"search_button.gif"作为图像按钮。如图 7.60 所示。

图 7.60　插入 Flash、文本与图像

2．在第 4 个表格中文本"长了腿的音响"左侧的单元格中插入图像"new.gif"，在文本"国产优质皮夹"前单击鼠标左键，按组合键<Shift+Enter>换行后，插入图像"goods.gif"。如果直接按<Enter>键，则图像与文字之间的间距会比较大，不够美观，所以按组合键<Shift+Enter>来达到换行的效果。

提示　在表格中，默认的图像和文本对齐方式是左对齐，为了美观，可以调整图像在表格中的对齐方式。若要调整单元格的对齐方式,可先选中单元格,再按光标键的"→",则在单元格的"属性"检查器中"水平"下拉列表中选择"居中对齐",在"垂直"下拉列表中选择"居中"即可。当然也可以根据自己的需要调整对齐方式。如图 7.61 所示。

图 7.61　调整对齐方式

3．打开 userNotice.html 文件,在第 3 个表格内单击鼠标左键,选择菜单选项"插入"→"媒体"→"Flash",选择 SWF 文件"index.swf",插入 SWF 文件后注意调整占位符大小,使其与页面相协调。如图 7.62 所示。

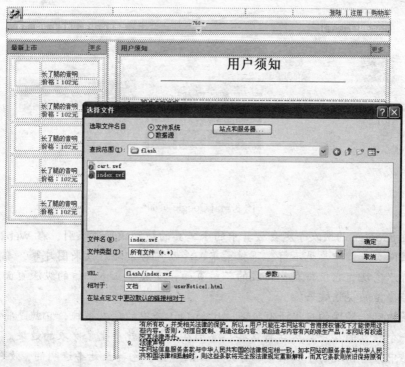

图 7.62　插入 SWF 文件

4．用同样的方法向 userNotice.html 文件中插入图像,最终效果如实验结果所示。

第 8 章

在 Dreamweaver 8 中使用层丰富网页

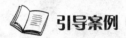 引导案例

奇妙的层

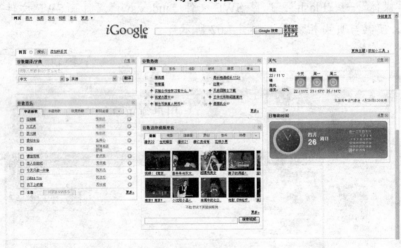

图 8.1　i Google 页面

使用过 iGoolge 的网友一定会被其中的小工具的拖动效果所吸引，在 Web2.0 的时代，层的应用在网页设计中屡见不鲜，下拉菜单、浮动广告、幻灯效果图片等，都是因为有了层机制才得以实现，它使得我们传统的二维页面，变成了立体三维的纵深页面，在网页中产生了遮挡覆盖的视觉效果。

利用层的概念实现的应用还有很多，比如 QQ 秀中的试衣系统，它就是将每件衣服单独放置在一个独立的层中，然后将这些层叠加在一起，就产生了穿衣的效果。又比如，各大门户网站中常常出现的下拉菜单，有的下拉菜单背景色甚至是半透明的，效果非常绚丽，它们有的也都由层构成。

可见，层在网页设计中以其独特的优点占据了一席之地。

……

问题：层在网页设计中还有哪些应用？层除了它自身的优点以外，还有没有一些不可避免的缺点？

◇ **学习目标** ◇

1. 基本掌握层的概念。
2. 了解其创建和绘制的方法，会灵活地创建嵌套层。
3. 掌握如何设置层的属性和参数预置。
4. 重点掌握层的基本操作。
5. 掌握层与表格之间互换的方法。
6. 了解转换参数的意义和设置方法。

学习导航

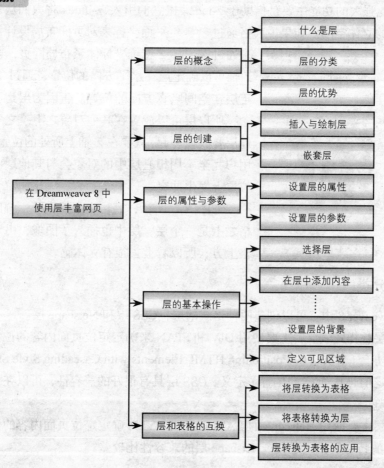

8.1 层的概念

8.1.1 什么是层

尽管使用表格可以布局网页，将网页中的元素对象控制在特定位置，但是有些网页元素对象实在太难控制，尤其是在精确定位方面。这时，层作为一种的新的网页元素定位技术应运而生，使用层可以以像素为单位精确定位页面元素。层可以放置在页面的任意位置，这样在层中放置的元素对象也就可以定位于页面中的任意位置，如此一来，可以使页面布局更整齐、更美观。

层内可以放置文本、图像、表单、插件，甚至还可以包含其他层，在 HTML 文档的正文部分可以放置的元素都可以放入层中。

层具有如此强大的功能主要是借助于 z-index 概念的引入，z-index 将人们从二维的视觉平面带向三维的立体空间。如果说表格通过 X、Y 平面坐标来对页面布局设计，那么层就是通过 X、Y、Z 三维坐标体系布局网页，通过 X 轴和 Y 轴可以确定层在水平方向的位置，通过 Z 轴可以确定层在空间竖直方向的位置。正因为层是三维上的概念，所以层可以放置在其他对象之上、之下或者与其他层叠放在一起，只要在 Z 轴上所处的位置不同即可，用户完全不用担心层中的对象会与其他层中的对象在位置上发生冲突。

图 8.2 表格之上的层

如图 8.2 所示，表格之中插入了一幅图像，在表格之上是一个层，层中也插入了图像，由于层位于表格上方，所以看上去很有立体感。

8.1.2 层的分类

在 Dreamweaver 8 中，可以创建两种格式的层：CSS 层和 Netscape 层。

CSS 层"层叠样式表层"主要使用 DIV 和 SPAN 来确定定位页面内容的位置，其属性由全球广域网协会（W3C）的 Positioning HTML Elements with Cascading Style Sheets（使用级联样式表确定 HTML 元素的位置）定义。CSS 层具有很好的兼容性，可以在大多数浏览器中被正确浏览。

Netscape 层主要使用 Netscape 的 LAYER 和 ILAYER 确定定位页面内容的位置，其属性有 Netscape 的特有层格式定义，Netscape 层的兼容性比较差。

8.1.3　层的优势

1．定位精确

在页面中插入层，可以很方便地通过"属性"检查器，设置其大小及在页面中的绝对坐标，使得插入其中的元素处于该位置。同时还可以运用层的相对定位，制作出相对的绝对定位效果。

2．插入自如

假设需要在页面的某处插入一段文本或一张图像，若使用表格来实现的话，需要对表格的反复操作调整，大大浪费空间。但如果用层的话就方便多了，随便画一个层，在层中插入页面元素内容，然后拖动层到该位置即可。

3．加速浏览

在网页制作的过程中，为了完成文本、图像等各元素之间的精确定位，通常是使用表格进行布局，其中还可能需要拆分单元格等操作。但在网页浏览器中浏览时，一个表格只有完全被下载完后，才能显示出其中内容。所以，若所制作的表格较大的话，往往会让浏览者等待较长时间后，页面内容一下子全部显示出来。但使用层却可以让浏览者边下载页面内容，边显示页面内容进行浏览的。

4．兼容性好

由于浏览器产品的不同，单个浏览器的版本不同。所以很多情况下，当在 Dreamweaver 8 设计的页面在这个浏览器上调试完好，但选择另外浏览器时就发生了些许的变化。所以为了达到浏览器的兼容性，必须反复调整页面元素及表格的属性参数。使用层技术则可以最大限度地支持各类浏览器的显示。

5．可叠加性

也许这是层技术最大的特色了。可以使用层将各类元素包含其中，通过层的叠加即能使元素叠加起来。

8.2　层的创建

为了方便操作，Dreamweaver 8 对于任何对象的创建和添加都提供了多种操作方法，层也不例外。

8.2.1　插入与绘制层

在页面上使用层可以精确定位对象，因此层的创建显得十分重要，下面就来介绍一下插入层和绘制层的操作方法。

1. 插入层

设计组成页面所需要的元素对象在"插入"菜单中基本上都可以找到，通过"插入"菜单创建层的操作方法如下。

（1）选择菜单栏中的"插入"选项，然后选择"布局对象"菜单选项，将弹出如图 8.3 所示的子菜单。

（2）在该子菜单中选择"层"选项，将会在编辑区中插入一个层。

另外还有一种快速的方法：

（1）选择菜单栏中的"窗口"选项，然后选择"插入"菜单选项，打开"插入"工具栏。

（2）在"布局"子面板中单击 ▤ 按钮不放，然后直接拖动到设计视图文档窗口中要插入的位置。

使用此方式插入的层默认大小为：宽 200 像素，高 115 像素，该方法多用来创建相对光标插入点的层。

2. 绘制层

通过"插入"工具栏，可以绘制任意大小和位置的层。其方法如下。

（1）选择菜单栏中的"窗口"选项，然后选择"插入"菜单选项，打开"插入"工具栏。

（2）在"插入"工具栏中选择"布局"子面板。

（3）在"布局"子面板中单击 ▤ 按钮。

（4）将鼠标指针移至编辑区，可以看到鼠标指针形状变为十字形。

（5）在编辑区按住鼠标左键并拖动鼠标，绘制出一个长方形区域，如图 8.4 所示。

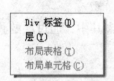

图 8.3 "布局对象"子菜单

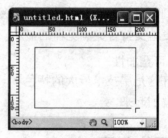

图 8.4 绘制层

注意插入层和绘制层两类方法的使用方法及默认创建的层的特点。有关这两类层的创建方法和使用方法，是 Dreamweaver 8 软件使用中的重要知识点之一。

那么插入层和绘制层产生的层到底有什么区别呢？先来看看其 HTML 标签代码，插入层所创建层的 HTML 标签代码如下：

CSS 代码（用于定义 id 为"Layer1"的 div 标签的样式）：

```
<style type="text/css">
```

```
#Layer1 { position:absolute; width:200px;      height:115px; z-index:1;}
</style>
```

HTML 代码：

```
<div id="Layer1"></div>
```

而绘制层所创的 HTML 标签代码如下：

CSS 代码（用于定义 id 为 "Layer2" 的 div 标签的样式）：

```
<style type="text/css">
#Layer2 {position:absolute; left:57px; top:29px; width:220px; height:158px;
z-index:2;}
</style>
```

HTML 代码：

```
<div id="Layer2"></div>
```

提示：CSS 代码为层叠表单样式，我们将在第 9 章中进行详细的介绍。

从上可以看出，Dreamweaver 8 中对层使用的标志 HTML 标签代码是 "<div>……</div>"，其中 "id" 为层的标号，而<style></style>标签中的#Layer*{……}，则定义了 "id" 标号为 "Layer*" 的层的样式。其中，"position" 的参数值 "absolute" 则表示将对象从文档流中拖出，使得层不占用页面内容位置，形成层叠的效果。可以使用 left，right，top，bottom 等属性进行定位。层叠关系则使用 "z-index"。

其中当 Dreamweaver 8 所定义的层中，在确保 "position" 参数值是 "absolute" 的情况下，一旦该层拥有 left，right，top，bottom 等表示位置坐标属性的值时，层将严格按照属性值设置的大小，相对于文档页面左上角固定其位置（嵌套层除外）。

8.2.2　嵌套层

嵌套层是在已经创建好的层中嵌套新的层，通过嵌套层，可以把层组合成一个整体。可以使用前面讲过的插入层和绘制层的操作方法在一个已经创建好的层中嵌套层，也可以通过如下操作方法嵌套层。

（1）选择菜单栏中的 "窗口" 选项，然后选择 "层" 菜单选项，打开 "层" 面板。

（2）按住【Ctrl】键，在 "层" 面板中将被嵌套层拖拽到目标层中。

（3）释放鼠标后，从 "层" 面板中可以看到，Layer1 已经被嵌套入 Layer2，如图 8.5 所示。

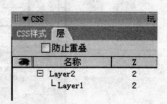

图 8.5　层的嵌套

比较嵌套前后的变化，可以看出，嵌套之前，Layer1 的 Z 轴坐标为 1，Layer2 的 Z 轴坐标为 2。嵌套之后，Layer1 和 Layer2 的 Z 轴坐标均为 2，说明 Layer1 已经被嵌套到 Layer2 中。
嵌套层的代码如下：

CSS 代码：
```
<style type="text/css">
#Layer1 {
position:absolute; left:52px; top:11px; width:411px; height:75px;
z-index:2;
}
#Layer2 {
position:absolute; left:16px; top:8px; width:493px; height:101px;
z-index:2;
}
</style>
```

HTML 代码：
```
<div id="Layer2"><div id="Layer1"></div></div>
```

注意"Layer2"的 CSS 参数值"left:16px; top:8px;"，很显然，如图 8.6 所示，这并不是按照文档页面左上角来定位该嵌套层位置的，而是按照该嵌套层的父级层来定位的。当然，必须确保父级层拥有"position"参数，值为"absolute"或"relative"。

从中可以看出，嵌套层的本质应该是一层的代码被嵌套到另一层的代码之内，被嵌套的层并不一定在目标层内。如果在编辑区看到一层位于另一层之内，但是它们的代码互不包含，它们就不是嵌套层了。

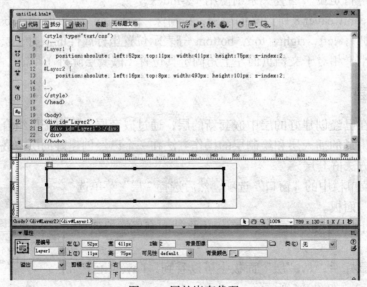

图 8.6　层的嵌套代码

被嵌套的层随父层移动而移动，并继承父层的可见性，但父层不一定随被嵌套层的移动而移动。如果将第三个层拖拽至子层上，可以形成多级嵌套，图 8.7 就是形成多级嵌套关系的层。单击"层"面板上层名称左边的⊞按钮，可以将嵌套在一起的层展开。单击"层"面板上层名称左边的⊟按钮，可将嵌套在一起的层折叠在一起。如果想取消嵌套在一起的层，则只需按住【Ctrl】键，将子层拖拽至下面空白的地方即可。

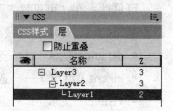

图 8.7   层的多级嵌套

8.3   层的属性与参数

8.3.1   设置层的属性

在层的"属性"检查器中，可以修改首选项设定的属性，还可以定义更多的属性。当要修改层的所有属性时，可单击"属性"检查器右下角的三角形，此时会看到层的所有属性，并且可以对这些属性进行修改，如图 8.8 所示。

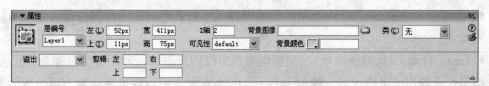

图 8.8   层的"属性"检查器

层的"属性"检查器中各项的作用如下。

层编号：层的名称标识，用于脚本语言和 CSS 样式对层的识别，默认的名称为 Layer1、Layer2……层的名称可以由任意字母和数字组成，但不能有空格、连字符、斜线、句号等特殊字符。

左：指定层的左边相对于页面（如果嵌套，则相对于父层）左边的位置。

上：指定层的顶端相对于页面（如果嵌套，则相对于父层）顶端的位置。

宽、高：指定层的宽度和高度。如果层的内容超过指定大小，层的底边缘按照在 Dreamweaver 8 设计视图中的显示（会延伸以容纳这些内容）。如果"溢出"属性没有设置为"可见"，那么当层在浏览器中出现时，底边缘将不会延伸。

Z 轴：设置层的层次属性。在浏览器中，编号较大的层出现在编号较小的层的前面。值可以为正，也可以为负。当更改层的堆叠顺序时，使用"层"面板要比输入特定的 Z 轴值更为简便。

可见性：在"可见性"下拉列表中，设置层的可见性。使用脚本语言如 JavaScript 可以控制层的动态显示和隐藏。有四个选项：

- default（默认）——选择该选项，则不指明层的可见性；
- inherit（继承）——选择该选项，可以继承父层的可见性；
- visible（显示）——选择该选项，可以显示层及其包含的内容，无论其父级层是否可见；
- hidden（隐藏）——选择该选项，可以隐藏层及其包含的内容，无论其父级层是否可见。

背景颜色：用来设置层的背景颜色。

背景图像：用来设置层的背景图像。

溢出：选择当层内容超过层的大小时的处理方式。有四个选项：

- visible（显示）：选择该选项，当层内容超出层的范围时，可自动增加层尺寸；
- hidden（隐藏）：选择该选项，当层内容超出层的范围时，保持层尺寸不变，隐藏超出部分的内容；
- scroll（滚动条）：选择该选项，则层内容无论是否超出层的范围，都会自动增加滚动条；
- auto（自动）：选择该选项，，当层内容超出层的范围时，自动增加滚动条"默认"。

剪辑：设置层的可视区域。通过上、下、左、右文本框设置可视区域与层边界的像素值。层经过"剪辑"后，只有指定的矩形区域才是可见的。

类：在类的下拉列表中，可以选择已经设置好的 CSS 样式或新建 CSS 样式。

位置和大小的默认单位为像素 (px)。也可以指定以下单位：pc (pica)、pt（点）、in（英寸）、mm（毫米）、cm（厘米）或 %（父层相应值的百分比）。缩写必须紧跟在值之后，中间不留空格。

使用层可以制作特效。我们在创建网页的时候，可以发现层能够在网页上随意改变位置，在设定层的属性时，可以知道层有显示隐藏的功能，通过这两个特点可以实现很多令人激动的网页动态效果。

8.3.2　设置层的参数

通过设置层的参数，我们在网页中就不用对每个层的所有属性单独定义了，节约了很多时间。设置层的参数的具体操作步骤如下。

（1）单击菜单栏"编辑"选项，然后选择"首选参数"，弹出"首选参数"对话框，在

"分类"列表框中选择"层"选项，如图 8.9 所示。

各项的设置如下。

显示：决定层的显示或隐藏属性，其中包括 4 个选项：

- default：不明确指定层的可见性，多数浏览器会继承该层父级层的可见性；
- inherit：继承父层的可见性；

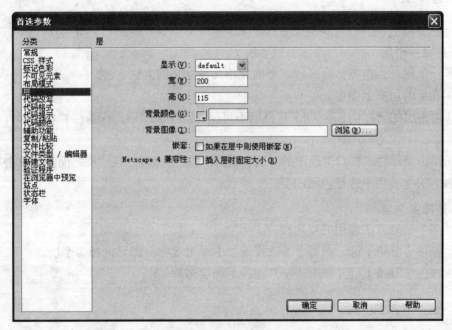

图 8.9　层的参数设置对话框

- visible：显示层及层中内容；
- hidden：隐藏层及层中内容。

宽：预设层的宽度。此处设置的宽度就是选择"插入"→"布局对象"→"层"选项插入层时层的默认宽度。

高：预设层的高度。此处设置的高度就是选择"插入"→"布局对象"→"层"选项插入层时层的默认高度。

背景颜色：预设层的背景颜色。

背景图像：预设层的背景图像。

嵌套：决定是否可在一个层中嵌套另外一个层。

Netscape 4 兼容性：设置层是否兼容 Netscape 4，建议选中。

（2）设置完成后，单击"确定"按钮。

8.4 层的基本操作

层的基本操作包括选择层、在层中添加内容、调整层的大小、移动层、显示层及隐藏层、更改层的名称等。

8.4.1 选择层

在设置层的格式时，首先选择层，然后才能对层进行移动或调整等操作。

1. 选择一个层

选择一个层的操作方法有多种，下面介绍几种常见的方法。

（1）在层的边框上单击。

（2）单击层的选择柄 □。如果选择柄不可见，则在该层中的任意位置单击即可显示选择柄。

（3）单击菜单栏"窗口"选项的"层"，打开"层"面板。在"层"面板中单击层的名称，这种方法也适用于选择隐藏的层。

2. 选择多个层

选择多个层的方法常用的有两种。

（1）按住【Shift】键，在每个要选择的层中单击鼠标，即可选择多个层。

（2）按住【Shift】键并单击"层"面板上的层名称。

8.4.2 在层中添加内容

在层中可以添加任何可以在网页上添加的内容，如文字、图像、表格、Flash 动画及多媒体对象等。

1. 在层中添加文本

在层中添加文本的方法很简单：将光标放到层中，直接输入文字即可。输入到层的文字可以任意调整字体及字号等属性，如图 8.10 所示。

2. 在层中添加图像

在层中添加图像的方法如下。

（1）将光标放到层中。

（2）单击菜单栏"插入"选项的"图像"，从弹出的"选择图像源"对话框中选择要插入的图像，单击"确定"按钮，即在层中插入选择的图片，如图 8.11 所示。

在层中添加其他对象的方法也基本相同。

图 8.10　在层中添加文本

图 8.11　在层中添加图像

8.4.3　调整层的大小

调整图层大小的方法有 3 种。

1．利用"属性"检查器改变层的大小

在"属性"检查器的"宽"和"高"文本框中输入数值，可按要求精确地进行调整，如图 8.12 所示。

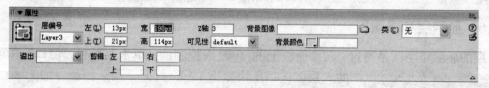

图 8.12　利用"属性"检查器改变层的大小

2．使用鼠标拖动改变层的大小

选定层，层的周围出现 8 个控制点，拖动层上、下边框中的控制点，可调整层的高度；拖动层左、右边框中间的控制点，可调整层的宽度；拖动层 4 个角的控制点，可以同时调整层的高度和宽度。

3．利用键盘调整层的大小分为下面几种情况

选中层，按住【Ctrl】键再使用方向键，一次可以调整一个像素。

选中层，按住【Ctrl】键+【Shift】键，使用方向键，可以按当前网格吸附量进行调整，就是层的边框与网格对齐。

> **提示**　单击菜单栏"查看"选项，选择"网格"选项，然后选择"显示网格"，显示网格后，可以看到明显效果。

8.4.4　移动层

层的最大特点就是在文档窗口中可以任意移动。移动层常用的方法有 3 种，用户可以按照自己的习惯，任选一种。

1. 通过"属性"检查器移动层

操作方法是：选择层，在层"属性"检查器的"左"和"上"文本框中输入相应的数值，即可改变层在页面中的位置。

2. 通过拖动的方法移动层的位置

操作方法是：按下层左上角"回"字图标，拖动鼠标到适当位置，松开鼠标，即可移动层的位置。

3. 通过键盘移动层的位置

选中层，使用方向键移动，系统默认每次移动一个像素。

选中层，按住【Shift】键再使用方向键，可以按当前网格的吸附量进行移动。

> **提示** 如果激活了禁止层重叠的特性，则在移动层时，无法将层移动到已经被其他层覆盖的地方。

8.4.5 显示层和隐藏层

层的显示和隐藏是通过"层"面板上的 来控制的。单击菜单栏"窗口"选项中的"层"选项（快捷键 F2），打开"层"面板，如图 8.13 所示。

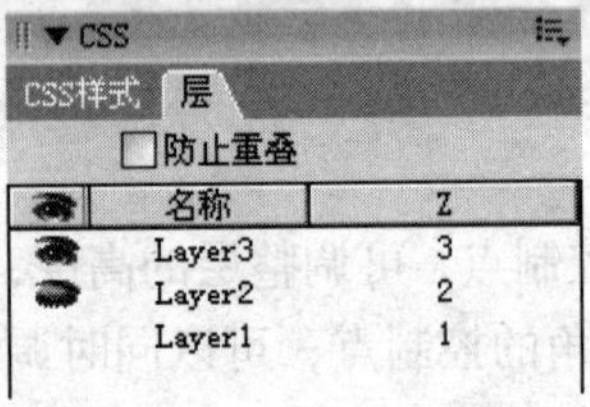

图 8.13 "层"面板

选择要改变可见性的图层所在行，单击眼睛图标 ，即可设置层的显示和隐藏属性：睁开的眼睛（ ）表示层可见，闭上的眼睛（ ）表示层不可见。

如果没有眼睛图标，该层继承其父的可见性。当层不是嵌套时，父层就是文档主体，它总是可见的。当眼睛图标未显示时，表示以图层所在的网页或层的状态为主。

8.4.6 更改层的名称

默认状态下，建立第一个层的名称为 Layer1，建立第二个层的名称为 Layer2，以此类推。要改变层的名称，可以通过两种方法来实现。

1. 在"层"面板上更改层的名称

双击"层"面板"名称"栏下面的层的名称，层名处于可编辑状态，如图 8.14 左所示。直接输入新名称即可，如图 8.14 右所示。

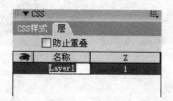 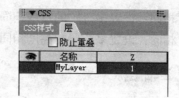

图 8.14　层的名称处于可编辑状态

2. 通过"属性"检查器更改层的名称

在"属性"检查器上"层编号"文本框中输入新名称。

8.4.7　对齐层

当页面中有多个层时，可以将各层对齐，对齐层调整的是层与层之间的相对位置关系，而不是层相对于页面的位置关系。

在对齐层之前需要同时选择多个层。在层的边框上单击鼠标左键即可选择该层，按住【Shift】键的同时在不同的层上单击鼠标左键，即可同时选择多个层；按住【Shift】键，再次单击选中的层，即可取消对该层的选择。选择多个层的效果如图 8.15 所示。

选择菜单栏"修改"选项中的"排列顺序"选项，将弹出如图 8.16 所示的子菜单，从中选择一种对齐方式即可对齐层。

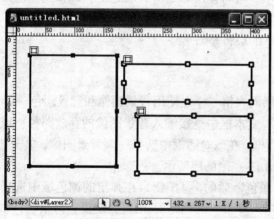

图 8.15　选择多个层

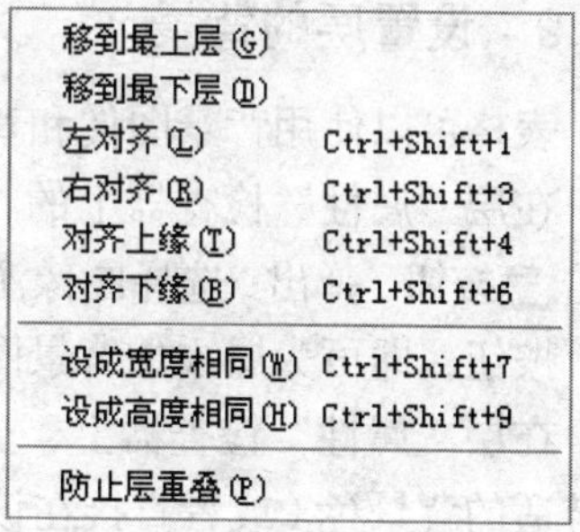

移到最上层(G)	
移到最下层(U)	
左对齐(L)	Ctrl+Shift+1
右对齐(R)	Ctrl+Shift+3
对齐上缘(T)	Ctrl+Shift+4
对齐下缘(B)	Ctrl+Shift+6
设成宽度相同(W)	Ctrl+Shift+7
设成高度相同(H)	Ctrl+Shift+9
防止层重叠(P)	

图 8.16　"排列顺序"子菜单

"排列顺序"子菜单中用于对齐的各选项的含义如下。

左对齐：设置多个层的左边缘对齐。

右对齐：设置多个层的右边缘对齐。

对齐上缘：设置多个层的上边缘对齐。

对齐下缘：设置多个层的下边缘对齐。

设成宽度相同：设置多个层的宽度相同。

设成高度相同：设置多个层的高度相同。

8.4.8　设置 Z 轴坐标

层是三维上的概念，除了 X、Y 坐标外，还有垂直方向的 Z 坐标。通过设置层的 Z 坐标值可以改变层的叠放层次，在浏览器中，Z 坐标值较大的层出现在 Z 坐标值较小的层的上面。

用户可以通过如下方法改变层的 Z 坐标值。

（1）将层"属性"检查器上的"Z 轴"文本框中的数值改为其他数值，即可设置层的叠放层次。

（2）在"层"面板中的"Z"列，单击所要改变叠放层次的层的 Z 值，该数值就处于可修改状态，重新输入新的数值即可改变层的叠放层次。

在"层"面板中，各层之间是按照 Z 轴坐标值的大小顺序排列的，Z 坐标值越大，在"层"面板上越处于上方。相应的，如果把下面的层拖放到上面，则其 Z 坐标值也相应变大。

通过"修改"菜单，也可以改变层的 Z 坐标值。选中一个层，然后选择菜单栏"修改"选项中"排列顺序"。

在该子菜单中选择"移到最上层"选项，可将该层移到所有层之上，即移到当前最高层之上；选择"移到最下层"选项，可将该层移到所有层之下，即移动当前最底层之下，如果当前最底层是 0 层，则被移到 0 层之下的层将是 –1 层。

8.4.9　设置层的背景

表格可以使用背景图像和背景颜色，层同表格一样也使用背景图像和背景颜色。

在层"属性"检查器上的"背景图像"文本框中直接输入背景图像的存放路径，或者单击██按钮，弹出"选择图像源文件"对话框。在该对话框中选择一幅背景图像，单击"确定"按钮，即可为层添加背景图像，如图 8.17 左侧的层所示。

在层"属性"检查器上，单击"背景颜色"后的 ██ 按钮，在弹出的调色板中选择一种合适的背景色（或者直接在该文本框中输入背景色的色码），则可为层设置背景色，如图 8.17 右侧的层所示。如果将此选项设置为空白，则可以指定透明的背景。

同网页和表格一样，添加背景图像或者设置背景色之后，并不妨碍在层中插入文本或图像等元素对象。

提示：　如果同时为层添加背景图像、设置背景色，则背景色被背景图像所覆盖，只能显示出背景图像。

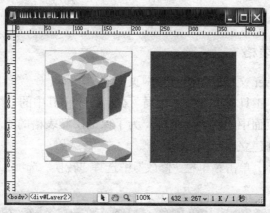

图 8.17　层的背景图片和背景色

8.4.10　定义可见区域

在层"属性"检查器上的"剪辑"选项区中可以定义层的可见区域，其中的"左"、"右"、"上"和"下"四个文本框中的坐标数值用于定义一个矩形区域（以层的左上角为基点）。指定这个矩形区域后，只有该区域是可见的，其他区域都不可见。

例如，如果要使一个层在距离左上角的 50 像素宽、50 像素高的矩形区域可见，则在"左"文本框中输入 0，在"上"文本框中输入 0，在"右"文本框中输入 50，在"下"文本框中输入 50。设置完成后，在编辑区可以看到只有该正方形区域是可见的，其他区域都是不可见的，如图 8.18 所示。在编辑区不可见的区域在浏览器是不可见的。

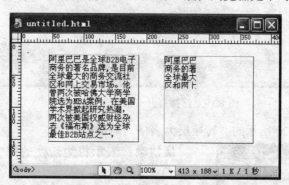

图 8.18　定义层的可见区域

8.5　层和表格的互换

层和表格都是网页中用来进行定位的工具，为了兼顾两者的优缺点，在 Dreamweaver 8

中还可以进行表格和层的相互交换操作。

8.5.1 将层转换为表格

（1）在 Dreamweaver 文档窗口中打开网页文档。

（2）打开"插入"工具栏，选择"布局"类别，单击其中的"绘制层"按钮。

（3）在当前文档页面中绘制出多个层。为了保证层和表格的顺利转换，必须保证层不能重叠，同时也不允许建立嵌套层。

（4）如图 8.19 所示，单击菜单栏"修改"中选择"转换"选项，单击其子菜单中的"层到表格"选项。

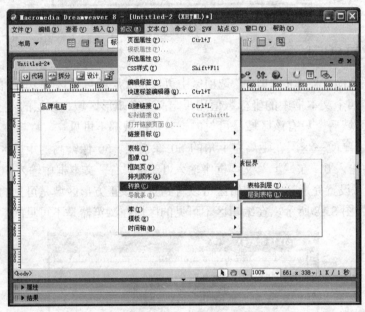

图 8.19　选择打开"层到表格"选项

（5）弹出如图 8.20 所示的"转换层为表格"对话框。

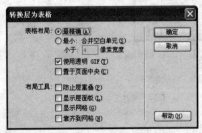

图 8.20　"转换层为表格"对话框

最精确：表示将为转换的每个层创建一个表格单元格。

最小：合并空白单元：表示层转换为表格后，合并小于规定像素宽度的单元格，进行表格单元的对齐。选择该项，将使得最终转变的表格空行、空列最少。

使用透明 GIF：表示将在表格的最后一行使用透明的 GIF 图像作为填充，用以固定生成表格的宽度大小，确保测览效果保持原状不变。当使用此项后，将不能通过拖动表格的列来修改表格的大小。

置于页面中央：使得转换后的表格在页面中以居中的方式对齐。如果没有选择此项，则表格将采用默认的与页面左对齐方式。

防止层重叠：选择该项后，可以防止层的重叠。

显示层面板：在层转换为表格后显示"层"面板。

显示网格：在层转换为表格后显示网格。

靠齐到网格：表示启动对齐网格的功能。

（6）设置完毕后，单击"确定"按钮即可完成层到表格的转换。如图 8.21 所示。注意和图 8.19 的区别。

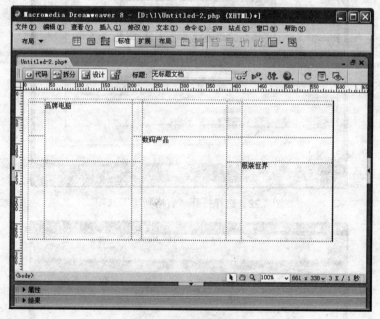

图 8.21　层转换的表格

8.5.2　将表格转换为层

与层转换为表格相对应的操作即是：将表格转换为层。其操作方法如下。

（1）在 Dreamweaver 文档窗口中打开含有表格的网页文档。

（2）如图 8.22 所示，单击菜单栏"修改"中选择"转换"选项，单击其子菜单中的"表格到层"选项。

（3）弹出"转换表格到层"的对话框。

- 防止层重叠：选择该项后，可以防止表格转换为层的重叠；

- 显示层面板：在表格转换为层后显示"层"面板；
- 显示网格：在表格转化为层后显示网格；
- 靠齐到网格：表示启动对齐网格的功能。

（4）设置完毕后，单击"确定"按钮，即可完成表格到层的转换，如图 8.23 所示。注意和图 8.22 的区别。

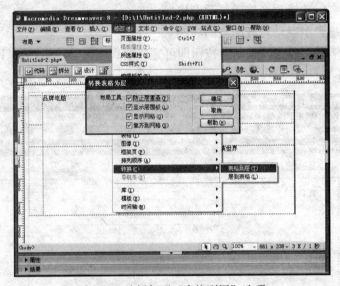

图 8.22　选择打开"表格到层"选项

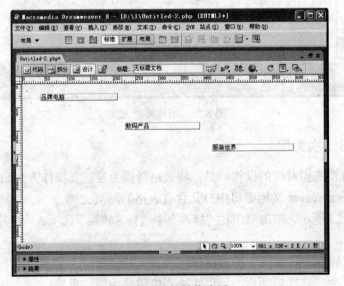

图 8.23　表格转换为层

8.5.3　层转换为表格的应用

使用层最大优点即是布局随意，页面视觉与众不同；而其缺点是页面的显示不能动态定位居中（因为层是绝对定位的，虽然可以采用嵌套层来控制，但比较麻烦）。所以对于一些要求内容显示规矩，但页面视觉又有随意感的文档来说，使用层先进行位置的随意排布，然后将其转换为表格即可。

（1）在 Dreamweaver 文档窗口中打开新的网页文档。

（2）打开"插入"工具栏，选择"布局"类别，单击其中的"绘制层"按钮。

（3）在页面文档中绘制多个层，组成结构如图 8.24 所示的半环绕状。

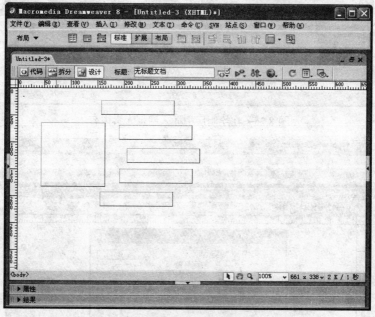

图 8.24　在页面中绘制层

（4）分别在各个绘制层内插入网页元素内容。如图 8.25 所示。

（5）如图 8.26 所示，单击菜单栏"修改"中选择"转换"选项，单击其子菜单中的"转换层为表格"菜单命令。

（6）弹出"转换层为表格"的对话框，进行如下设置：

选择"最小：合并空白单元"前的单选按钮，同时设置像素宽度小于"4"；

钩选"使用透明 GIF"前的复选框；钩选"置于页面中央"前的复选框。

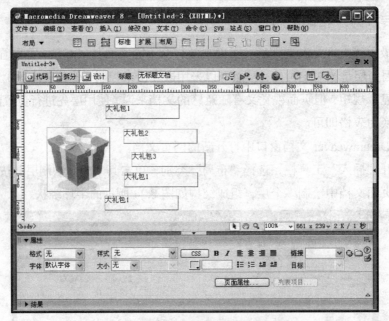

图 8.25　在绘制层中插入网页元素内容

图 8.26　打开"转换层为表格"对话框

（7）保持"转换层为表格"的对话框的其他选项不选择，单击"确定"按钮完成层到表格的转换。如图 8.27 所示即为层转换为表格后的页面情况。

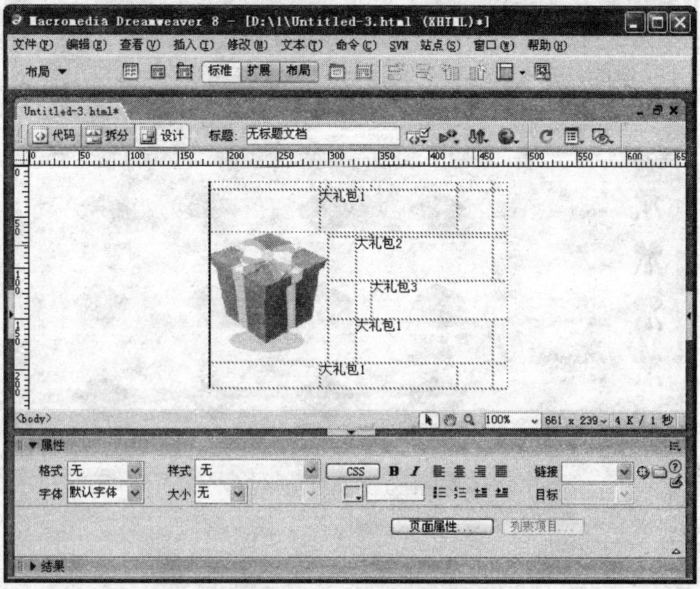

图 8.27 层转换为表格

通过以上的方法可制作出更具随意的页面布局来，这也丰富了个人页面设计的技巧。

课后习题

1. 层可以分为哪两种类型？哪一种类型是由 W3C 组织所定义的？
2. 创建层的方法有哪两种？它们各自的优点是什么？
3. 层面板中的可见性按钮可以分为哪三种情况？
4. 当层与层重叠时，是哪个属性决定层的前后顺序？
5. 用自己的语言阐述一下层与表格的相同点与不同点。

课后实验

实验项目：利用层实现鼠标掠过小图片显示大图片的预览效果。

实验目标：掌握层的创建方法，了解层的显示与隐藏的相关行为的设置方法。

实验结果：

如图 8.28 所示。

图 8.28　第 8 章实验结果

实验步骤：

1．打开我们先前建立的站点 MyWebsite，打开其首页 index.html。

2．在"商品列表"左上角的第一个皮夹子图片右侧，绘制一个层，如图 8.29 所示。

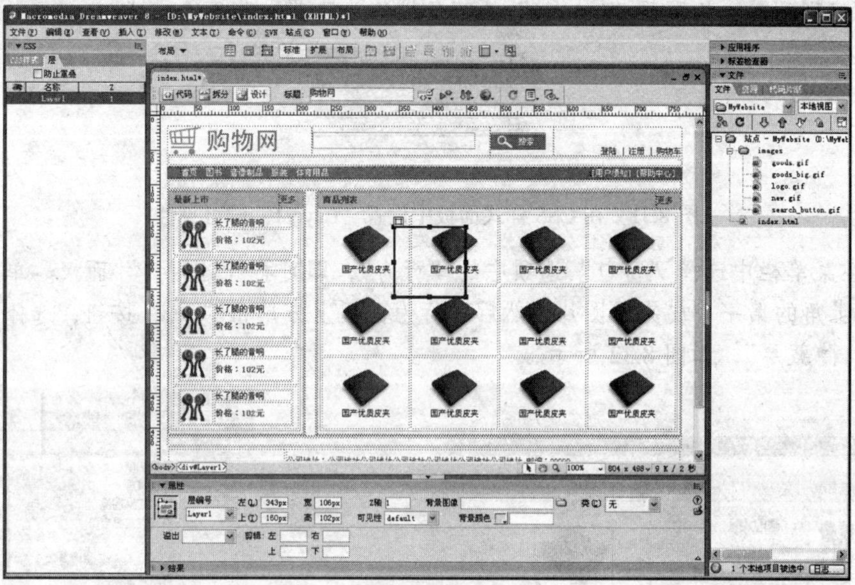

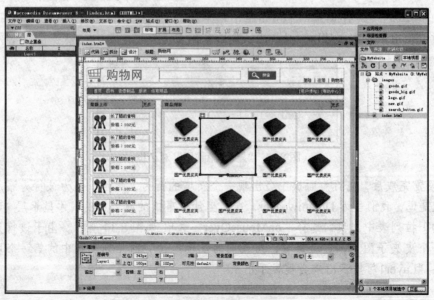

图 8.29　绘制层

3．我们将事先制作好的一个大的预览图保存到站点的"images"文件夹下，命名为"goods_big.gif"，在层中插入这幅图，然后在"属性"检查器中设置它的"边框"为 2，如图 8.30 所示。

图 8.30　在层中插入图并设置

4．在菜单栏中选择"窗口"选项中的"CSS 样式"，即可打开"CSS 样式"面板，在面板中，将刚刚建立的图层"Layer1"的可见性设为隐藏，如图 8.31 所示。

图 8.31　在 CSS 样式面板中设置"Layer1"的可见性

5．在菜单栏中选择"窗口"选项中的"行为"，即可打开"行为"面板。单击"商品列表"左上角的第一个皮夹子图片，然后在行为面板上方单击"➕"按钮，选择菜单项中的"显示-隐藏层"，如图 8.32 所示。

图 8.32　在行为面板上选择"显示-隐藏层"

6．在弹出的"显示-隐藏层"对话框中，单击"显示"按钮，然后单击"确定"按钮。表示该行为是用来显示层"Layer1"的，如图 8.33 所示。

图 8.33　"显示-隐藏层"对话框

7．设置完成后，在行为面板中会出现一个新增的行为，此时我们为该行为添加触发事件，也就是说，我们告诉 Dreamweaver，当发生什么事情的时候，我们才显示层"Layer1"。在左侧的下拉列表中，我们选择"onMouseOver"选项,如图 8.34 所示。由于该行为的实施者是第一个皮夹子图片，这就是说，当我们的鼠标掠过"商品列表"中的第一个皮夹子图片时，层"Layer1"显示出来会被显示出来。

图 8.34　为行为添加触发事件

8. 同样的，我们再次为该图片添加一个"显示-隐藏层"的行为，在对话框中，单击"隐藏"按钮，然后确定，如图 8.35 所示。为了达到当鼠标离开图片时，让大的预览图片隐藏，我们将该行为的触发事件设置为"onMouseOut"选项。

图 8.35　再次为该图片添加"显示-隐藏层"行为

9. 完成后的效果如下图。此时可以按 F12 键预览制作出来的效果，如图 8.36 所示。

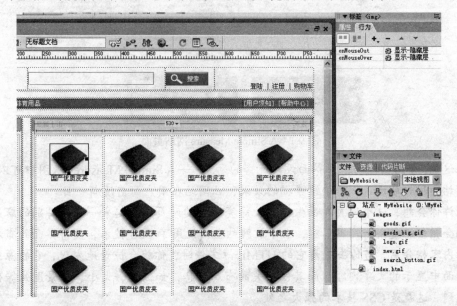

图 8.36　完成后的效果

第 **9** 章

在 Dreamweaver 8 中使用 CSS 设置页面格式

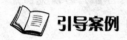 引导案例

图 9.1　A Simple Measure 网站页面

在这里，介绍国外的一家界面设计优秀的网站——A Simple Measure，从图中可以看到，整个网站向用户展示了一种手绘素描的效果，让网站在用户面前清新夺目。

也许你会想，这个网页界面做得如此漂亮，它的网页布局起来一定会特别的麻烦，而且代码会相当的复杂。其实不然，由于该网站全面使用了 CSS 技术，使得界面的布局设计与实际内容相分离，当你去查看它的 HTML 源文件时，你就会惊奇地发现，它的源文件中只有页面中显示的文字内容，而其他相关的布局信息，如位置、大小、背景图片等代码都无法找到。这就是 CSS 技术的强大之处。

现在的网络社会已经步入了 Web2.0 时代，网页设计的艺术性和交互性已经成了 Web2.0 时代的必然需要。所以，掌握好 CSS 技术，是作为一位网页设计师的必备条件。

问题：CSS 技术是如何做到布局设计与内容相分离的？它在布局设计中的优势表现在哪里？

◇ **学习目标** ◇

1. 基本掌握 CSS 的概念和它的优势。
2. 重点掌握新建、编辑 CSS 样式和文档的方法。
3. 掌握如何删除、重制、重命名 CSS 样式。
4. 掌握如何附加样式表。
5. 重点掌握超级链接的 CSS 样式定义。
6. 了解 CSS 样式中各类属性的意义。

学习导航

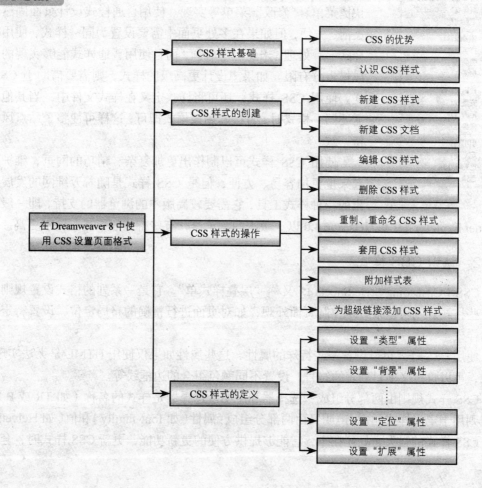

9.1 CSS 样式基础

CSS 是为了简化 Web 页面的更新而诞生的。它的功能非常强大，而且可让网页变得更加美观，维护更加方便。CSS 与 HTML 一样，也是一种标识语言，甚至很多属性都来源于 HTML，它也需要通过浏览器解释执行。任何懂得 HTML 的人都可以掌握，非常容易。

9.1.1 CSS 的优势

如果想使页面的外观看起来更美一些，可以通过多种方式来实现。例如，选择菜单栏"文本"选项中的"样式"菜单选项，将弹出如图 9.2 所示的子菜单，在该子菜单中列出了15 种样式，可以在这 15 种样式中选择需要的样式。

图 9.2 "样式"子菜单

设计普通样式还有其他的一些方法，如通过"属性"检查器、快捷菜单、"修改"菜单等实现。使用普通样式设计页面固然比较灵活、方便，但如果在多处页面中需要设置为同一样式，使用普通样式一一处理，未免过于麻烦，而且使用普通样式能够实现的样式风格十分有限。如果想设计更高级的样式，则需要借助于 CSS 样式。使用 CSS 样式，还可将样式定义在样式文件中，当其他页面需要同一样式时，直接套用该样式即可，这样可使整个站点风格保持一致。

使用 CSS 样式可以制作出更加复杂、精巧的网页，维护更新起来也更加容易、方便，但是 CSS 样式是随着万维网的发展新推出的一种样式工具，它需要较高版本的浏览器的支持，即一般要求 Internet Explorer 4.0 和 Netscape 4.0 以上版本的浏览器，有些特殊效果甚至要求更高。

9.1.2 认识 CSS 样式

CSS（Cascading Style Sheets），又称"层叠样式单"，它是一系列的格式设置规则，利用这些格式规则可以很好地控制页面外观，如对页面进行精确的布局定位，设置特定的字体和样式。

使用 CSS 样式可以设置一些特殊的属性，这些属性如果仅使用 HTML 是无法实现的。例如，可以自定义项目列表的符号，设置不同颜色组合的边框线等。

CSS 样式规则由两部分组成：选择器和声明。选择器是样式的名称（如 TR 或 P），而声明则用于定义样式元素。声明又由两部分组成：属性（如 font-family）和值（如 Helvetica）。

CSS 样式的强大之处还在于，它能够提供方便的更新功能，更新 CSS 样式时，套用该样式的所有页面文件都将自动更新为新的样式。

在 Dreamweaver 8 中可以定义下列类型的 CSS 样式：

- 自定义 CSS 样式（也称为类样式）：使用该样式，可以将样式属性设置为任何文本范围或文本块；
- HTML 标签样式：使用该样式，可以重定义特定标签的格式。创建或更改该 HTML 标签的 CSS 样式时，所有使用该标签的文本都将得到更新；
- CSS 选择器高级样式：使用该样式，可以重定义特定标签组合的格式或者重定义包含特定 ID 属性的所有标签的格式。

9.2　CSS 样式的创建

在使用 CSS 样式改变页面外观之前，先要创建 CSS 样式，将想要实现的风格样式定义在 CSS 样式表中，然后才能套用该样式。

9.2.1　新建 CSS 样式

新建一个空文档，将该文档保存下来，然后选择菜单栏"窗口"选项中的"CSS 样式"菜单选项，打开"CSS 样式"面板。在未定义 CSS 样式之前，"CSS 样式"面板是空的，如图 9.3 所示。

使用"CSS 样式"面板新建 CSS 样式的操作步骤如下。

（1）单击"CSS 样式"面板右下部的"新建 CSS 样式" 按钮，将弹出如图 9.4 所示的"新建 CSS 规则"对话框。

图 9.3　"CSS 样式"面板

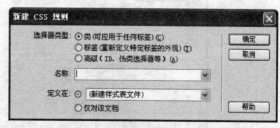

图 9.4　"新建 CSS 规则"对话框

（2）在"名称"下拉列表框中输入 CSS 样式的名称，这里输入.cssstyle。要注意的是，CSS 样式中的自定义 CSS 样式名称都是以"."开头的。

（3）在"选择器类型"选项区中选中"类（可应用于任何标签）"单选按钮。

（4）在"定义在"选项区中，如果选中"（新建样式表文件）"单选按钮，可以新建一个样式表文件，并可以应用于其他文档；如果选中"仅对该文档"单选按钮，则CSS样式仅使用于该文档的范围。

（5）单击"确定"按钮，将弹出如图 9.5 所示的"保存样式表文件为"对话框，提示保存样式表文件。

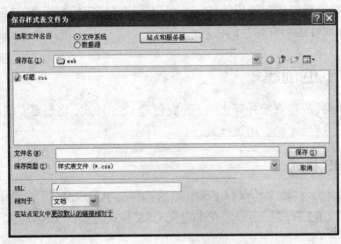

图 9.5 "保存样式表文件为"对话框

（6）这里将样式表文件保存为 style，单击"保存"按钮进行保存，之后将弹出如图 9.6 所示的对话框，该对话框用于定义 CSS 样式风格。关于定义 CSS 样式风格的内容，将在后面几节中详细讲述。

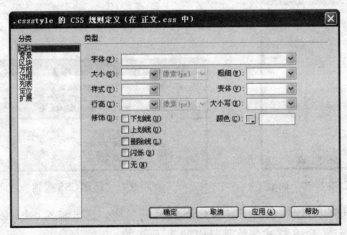

图 9.6 "CSS 规则定义"对话框

（7）将 CSS 样式风格设置好，单击"确定"按钮即可完成创建操作。

返回"CSS 样式"面板，可以看到新创建的 CSS 样式，如图 9.7 所示。

通过"CSS 样式"面板，除了单击按钮 新建 CSS 样式外，还可通过其他方法新建 CSS 样式。

在"CSS 样式"面板上单击鼠标右键，将弹出如图 9.8 所示的快捷菜单。在该快捷菜单中选择"新建"选项也可以新建 CSS 样式，后面的操作同上面步骤（2）之后的操作一样。

图 9.7 完成创建的 CSS 样式

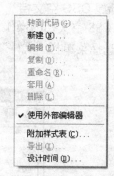

图 9.8 "CSS 样式"快捷菜单

单击"CSS 样式"面板右上角的 按钮，将弹出如图 9.9 所示的下拉菜单。在该下拉菜单中选择"新建"选项也可以新建 CSS 样式，后面的操作同上面步骤（2）之后的操作一样。

选择菜单栏"文本"选项的"CSS 样式"菜单选项，将弹出如图 9.10 所示的子菜单。在该子菜单中选择"新建"选项也可以新建 CSS 样式，后面的操作同上面步骤（2）之后的操作一样。

图 9.9 "CSS 样式"下拉菜单

图 9.10 "CSS 样式"子菜单

9.2.2 新建 CSS 文档

前面介绍的创建 CSS 样式的方法是在原页面文档基础上的,通过新建 CSS 样式表将样式定义好,然后保存在一个外部样式文档中(当然,也可以选择将 CSS 样式仅应用于原页面文档)。下面介绍的方法可以在脱离原页面文档的情况下,直接新建一个外部 CSS 样式文档,并可以直接对该外部 CSS 样式文档进行编辑,也可以选择新建一个预定义的 CSS 样式文档。

1. 新建 CSS 空文档

新建 CSS 空文档的操作方法如下。

(1)选择菜单栏"文件"选项的"新建"菜单选项,弹出如图 9.11 所示的"新建文档"对话框。

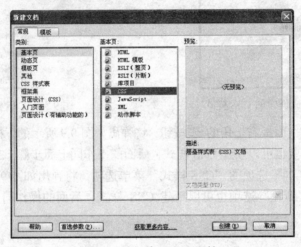

图 9.11　新建 CSS 空文档

(2)在该对话框中选择"常规"选项卡。

(3)在"常规"选项卡下的"类别"列表中选择"基本页"选项。

(4)在中间"基本页"列表中选择 CSS 选项。

(5)单击"创建"按钮。

完成创建的 CSS 空文档如图 9.12 所示,单独的 CSS 文档只有一种视图模式,即代码视图,拆分视图和设计视图均不可用。

在新建的 CSS 空文档中出现如下注释:

```
@charset "gb2312";
```

第一句语言说明该文档所用到的字符集是 gb2312,会被浏览器所执行。

```
/* CSS Dooument */
```

第二句注释说明该文档是一个 CSS 文档，只是起补充介绍说明的作用，并不能被浏览器执行。

对于新建的 CSS 空文档，可以直接使用 CSS 语言编写，也可以通过图形界面定义 CSS 样式表。选择菜单栏"文本"选项中的"CSS 样式"菜单选项，将弹出"新建 CSS 规则"对话框，在该对话框的引导下，一步步定义 CSS 样式。具体的操作前面已经介绍过了，在此不再赘述。

在中文版 Dreamweaver 8 启动之后，进入编辑区以前，会弹出一个界面，里面包括了新近打开的文档、常用的空页面文档或者范例。在"创建新项目"选项区（如图 9.13 所示）中选择 CSS 选项，也可以创建 CSS 空文档。

图 9.12　创建的 CSS 空文档　　　　　图 9.13　"创建新项目"选项区

2. 新建 CSS 样式表

在"新建文档"对话框中，选择"常规"选项卡下"类别"列表中的"CSS 样式表"选项，此时的对话框如图 9.14 所示。

在该对话框的"CSS 样式表"列表框中，列出了常用的 CSS 样式范例，在其中选择一种合适的范例，在右侧"预览"栏中将显示出该 CCS 样式范例的预览内容，单击"创建"按钮即可完成新建操作。

使用此种方式创建的 CSS 文档包含了一定的预定义格式，而不是一个 CSS 空文档，如图 9.15 所示，该文档中所显示的代码都是用来定义元素对象属性的。同 CSS 空文档一样，该文档只有代码视图，没有拆分和设计视图。

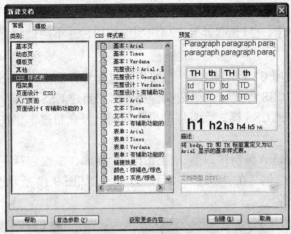

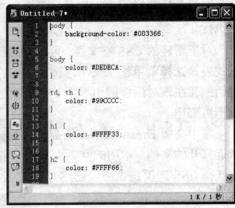

图 9.14　新建 CSS 样式表　　　　　　图 9.15　创建后的 CSS 样式表

对于不懂 CSS 语言结构的用户来说，使用代码视图编辑 CSS 文档十分困难。但是 Dreamweaver 8 提供了图形界面，可以用于编辑 CSS 文档。选择菜单栏中"窗口"选项的 "CSS 样式"菜单选项，打开"CSS 样式"面板，在该面板上可以看到一些设置好的标签属性，如图 9.16 所示。

在"CSS 样式"面板中，通过使用"CSS 样式"面板的编辑样式功能，可以修改 CSS 样式，关于"CSS 样式"面板的操作代码将在后面讲到。

3. 新建页面设计（CSS）

在"新建文档"对话框中，选择"常规"选项卡下"类别"列表中的"页面设计（CSS）"选项，此时的对话框如图 9.17 所示。

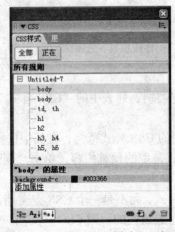

图 9.16　查看"CSS 样式"面板　　　　图 9.17　新建页面设计（CSS）

使用"页面设计（CSS）"方式，将在创建范例页面的同时创建 CSS 样式范例，即在生成一个普通页面文档的同时，生成一个 CSS 文档。

在"页面设计（CSS）"列表中选择一种样式，例如，选择"Halo 右边导航"样式，在右侧"预览"栏中可以预览到该样式的效果。单击"创建"按钮，将弹出"另存为"对话框，在该对话框中为新创建的页面命名，然后将该页面保存。保存之后，会弹出"复制相关文件"对话框，如图 9.18 所示，单击"复制"按钮，将会把设计样式所需要的附属文件复制到相应的文件夹中。

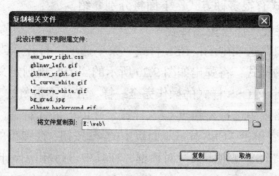

图 9.18　"复制相关文件"对话框

返回编辑区，可以看到创建好的页面设计（CSS），如图 9.19 所示。在该预定义的页面设计基础上，将相关部分进行修改，就可以很方便地完成页面设计。在"CSS 样式"面板上，同时可以看到该页面设计所嵌套的 CSS 样式，同样，如果 CSS 样式不合适，也可以对其进行修改。

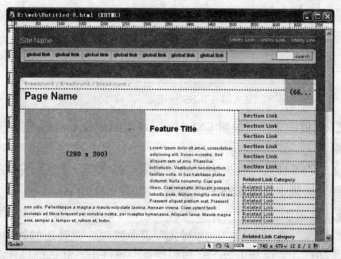

图 9.19　创建好的页面设计（CSS）

9.3　CSS 样式的操作

对于创建好的 CSS 样式，可以进行管理操作，如编辑、修改，甚至删除不妥当的样式，如果想将样式应用于页面，直接在页面中套用即可。

9.3.1　编辑 CSS 样式

编辑管理 CSS 样式有很多种方式，下面将分别介绍。

1．通过"CSS 样式"面板编辑样式

选择菜单栏"窗口"选项中的"CSS 样式"菜单选项，打开"CSS 样式"面板，在该面板中双击所要编辑的样式，将弹出如图 9.20 所示的"CSS 规则定义"对话框。下面的操作与新建 CSS 样式时定义 CSS 样式的操作完全一样，在此不再赘述。

在"CSS 样式"面板中选择要编辑 CSS 样式，并单击鼠标右键，在弹出的快捷菜单中选择"编辑"选项，或者单击"CSS 样式"面板中的 按钮，在弹出的下拉菜单中选择"编辑"选项，也将弹出"CSS 规则定义"对话框，在其中进行相应操作即可。

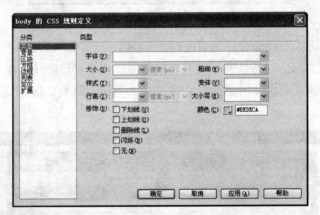

图 9.20　"CSS 规则定义"对话框

在"CSS 样式"面板中选择要编辑 CSS 样式，点击面板右下角的 按钮，也将弹出"CSS 规则定义"对话框。

我们还可以在"CSS 样式"面板中选择要编辑 CSS 样式，然后直接在"CSS 样式"面板中下方的"属性"面板中修改 CSS 样式属性，如图 9.21 所示。

2．通过菜单选项编辑样式

选择菜单栏"文本"选项中的"CSS 样式"菜单选项，在弹出的如图 9.22 所示的子菜单中选择你要修改的样式，将弹出"CSS 规则定义"对话框，其后的操作前面已经介绍过，

在此不再赘述。

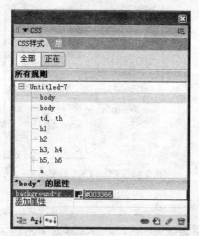

图 9.21 通过"CSS 样式"面板下的属性修改 CSS 样式

图 9.22 "CSS 样式"子菜单

3．通过"属性"检查器编辑样式

Dreamweaver 8 在"属性"面板中新增加了"样式"下拉列表框，定义的 CSS 样式将会在该下拉列表框中显示出来，如图 9.23 所示，在其中选择你所要修改的 CSS 样式，将弹出"CSS 规则定义"对话框，其后的操作前面已经介绍过，在此不再赘述。

9.3.2 删除 CSS 样式

对于不想保留的 CSS 样式可以将其删除，删除 CSS 样式文档的操作步骤如下。

（1）选中需要删除的 CSS 样式文档。

（2）单击鼠标右键或者单击"CSS 样式"面板右上角的 按钮，在弹出的快捷菜单或者下拉菜单中选择"删除"选项，即可将该 CSS 样式文档删除；也可直接单击"CSS 样式"面板右下角的 按钮，删除选中的 CSS 样式。

Dreamweaver 8 会不加提示地直接将该 CSS 样式文档删除，使用这种方法删除的是 CSS 样式文档，同时将该文档中的所有 CSS 样式一并删除。

下面介绍如何在 CSS 样式文档中删除不需要的 CSS 样式，操作步骤如下。

（1）单击"CSS 样式"面板中显示出来的 CSS 样式文档前的"+"符号，将该文档中的 CSS 样式显示出来。

（2）用鼠标右键单击想要删除的 CSS 样式，将弹出如图 9.24 所示的快捷菜单。

（3）在该快捷菜单中选择"删除"选项，将会把选中的 CSS 样式直接删除。

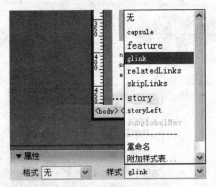

图 9.23 "属性"检查器中的已定义的 CSS 样式 　　图 9.24 删除 CSS 样式快捷菜单

9.3.3 重制、重命名 CSS 样式

在 "CSS 样式" 面板中展开 CSS 样式，选中需要重制的 CSS 样式并单击鼠标右键，在弹出的快捷菜单中选择 "复制" 选项，将弹出如图 9.25 所示的 "重制 CSS 规则" 对话框。该对话框类似于 "新建 CSS 样式" 对话框，具体操作可以参考新建 CSS 样式部分的介绍。

在如上所述的 CSS 样式快捷菜单中选择 "重命名" 选项，将弹出如图 9.26 所示的 "重命名类" 对话框，在该对话框中可以重新命名类。例如，已经定义的.cssstyle 类可以改变为其他的名称。

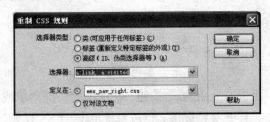

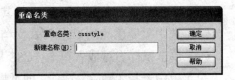

图 9.25 "重制 CSS 规则" 对话框 　　　　图 9.26 "重命名类" 对话框

9.3.4 套用 CSS 样式

对于已经创建和编辑好的 CSS 样式，在需要时可以直接套用。套用 CSS 样式的操作方法如下。

（1）选中需要套用样式的文本或者其他元素对象。

（2）选择菜单栏 "窗口" 选项中的 "CSS 样式" 菜单选项，打开 "CSS 样式" 面板。

（3）在 "CSS 样式" 面板中单击 CSS 样式文档前面的 "+" 符号，将该 CSS 样式文档中包含的 CSS 样式显示出来，然后在相应的 CSS 样式上单击鼠标右键或者单击 "CSS 样式" 面板右上角的 按钮，在弹出的快捷菜单或者下拉菜单中选择 "套用" 选项，将会把该

CSS 样式套用到选中的对象上。

除此之外，还可以通过"属性"面板套用 CSS 样式，在该面板的"样式"下拉列表框中选择需要的 CSS 样式即可。

9.3.5 附加样式表

对于一个页面文档中创建的 CSS 样式文档，如果想将其套用在其他页面文档中，则可以通过附加样式表的方式将该 CSS 样式文档附加到其他页面文档中。附加样式表的操作方法如下。

（1）选择菜单栏"窗口"选项中的"CSS 样式"菜单选项，打开"CSS 样式"面板。

（2）在"CSS 样式"面板中单击 按钮，将弹出如图 9.27 所示的"链接外部样式表"对话框。

（3）在"文件/URL"下拉列表框中输入 CSS 样式文档所在的路径，或者单击其后的"浏览"按钮，将弹出如图 9.28 所示的"选择样式表文件"对话框。

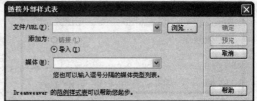

（4）在该对话框中选择所需的样式表文件，样式表文件是以.css 为扩展名的文档。单击"确定"按钮，返回"链接外部样式表"对话框。

图 9.27 "链接外部样式表"对话框

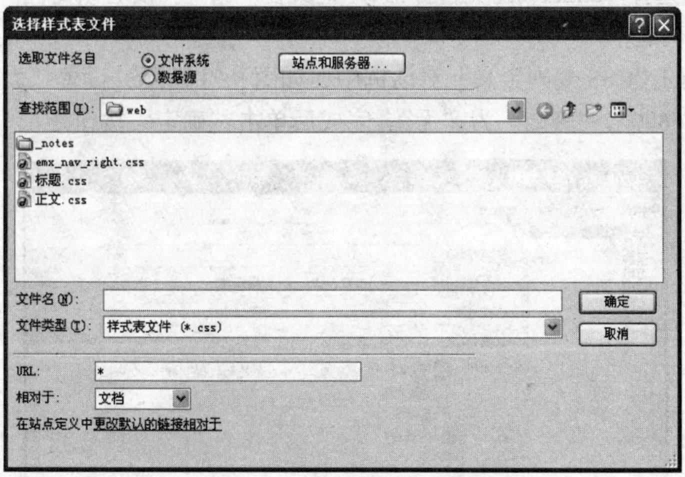

图 9.28 "选择样式表文件"对话框

（5）在该对话框中有两种添加方式：链接方式和导入方式，从中选择一种附加方式。

（6）单击"确定"按钮，即可完成附加样式表的操作。

9.3.6　为超级链接添加 CSS 样式

在前面的章节中，我们已经介绍了如何为文字添加超级链接。但是我们发现，超级链接的颜色和底部的下画线不能通过修改字体的属性来改变，如图 9.29 所示，这是因为超级链接的样式是由 CSS 中的伪类选择器控制的，那么我们只能通过定义这些伪类选择器来定义超级链接的样式。

在这里，我们首先要定义一个名为"a:link"伪类选择器，它的普通意义上的理解就是用来定义页面中超级链接的默认状态。

（1）在文档窗口中单击鼠标右键，在弹出的下拉式菜单中，选择"CSS 样式"选项中的"新建"选项。将弹出如图 9.30 所示的"新建 CSS 规则"对话框。

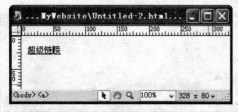
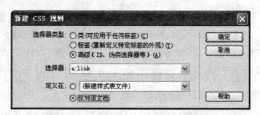

图 9.29　超级链接默认样式　　　　　图 9.30　"新建 CSS 规则"对话框

（2）在"新建 CSS 规则"对话框中，"选择器类型"选择"高级（ID、伪类选择器等）"选项，"选择器"选择"a:link"伪类选择器，"定义在"选择"仅对该文档"选项。如图 9.30 所示。然后单击确定。

（3）在弹出的"CSS 规则定义"对话框中，如图 9.31 所示，设置"大小"为"12px"，"颜色"为"#FF6600"，"修饰"为"无"。完成后单击"确定"按钮。

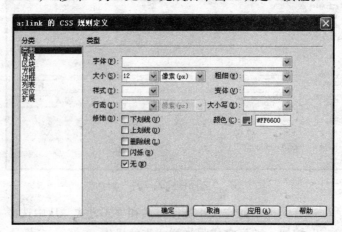

图 9.31　"CSS 规则定义"对话框

这时，我们会发现超级链接的样式已经变为了我们所设置的样式。但是，当我们使用 F12 键在浏览器中预览的时候会发现，当点击超级链接以后，超级链接的颜色居然变成了紫色。这是因为，我们没有定义 "a:visited" 这个伪类选择器，该伪类选择器定义的是已经被访问过的超级链接的样式。方法同 "a:link" 的一样，我们将 "a:visitied" 的样式属性设置成与 "a:link" 一样的值。再次预览该网页，点击超级链接，它的颜色和样式就不再发生改变了。

为了产生动态效果，我们再定义一下 "a:hover" 这个伪类选择器，该伪类选择器定义的是当鼠标经过超级链接时的样式。这样，我们的超级链接就能产生动态效果。设置的方法同 "a:link" 一样，不一样的是我们设置其中的 "修饰" 的属性为 "下画线"。保存后预览该网页，我们会发现，当鼠标经过超级链接时，超级链接便产生了动态效果。

> **提示**　在定义超级链接相关的三个伪类选择器时，定义时一定要按照 "a:link"、"a:visitied"、"a:hover" 的顺序，否则可能会导致所定义的样式无法使用。

9.4　CSS 样式的定义

前面介绍了 CSS 样式的操作，本节将着重介绍在 Dreamweaver 8 中如何设置 CSS 样式。

无论是创建 CSS 样式，还是编辑 CSS 样式，最后一步都要涉及定义 CSS 样式，定义样式表是在如图 9.32 所示的 "CSS 样式定义" 对话框中进行的。

该对话框的 "分类" 列表包括八个选项，分别用来设置不同的对象属性，下面分别进行介绍。

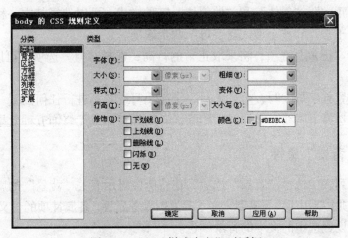

图 9.32　"CSS 样式定义" 对话框

9.4.1 设置"类型"属性

在"分类"列表中选择"类型"选项，在右侧会显示有关"类型"的属性，如图 9.33 所示，这些属性项主要用于设置文本的属性。各属性项的含义分别如下。

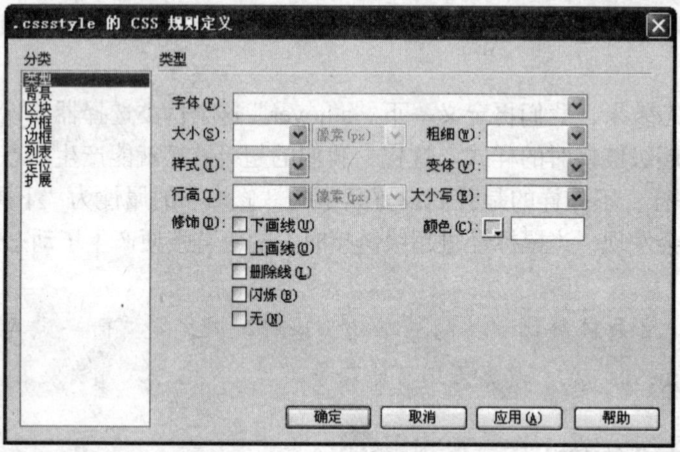

图 9.33 "类型"属性项

字体：设置字体类型。

大小：设置字号的大小，即可选择或者输入具体的字号大小像素值，也可从不同的字号大小中进行选择。

粗细：设置字体的粗细，即可选择具体的字体大小像素值，也可从不同的字体大小中进行选择。如果不适用 CSS 样式，而直接进行设置，则只有"普通"和"粗体"两种方式。

样式：有"正常"、"斜体"和"偏斜体"三种样式，可以选择其中一种。

变体：有"正常"和"小型大写字母"两个选项。

行高：选择"正常"选项，将采取正常的行高；选择"值"选项，可以设置行高的具体值。

大小写：设置首字母大写、全部大写、全部小写或者不进行任何设置。

修饰：可以选择下画线、上画线、删除线、闪烁字体或无修饰五种效果。

9.4.2 设置"背景"属性

在"分类"列表中选择"背景"选项，在右侧会显示有关"背景"的属性，如图 9.34 所示，这些属性项主要用于设置背景颜色、背景图像等属性。各属性项的含义分别介绍如下。

背景颜色：设置选中的文本的背景颜色。

背景图像：设置文本的背景图像。

重复：设置当背景图像不能填满页面时，是否重复背景图像。"不重复"代表只显示一次，不论能不能填满页面，都不重复背景图像；"重复"代表背景图像不能填满页面时一直重复下去，直至填满为止；"横向重复"代表只在水平方向重复背景图像；"纵向重复"代表只在竖直方向重复背景图像。

附件：设置背景图像是固定在一处，还是连同网页一起滚动。"固定"代表固定在初始位置，"滚动"代表连同网页的内容一起滚动。

水平位置：设置背景图像相对于页面元素在水平方向上的初始位置，可以使用左对齐、居中对齐和右对齐三种对齐方式，也可以设置具体的数值。

垂直位置：设置背景图像相对于页面元素在垂直方向上的初始位置，可以使用顶部对齐、居中对齐和底部对齐三种对齐方式，也可以设置具体的数值。

提示　如果在"附件"下拉列表框中选择了"固定"选项，则该选项是相对于文档窗口而不是相对于元素设置背景图像的初始位置属性，能够得到 Internet Explorer 的支持，但却不被 Netscape Navigator 所支持。

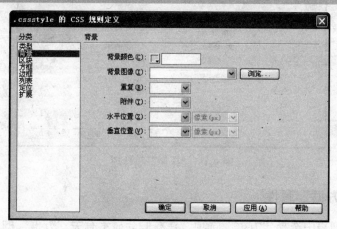

图 9.34　"背景"属性项

9.4.3　设置"区块"属性

在"分类"列表中选择"区块"选项，在右侧会显示有关"区块"的属性，如图 9.35 所示，这些属性项主要用于设置字体间的距离、文本对齐、文字缩进等属性。各属性项的含义分别介绍如下。

单词间距：设置单词之间的距离值，可以使用"正常"间距，也可以设置间距值。如果在"单词间距"下拉列表框中选择"值"选项，则可以在其后的下拉列表框中选择间距单位。

字母间距：设置字母之间的距离值，含义与"单词间距"下拉列表框相同。若要缩小字母间距，可以输入一个负值。该下拉列表框的设置将会覆盖对齐的文本设置。Internet Explorer 4.0 以上版本浏览器和 Netscape Navigator 6 浏览器都支持该属性。

垂直对齐：设置使用该属性项的元素的垂直对齐方式。

文本对齐：设置使用该属性项的元素的对齐方式。

文字缩进：设置使用该属性项的元素的缩进量。

空格：设置元素中空白的方式。选择"正常"选项，表示将空格收缩起来；选择"保留"选项的效果与使用<pre>标记一样，表示将保留所有空白，包括空格、制表符和回车；选择"不换行"选项，表示元素只有遇到
标记时才换行。

显示：设置是否显示元素及如何显示元素。选择"无"选项，将关闭元素的显示。

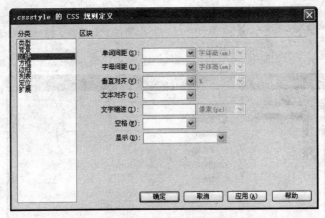

图 9.35　"区块"属性项

9.4.4　设置"方框"属性

在"分类"列表中选择"方框"选项，在右侧会显示有关"方框"的属性，如图 9.36 所示，这些属性项主要用于设置元素在页面上的放置方式。在"填充"和"边界"两个选项区中，既可以将设置应用于元素的各个边，也可以选中两个选项区中的"全部相同"复选框，将相同的设置应用于元素的所有边。各属性项的含义分别介绍如下。

宽：设置元素对象的宽度。

高：设置元素对象的高度。

浮动：设置文本、表格、层等元素对象在哪条边围绕所选元素对象浮动，其他元素则按照通常的方式环绕在浮动元素的周围。

清除：当层出现在被设置了清除属性的元素上时，该元素移到层的下方。

填充：该选项区用于设定元素内容与元素边框（或边界）之间的距离。选中"全部相同"复选框，可使元素内容到各个边的填充量相同；取消选择"全部相同"复选框，可分别设置元素内容到各边的填充量。

边界：指定一个元素的边框（或填充）与另一个元素之间的距离，仅在设置段落、标题、列表等的属性时，才会显示该属性。选中"全部相同"复选框，可使各个边框的间距相同；取消选择"全部相同"复选框，可分别设置元素各边框的间距。

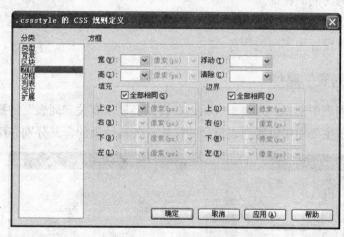

图 9.36　"方框"属性项

9.4.5　设置"边框"属性

在"分类"列表中选择"边框"选项，在右侧会显示有关"边框"的属性，如图 9.37 所示，这些属性项主要用于设置边框的样式属性。各属性项的含义分别介绍如下。

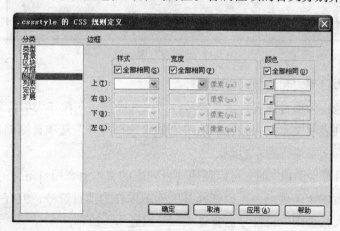

图 9.37　"边框"属性项

样式：设置边框的样式。Dreamweaver 8 提供了九种样式可供选择：点划线、虚线、实线、双线、槽状、脊状、凹陷、凸出及无样式。取消选择"全部相同"复选框，可以使"上"、"下"、"左"、"右"四条边的边框设置为不同的样式。

宽度：设置边框的粗细。在该选项区中的下拉列表框中的下拉列表框中，可以选择细、中、粗三种宽度，也可以设置具体值。"上"、"下"、"左"、"右"四条边即可设置为相同的粗细，也可设置为不同的粗细。

颜色：设置边框的颜色。该选项区中的"上"、"下"、"左"、"右"四条边即可设置为相同的颜色，也可设置为不同的颜色。

9.4.6　设置"列表"属性

在"分类"列表中选择"列表"选项，在右侧会显示有关"列表"的属性，如图 9.38 所示，这些属性项主要用于设置列表符号的样式。各属性项的含义分别介绍如下。

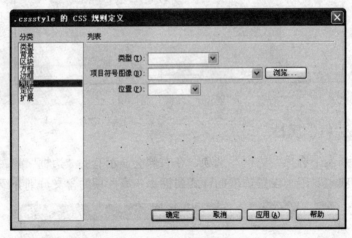

图 9.38　"列表"属性项

类型：设置项目列表和编号列表的符号。

项目符号图像：为项目列表自定义符号，可以选择使用图像作为项目列表的符号。

位置：设置列表项文本是否换行和缩进。如果选择"外"选项，则缩进文本。如果选择"内"选项，则文本换行到左边距。

在设置"项目符号图像"时，可以使用项目列表的文本上套用自定义的项目列表符号。当然，根据设计者的审美观点，可以选择其他的图像作为项目符号，但有一点需要注意，就是图像不能太大，否则项目符号也会过大，导致显示不协调。

9.4.7 设置"定位"属性

在"分类"列表中选择"定位"选项，在右侧会显示有关"定位"的属性，如图 9.39 所示，这些属性项主要用于设置层的属性或者将所选文本更改为新层。各属性项的含义分别介绍如下。

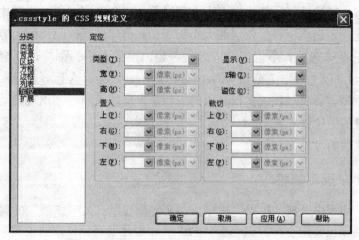

图 9.39 "定位"属性项

类型：设置浏览器定位层的方式，该下拉列表框中有如下四个选项。

- 绝对：选择该方式，将会以页面左上角为基准，通过在"定位"选项区中设置的距基准点"上"、"下"、"左"、"右"四个间距来定位层；
- 固定：选择该方式，将会以浏览器左上角为基准，通过在"定位"选项区中设置的距基准点"上"、"下"、"左"、"右"四个间距来定位层；
- 相对：选择该方式，将会以元素对象在文档的文本中的位置为基准，通过在"定位"选项区中设置的距基准点"上"、"下"、"左"、"右"四个间距来定位层；
- 静态：选择该方式，将会把层放到元素对象在文档的文本中的位置。

显示：设置层的可见性，包括"继承"、"可见"和"隐藏"三种方式。如果不设置可见性属性，默认情况下大多数浏览器都将其设置为继承父层的可见性。

- 继承：选择该选项，将会继承父层的可见性。如果该层没有父层，则它将是可见的。
- 可见：选择该选项，不管父层的可见性是否可见，都将会显示该层的内容。
- 隐藏：选择该选项，不管父层的可见性是否可见，都将会隐藏该层的内容。

宽：设置层的宽度。

高：设置层的高度。

Z 轴：设置层的地方顺序。该下拉列表框的值可以设置为正，也可以设置为负，值较大的层将会显示在值较小的层的上面。

溢位：该项设置仅限于 CSS 层，当层的内容超出层的范围时，可以选择以下选项进行处理。

- 可见：选择该选项，层将会向右下方宽展大小，直至层中所有内容均可见。
- 隐藏：选择该选项，将保持层的大小不变，并剪切掉任何超出的内容。
- 滚动：选择该选项，不论层的内容是否超出层的大小，都将设置滚动条。Internet Explorer 4.0 以上版本浏览器和 Netscape Navigator 6 浏览器均支持该属性。
- 自动：让浏览器自动识别，仅在层的内容超出层的大小时才出现滚动条。

置入：设置层的位置和大小。

裁切：设置层的可见部分。

9.4.8 设置"扩展"属性

在"分类"列表中选择"扩展"选项，在右侧会显示有关"扩展"的属性，如图 9.40 所示，这些属性项主要用于设置鼠标指针的形状和为元素对象使用过滤器效果。各属性项的含义分别介绍如下。

分页：设置打印时在样式所控制的元素对象之前或之后强制分页。

光标：设置鼠标指针悬停在样式所控制的元素对象之上时的形状。Internet Explorer 4.0 一下版本和 Netscape Navigator 6 浏览器支持该属性。

滤镜：设置样式所控制的元素对象的特殊效果。

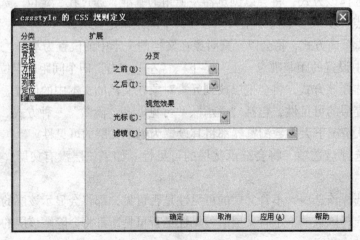

图 9.40 "扩展"属性项

课后习题

1．解释 CSS 的概念，并分析其优点。
2．Dreamweaver 8 中可以定义哪几种类型的 CSS 样式？
3．在新建 CSS 文档中新建 CSS 样式相比在本文件内新建 CSS 样式，有何优势？
4．分别解释说明 a:link，a:visited，a:hover 三种伪类选择器的用途。

课后实验

实验项目： 为网页中的超级链接添加动态效果。
实验目标： 掌握伪类选择器的使用方法，以及选择器的一些基础知识。
实验结果：
如图 9.41 所示。

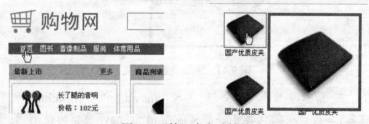

图 9.41 第 9 章实验结果

实验步骤：
1．打开我们先前建立的站点 MyWebsite，打开其首页 index.html。
2．选择导航条表格，在它的属性检查器中设置它的"表格 id"为"nav"，同样的，为"商品列表"的外侧表格设置"表格 id"为"goods"。我们为"导航条"和"商品列表"表格各指定了一个标识，目的是方便我们为不同表格中的超级链接使用不同的样式，如图 9.42 所示。

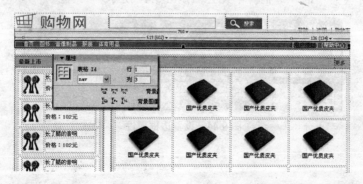

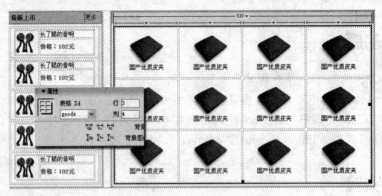

图 9.42　在属性检查器中设置表格标识

3.为"导航条"表格中的没有添加超级链接的文字添加空超级链接"#"，如图 9.43 所示。因为"a:?"型的伪类选择器无法识别没有超级链接的文字。

图 9.43　添加空超级链接

4.参照 9.3.6 节，新建一个伪类选择器，名为"#nav a:link"，在"a:link"之前加上"#nav "是为了告诉浏览器，当前定义的伪类选择器只能在 id 为"nav"表格内使用。设置"#nav a:link"的属性，"大小"为"12px"，"颜色"为白色，"修饰"选项为"无"。

5.用同样的方法新建"#nav a:visited"，"#nav a:hover"两个伪类选择器，要注意的是"#nav a:hover"的属性中，"修饰"选项要选择"下画线"。

6.为"商品列表"中的小图片，添加动态效果，使得当鼠标经过它时，小图片四周出现 1 个像素的边框，如实验结果中的图示。提示，注意给小图片设置一个空超级链接"#"。边框属性在"分类"中的"边框"中设置，如图 9.44 所示。

图 9.44　设置边框属性

—— 第 *10* 章 ——

初步认识 Flash 8

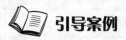 **引导案例**

乔纳森·盖伊和他的孩子——Flash

在乔纳森·盖伊还小的时候，他沉迷于建筑设计，梦想自己长大以后能够成为一个世界有名的建筑大师，整天坐在桌前写写画画设计着各种各样的房子。一天，他正对着电脑屏幕发呆，脑中突然闪过一个念头："如果通过程序设计，电脑能把人的设计思维以图像等形式表现出来，模拟结果和不断改进，而且还能按照自己的设计在电脑上显示，该多有意义！"这个想法产生之后，盖伊就开始了他新的人生路程。

为了探索计算机如何按自己的设计来运行，他选中了游戏。这时候的他还只是个初中生，经常每天放学回家就把自己关在屋子里，开始游戏研究。进入高中，盖伊的程序设计能力有了很大的提高。接着，他自己制作出了图像编辑器，并且还成功参加了学校的科技成果展览。在展览会中，他非常幸运地接触到了当时世界上最先进的个人计算机 Macintosh，当时就爱不释手了，梦想自己也能有一台这样的计算机。后来，Silicon Beach Software 公司的查理·杰克逊对盖伊产生了很大的兴趣，就送给了他一台 Macintosh，但要求他帮忙做 Macintosh 软件，如果产品能销售出去，再付给他钱。盖伊同意了，后来，乔纳森·盖伊写出了第一个 Macintosh 下具有同步的声音和平滑图像的游戏"空降兵"，并立即成为当时的畅销游戏软件。在游戏编写过程中，盖伊积累了大量关于声音、动画及它们之间如何同步、协调的技术和经验，都为后来 Flash 的出现打下了坚实的基础。

在游戏软件之后，他开始构思新一代绘图软件：采用 C++面向对象的框架，能运行在 Windows 和 Macintosh 操作系统中。根据这个想法，矢量绘图软件 Intellidraw 产生了。这个软件的最大特点是能给图形中的对象赋予各种行为，使图形变得富有生命力。1993 年，他成立了自己的公司 FutureWave Software，致力于图像的研究。1994 年 1 月，盖伊决定将绘图软件转移到以矢量绘图为基础的技术之上。根据用户的意见，他又投向动画软件的制作。1995 年正是互联网的 Web 应用兴起的时期，人们对 Web 上的图像和动画的需求越来越强烈。盖伊认为是公司施展才能的时候了。于是，第一个动画播放的软件就问世了，正式定名为 FutureSplash Animator。这也就是现在 Flash 真正的前身。

1996 年夏季，FutureSplash Animator 正式发行了。1996 年 11 月，Macromedia 公司实

在坐不住了,它认为这是块大蛋糕,于是找到乔纳森·盖伊商谈合作事宜。最终,Macromedia 公司将 50 万美元投资到盖伊经营 4 年的 FutureWave Software 公司。乔纳森·盖伊对此非常满意。于是同期,也就是 1996 年 11 月,Macromedia 公司收购了 FutureWave 公司,将 FutureSplash Animator 重新命名为 Macromedia Flash 1.0。

　　问题:计算机动画软件是如何从无到有演变而来的?经历了哪些时期?如何设计出一个优秀的动画?在电子商务的应用中又如何利用动画来添砖加瓦?有哪些与动画设计相关的软件可供我们使用?

◇ **学习目标** ◇

1. 对 Flash 有一个初步的认识。
2. 了解 Flash 是什么、Flash 的历史及 Flash 的未来展望。
3. 了解使用 Flash 能做些什么。
4. 学会正确安装软件 Flash 8 的方法。
5. 熟悉 Flash 8 的基本界面。
6. 初步了解 Flash 8 的功能与基本操作。

学习导航

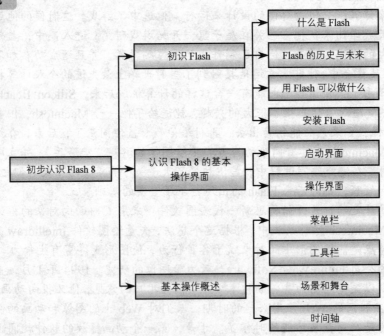

10.1　初识 Flash

10.1.1　什么是 Flash

Flash 是一种平面内容创作工具，使用者可用它来创建演示文稿、应用程序和其他 些允许同用户交互的内容，如 Internet 网页等。Flash 可以包含很多元素，如：简单的动画、音频、视频、复杂的演示文稿和应用程序等。通常，可以使用 Flash 来制作许多相关联的动画内容单元，再通过辅助添加 Flash 8 所支持的图片、声音、视频和特殊效果，轻松构建包含丰富媒体的 Flash 应用程序。

Flash 特别适用于基于 Internet 应用的场合，因为它的文件非常小。Flash 是通过广泛使用矢量图形做到这一点的。与位图图形相比，矢量图形对内存和存储空间的需求要小很多，因为它们是通过一些数学公式来描述图形的，而不是用大型数据集来表示的。这也是为什么要把 Flash 的内容放在网页制作的图书当中了。

要在 Flash 中创作内容并保存创作结果，需要在 Flash 文档文件中工作。Flash 文档的文件扩展名为.fla（FLA）。

10.1.2　Flash 的历史与未来

Flash 是一种交互式矢量多媒体技术，它的前身是 FutureSplash，后来由于 Macromedia 公司收购了 FutureSplash 以后便将其改名为 Flash。FutureSplash 是世界上第一个商用的矢量动画设计软件，20 世纪 90 年代广泛应用于 Microsoft.com 这样的大型网站部署在线交互动画，以及迪士尼（Disney）和梦工厂（Dream Works）等动画公司生产二维动画，正是因为这种高端应用，Flash 的创造者们为 Flash 提供了一些可执行的脚本指令与扩展接口，以适应不同公司工业级动画制作流程和网络上的用户交互，这为 Flash 成为一款既具备开发能力又具备设计能力的软件奠定了基础。

Flash 从 2.0 版本开始逐步完善它的脚本语言（Action Script1.0），这些语言在早期的 Flash 版本中能够控制影片播放并控制图形的绘制，实现简单的人机交互。2000 年 8 月 Macromedia 推出了 Flash5.0，并推出了全新的 Action Script2.0 语言，这是 Action Script 的一次飞跃，Flash5.0 开始了对 XML 和 Smart Clip（智能影片剪辑）的支持。其语法已经开始定位为发展成为一种完整的面向对象的语言，并且遵循 ECMA Script 的标准，就像 JavaScript 那样。在后来的 Flash6.0、Flash7.0 版本中，Macromedia 为 Flash 加入了流媒体（flv）的支持。Flash8.0 版本增加了位图滤镜功能，从 8.0 版本开始，Flash 已不能再被称为矢量图形软件，因为它的处理能力已延伸到了视频、矢量、位图和声音。

2006 年，Macromedia 被 Adobe 收购，由此为 Flash 带来了巨大的变革，2007 年 3 月 27 日发布的 Flash9.0 成为 Adobe Creative Studio CS3.0 中的一个成员，与 Adobe 公司的矢量图形软件 Illustrator 和被称为业界标准的位图图像处理软件 Photoshop 完美地结合在一起，三者之间不仅实现了用户界面上的互通和兼容，还实现了文件格式的互相转换。当然更重要的是，Flash 9.0 能支持全新的脚本语言 Action Script 3.0，Action Script3.0 是 Flash 历史上的第二次飞跃，从此以后，Action Script 终于被认可为一种"正规的"、"完整的"、"清晰的"面向对象语言。新的 Action Script 包含上百个类库，这些类库涵盖了图形、算法、矩阵、XML、网络传输等诸多范围，为开发人员提供了一个丰富而便捷的基础开发环境。随着 Action Script3.0 而来的是新的 Flash RunTime 虚拟机（VM2.0），VM2.0 的运行效率是 VM1.0 的 10~15 倍。

目前，Flash Player 在全世界计算机上的普及率高达 98.8%，这是迄今为止市场占有率最高的软件产品（超过了 Windows、DOS 和 Office 及任何一种输入法），通过 Flash Player，开发者制作的 Flash 影片能够在不同的平台上以同样的效果运行。目前，在包括 Sony PSP 及 PS3 系列，Microsoft XBox 系列，Microsoft Windows Mobile 系列的 PC 和嵌入式平台上，都可以运行 Flash。业界普遍认为 Flash 下一代主要应用平台将会出现在我们的移动设备上，LG "爱巧克力"手机是一个开拓者，它完全使用 Flash 作为手机操作系统的用户界面。

基于如此广大的 Flash Player 市场占有率，Adobe 开发和拓展出了许多延伸产品，比如网络视频会议系统、协同办公系统、销售支持对话系统等。2006 年 Adobe 还发布了新的 SWF 开发平台 Flex，Flex 是面向程序员的 Flash 开发工具，Flex 基于 IBM Eclips，包含有比 Flash 更强大的矢量用户界面系统和 XML 语言，开发者使用 Flex 可以部署 RIA 系统（Rich Internet Application），设计有良好用户体验和丰富交互特性的网站。与 Flash 相比，Flex 更加注重代码编写同时也更适用于开发大型项目。

虽然 Flash 现在已成为事实上的互联网多媒体标准，但随着微软公司各种与之抗衡的软件及平台的发布，Flash 的路开始变得崎岖，Microsoft 抛弃了 GDI、GDI+和 MFC，开发了一套全新的图形子系统 WPF，WPF 是建立在 DirectX10.0 之上的矢量图形系统，生来就具有 Flash 无法比拟的效率。

Macromedia 被 Adobe 收购之后，Flash 和 Fireworks 开发团队一部分核心人员投奔了 Microsoft，并开发了基于 WPF 的设计师软件套装 Microsoft Expression。Microsoft Expression 被认为是 Microsoft 的模仿之作，基本与现有的 Adobe 产品 Flex、Illustrotor、Dreamweaver 功能相类似，其中基于 XML 的 Microsoft Blend 几乎和 Flex 同出一辙。由此可以看到微软公司已经开始猛力地阻击 Adobe，为它的 WPF/.net Framwork3.0 战略扫清障碍。

不管未来将会如何发展，矢量图形界面已被公认为是未来操作系统/网站/应用程序/RIA 的发展方向，矢量图形界面能够给用户带来更丰富的交互体验，基于矢量图形的用户界面设计与开发将在未来成为数字艺术领域的一个越来越重要的分支。Vista 是一个纯粹的矢量图形界面操作系统，它在用户界面上的先进性已经展现得淋漓尽致，或许再过几年，当这种类型的操作系统逐步普及之时，就是矢量图形的用户界面产业蓬勃发展的时候了。

10.1.3　用 Flash 可以做什么

使用 Flash 已提供的功能，可以创建各式各样的应用程序，同时使用者和开发者仍然在不断地创造新的形式和功能。通常来说，包括以下几种形式。

（1）**动画**。包括软件宣传动画、网站横幅广告、电子贺卡、卡通动画、教学课件等。许多其他类型的 Flash 应用程序也包含动画元素。

（2）**游戏**。Flash 具有强大的程序脚本运行机制，即 ActionScript。通过编写一些交互逻辑再结合 Flash 动画，就能够制作出模式新颖、可玩性强的 Flash 游戏。

（3）**用户界面**。许多 Web 站点都引入了用 Flash 制作的用户界面。它可以是简单的导航，也可以是复杂得多的界面。在迪士尼中国的主页上（www.disney.cn），可以深切体会到用 Flash 制作的华丽的用户界面的模样。

（4）**富互联网应用**。Rich Internet Application（RIA），该技术允许我们在互联网上以一种像使用 Web 一样简单的方式来部署富客户端程序。这是一个用户接口，它用 HTML 能实现的接口更加强大和健壮。RIA 的应用可以是一个日历、股市行情查看器、购物目录等，或者任何其他提供远程数据的应用程序。

要构建 Flash 应用程序，通常需要执行下列基本步骤。

（1）确定应用程序需要执行哪些基本的任务。

（2）创建并导入媒体元素，如图像、视频、声音、文本等。

（3）在舞台上和时间轴中排列这些动画元素，以定义它们在应用程序中随时间显示的内容和方式。

（4）根据需要，对动画元素应用特殊效果。

（5）编写 ActionScript 代码来控制动画元素的行为方式，其中也包括这些元素对用户交互的响应方式。

（6）测试应用程序，确定它是否能按预期方式工作，并查找其构造中的缺陷。在整个创建过程中不断迭代测试应用程序。

（7）将 FLA 文件发布为可在 Web 页中显示并可使用 Flash Player 回放的 SWF 文件。

根据项目的具体情况和用户的工作方式，可以按不同的顺序使用上述步骤。随着对 Flash 及其工作流程的不断熟悉，用户会发现一种最适合自己的工作方式。

10.1.4 安装 Flash

1．Flash 8 系统要求

在安装和使用 Flash 8 之前，首先了解一下该软件对软、硬件环境的要求。这样才能顺利执行 Flash 8 的程序和播放 Flash 8 的文件。

Flash 8 对计算机系统的要求如下：

- CPU：800MHz Intel Pentium III 处理器（或同等处理器）及更好的处理器。
- 操作系统：Windows 2000，Windows XP。
- 内存：256MB（建议采用 1G 以上内存）。
- 显示：分辨率 1024×768。
- 硬盘：650MB 可用磁盘空间。

如果具有这些配置，就可用安装和运行 Flash 8 了。

2．Flash 8 安装步骤

步骤 1：在计算机启动的情况下，在光驱中放入 Flash 8 的安装光盘。通过光盘的自动运行安装程序，或者用户自己运行光盘中的安装文件，首先会弹出自解压文件对话框，如图 10.1 所示。

步骤 2：Flash 8 安装程序完成自解压后，会自动弹出一个欢迎使用向导对话框，如图 10.2 所示。

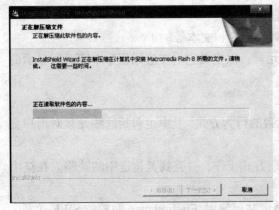
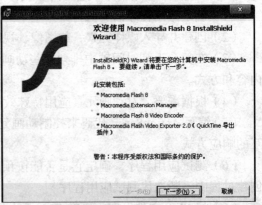

图 10.1 自解压文件对话框　　　　　　　图 10.2 欢迎使用向导对话框

步骤 3：单击[下一步]按钮。出现 Flash 8 许可证协议对话框。如图 10.3 所示，仔细阅读协议后，选择"我接受该许可证协议中的条款"选项，单击[下一步]按钮。

步骤 4：此时，安装向导会弹出一个安装路径对话框，如图 10.4 所示。如果用户需要自定义安装路径，可以单击[更改]按钮，并通过弹出的路径选择对话框来选择目标路径；另外，用户还可以在[选择要创建的快捷方式]选项组中选择要创建的快捷方式。单击[下一步]按钮。

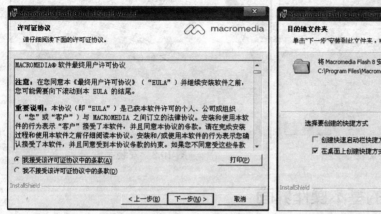
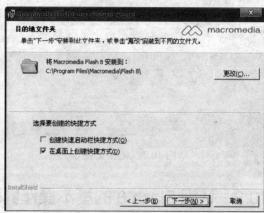

图 10.3　许可证协议对话框　　　　　　　图 10.4　选择安装路径和快捷方式

步骤 5：这时，弹出安装 Macromedia Flash Player 对话框，如图 10.5 所示，确认安装 Macromedia Flash Player 播放器插件，单击[下一步]按钮。

步骤 6：这时安装程序将显示"已做好安装准备"对话框。如图 10.6 所示。如果不满意的话，还可以单击[上一步]按钮，查看或更改安装设置；否则单击[安装]按钮，开始安装，安装过程如图 10.7 所示。

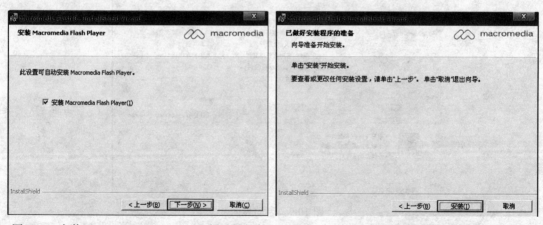

图 10.5　安装 Macromedia Flash Player 播放器插件　　　　　图 10.6　开始安装

步骤 7：安装过程完成后，弹出如图 10.8 所示的安装完成对话框，单击[完成]按钮完成安装。

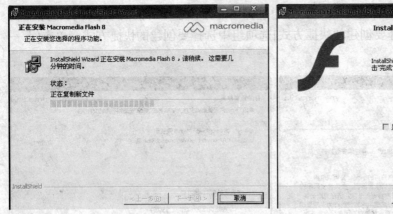

图 10.7　正在安装　　　　　　　　　　　　图 10.8　安装完成

10.2　认识 Flash 8 的基本操作界面

10.2.1　启动界面

启动 Flash 8 之后，首先映入眼帘的就是启动界面，如图 10.9 所示。

图 10.9　启动界面

我们可以看到，启动界面主要被划分成三部分，分别是"打开最近项目"、"创建新项目"和"从模板创建"。

（1）打开最近项目——用户可以在这栏查看和打开最近使用过的文档。

（2）创建新项目——该栏中用户可以创建多种 Flash 8 所支持的文档，包括：Flash 文档、Flash 幻灯片演示文稿、Flash 表单应用程序、ActionScript 文件、ActionScript 通信文件、Flash JavaScript 文件、Flash 项目。对于普通用户来说，第一项创建 Flash 文档是最常用的。

（3）从模板创建——这一栏里列出了 Flash 8 能够创建的常用模板类别，包括个人数字助理、全球电话、幻灯片演示文稿（如图 10.10 所示）、广告、日本电话、测验（如图 10.11 所示）、演示文稿及窗口应用程序（如图 10.12 所示）等。

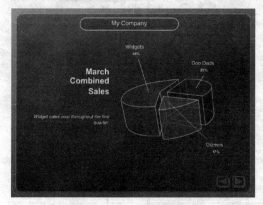

图 10.10　演示文稿模板　　　　　　　　图 10.11　测验模板

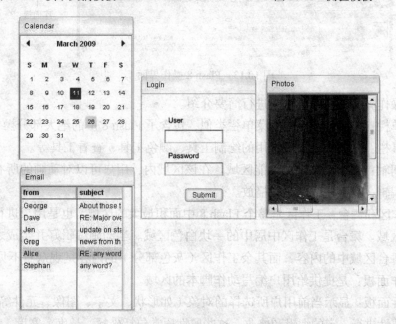

图 10.12　窗口应用程序模板

10.2.2 操作界面

在启动界面中的创建新项目栏中选择新建 Flash 文档，我们将看到新建出来的一个空白 Flash 文档，如图 10.13 所示。

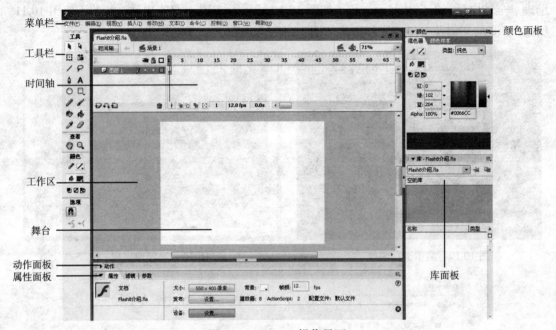

图 10.13　Flash 8 操作界面

下面对操作界面上的各个部分进行简要介绍。

（1）菜单栏：与其他软件中的菜单栏类似，包含了 Flash 8 中的绝大部分操作。

（2）工具栏：主要提供了最常用的绘制工具、颜色工具、查看工具等。

（3）时间轴：控制动画帧的功能区域。在该区域内，用户可以对动画的所有帧或者某一些帧进行编辑，然后进行时序的播放。

（4）工作区和舞台：工作区是整个 Flash 8 中面积最大的区域，也是用户进行动画设计的最主要的区域。舞台是工作区中居中的一块白色区域。当动画编辑好并生成之后，观众只能够看到舞台区域中的内容，而其余工作区（灰色部分）的内容是观众看不见的。

（5）动作面板：是提供给用户编写动作脚本的区域。

（6）属性面板：显示当前用户所选择的对象（如形状、文字、图像、元件等）的属性，并能够对其属性进行一定的编辑和修改。这些属性通常包括坐标、长度、宽度、颜色等。

（7）颜色面板：主要是提供对颜色进行多样化设计和调整的功能。在该面板内，用户不仅叮以定义单—颜色，还可以定义渐变色、透明度等。

（8）库面板：用于存放和显示动画库的区域。我们将在后面的实例中进行相应的讲解。

10.3　基本操作概述

卜面我们将对上面提到的不同的部分进行详细一点的介绍。其中有一些内容超出了本书大纲的范围，另外，使用 Flash 8 来制作动画是需要大量的实践训练的，过多的文字和理论介绍不如实例来得有意义。因此我们只选择重要的部分进行一些讲解，目的在于让大家在开始上手动画之前大致了解 Flash 8 中的基本元素。

10.3.1　菜单栏

1．[文件]菜单
主要包括一些打开、保存、关闭、导入导出、打印及设置等与文档相关的常用操作，如图 10.14 所示。

2．[编辑]菜单
该菜单中包括复制、粘贴、选择、撤销等操作，另外还有查找和替换功能及各种参数的设置，如图 10.15 所示。

图 10.14　[文件]菜单

图 10.15　[编辑]菜单

3．[视图]菜单

主要用于屏幕显示的控制，如缩放等视图比例的调整，工作区的显示与隐藏，网格或辅助线的显示与隐藏等，如图 10.16 所示。

4．[插入]菜单

该菜单所包含的功能都是与插入对象有关的。如插入新建元件、插入图层、插入场景、插入时间轴特效等，如图 10.17 所示。

图 10.16　[视图]菜单

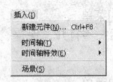

图 10.17 [插入]菜单

5．[修改]菜单

主要用于修改各种动画中各种不同对象的属性和形状，以及调整和控制动画中多个对象之间的排列及相对位置，如图 10.18 所示。

6．[文本]菜单

主要是一些与文字设置和文本段落设置的功能，包括字体、字号、样式、拼写检查等，如图 10.19 所示。

图 10.18　[修改]菜单

图 10.19　[文本]菜单

7. [命令]菜单

该菜单提供了命令功能集成。用户可以扩充这个菜单，以添加不同的命令。这些功能对于初学者来说并不常用，我们也不作过多的介绍，如图 10.20 所示。

8. [控制]菜单

用户可以使用这个菜单所提供的内容，对动画进行播放、停止、后退、前进的操作，以及测试和调试等。总的来说，控制菜单就相当于电影动画的播放控制器，如图 10.21 所示。

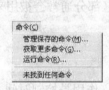

图 10.20　[命令]菜单　　　　图 10.21　[控制]菜单

9. [窗口]菜单

该菜单的作用主要是调整和设置 Flash 8 界面上各种面板和工作区的特性并能够设置面板的显示和隐藏等，如图 10.22 所示。

10. [帮助]菜单

与其他软件一样，在该菜单中，软件也提供了对自己的介绍及为用户准备的帮助手册和升级支持。

10.3.2　工具栏

工具栏包括 4 部分，分别是绘图工具栏、查看工具栏、颜色工具栏和选项工具栏，如图 10.23 所示。工具栏中的按钮基本上都是制作动画过程中最常用的工具，具体内容我们将在第 11 章的实例中进行演示说明。

图 10.22　[窗口]菜单

229

图 10.23　组成工具栏的四个部分

10.3.3　场景和舞台

场景，顾名思义就是一小段动画，通常一个完整的动画故事是由几个场景连接起来完成的。场景的划分是人为的，可以根据剧情或者是用户自己任意的需要来制定。对于特定的某一个场景，用户可操作的范围就是整个工作区及时间轴。舞台就是最终动画形成观众所能够看到的矩形部分（白色区域）。而舞台区域外的工作区部分通常会被用来完成一些辅助性的工作，就像真实世界中的后台一样。

10.3.4　时间轴

Flash 8 中的时间轴（Timeline）和 PhotoShop 中的类似，作用是控制时间。时间轴类似于一个时间从左向右推移的表格，它用列表示时间，用行表示图层。在舞台上，较高图层中的内容显示在较低图层中的内容的上面。时间轴是 Flash 中最重要的工具之一，用它可以查看每一帧的情况，调整动画播放的速度，安排帧的内容，改变帧与帧之间的关系，从而实现不同效果的动画。

课后习题

1．Flash 在用于基于 Internet 应用的时候有很大的优势，其原因有哪些？

2．创作好的 Flash 内容以文件的形式保存于硬盘中，该文件的扩展名是什么？

3．Flash 的功能十分强大，通常可以用来制作_____、_____、_____和_____。

4．时间轴是 Flash 中最为重要的工具之一，通过查询相关资料，弄清楚什么是帧率。当帧率达到多少时，人的眼睛会认为画面是连贯的？

课后实验

实验项目：将第 2 章课后实验 Logo 中的小车用 Flash 8 制作成具有动态效果的动画。

实验目标：掌握 Flash 8 的基本界面和功能块设置，以及工具栏、属性面板、图层和时间轴的基本使用方法。

实验结果：

如图 10.24 所示。

图 10.24 第 10 章实验结果

实验步骤：

1. 新建 Flash 文档。

2. 选择工具栏中的"线条工具" ，根据 Logo 中小车的形象在舞台中绘制一个大小相似的小车骨架，如图 10.25 所示。

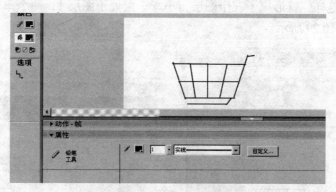

图 10.25 绘制小车骨架

3. 选择工具栏中的"椭圆工具" ○，并在属性面板中设置线条色和填充色均为灰色。为小车骨架添上两个轮子，如图 10.26 所示。（提示：轮子最好不要画成正圆形，以微椭为宜，这样在实现滚动的时候才会比较有效果。）

图 10.26 绘制小车轮子

4. 选择工具栏中的"选择工具" ，在舞台中用鼠标左键拖动的矩形区域，将刚才绘制出来的整个小车选中。在属性面板中，设置线条的粗细为 2，线条颜色为灰色，填充的颜色也为灰色，如图 10.27 所示。

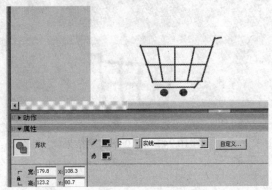

图 10.27　设置小车图形属性

5．用选择工具选中小车的两个轮子并右击轮子，在弹出的菜单中选择分散到图层，如图 10.28 所示。这样，就形成了三个图层，小车车筐处于图层 1，两个车轮分别处于图层 2 和图层 3，如图 10.29 所示。

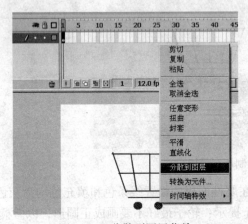

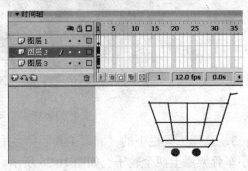

图 10.28　分散到图层菜单　　　　　图 10.29　小车轮子分散到图层 2 和图层 3

6．选择图层 2 中的图形，并在图形上右击，在弹出菜单中选择"转换为元件"，如图 10.30 所示。在弹出的面板中选中"图形"选项，并定义图形元件名称为"轮子 1"，如图 10.31 所示。按同样的操作方法定义图层 3 中的轮子为图形元件"轮子 2"。

7．左键单击时间轴中图层 2 的第 1 帧以确定当前的操作图层为图层 2。在图层 2 的第 20 帧上右击，在弹出的菜单中选择"插入关键帧"，再以同样的操作给图层 2 的第 39 帧插入关键帧。如图 10.32 和图 10.33 所示。

图 10.30　"转换元件"菜单

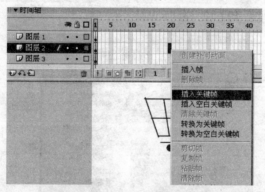

图 10.31　转换元件面板

图 10.32　插入关键帧菜单

图 10.33　在图层 2 的第 20 帧和第 39 帧插入关键帧

8. 选中图层 2 的第 20 帧，用工具栏中的"任意变形工具"，按住 Shift 键，将车轮以其中心为轴旋转 180 度（也可调出"变形"面板，在"旋转"选项中输入 180 度后按回车键。调出"变形"面板的方法是，菜单栏上的窗口→变形），如图 10.34 所示。然后再以同样的方法设置第 39 帧的图形旋转 359 度。

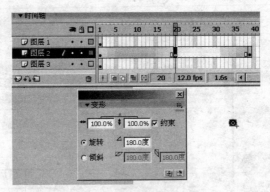

图 10.34　设置图层 2 中第 20 帧图形旋转 180 度

9. 在图层 2 的第 1 帧到第 20 帧之间的任意帧上右击，选择"创建补间动画"，如图 10.35 所示，然后在"属性"面板中选择旋转方式为"逆时针"，如图 10.36 所示。以同样的方式，创建第 20 帧到第 40 帧的补间动画。

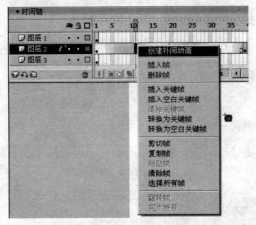

图 10.35　创建补间动画菜单

图 10.36　创建补间动画属性面板

10. 按照 7~9 步的方式，为图层 3 中的另外一个轮子做相同的操作，让这个轮子也转动起来。

11. 在图层 1 的第 39 帧上右击，选择插入帧，如图 10.37 所示。

234

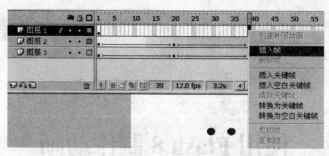

图 10.37 在图层 1 的第 39 帧插入帧

12. 选择"文件"菜单中的导出菜单项,导出影片。

13. 保存 fla 文件。

14. 用浏览器或者播放软件播放导出的影片,看看小车的轮子是不是动起来了。

第 11 章

使用 Flash 8 制作动画

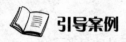 引导案例

Flash 动态网页的鼻祖——eye4u.com

http://www.eye4u.com/是 2000 年左右在世界上引领风骚的一个网站，该网站在 Flash 爱好者中有口皆碑，其名早已是如雷贯耳。这个网站是最经典的 Flash 站点之一，已获取了官方的正式认证。这个网站中充满了作者简单的大色块和大量的圆形，再加上绝佳的声音，极富动感，非常有视觉冲击力，让人有一种眼花缭乱的感觉。虽然网站的 Flash 效果看上去很炫，但是文件却不大，动画在播放的时候几乎没有什么停顿。这是因为动画中只采用了较单一的颜色和形状的图形。特别值得一提的是其中的 "Show Room"，里面有许多效果震撼的 Flash 页。这是一个千万不可错过的部分，同学们有时间可以去浏览一下这个网站，看看今天的它是什么样子。

问题：eye4u 能够在互联网上被访问到吗？浏览这个网站的时候有哪些感受？网站大致由哪些部分组成，网站可能用到了哪些技术？

◇ **学习目标** ◇

1. 对 Flash 8 这个动画制作软件有一个大概的轮廓和初步的认识。
2. 掌握 Flash 8 的使用基础。
3. 重点掌握如何使用时间轴、图层、工具栏和属性检查器。
4. 跟着示例的步骤及提示，完成一个简单动画的制作。
5. 能够举一反三，通过查阅相关的资料，自己制作一些简单的动画。

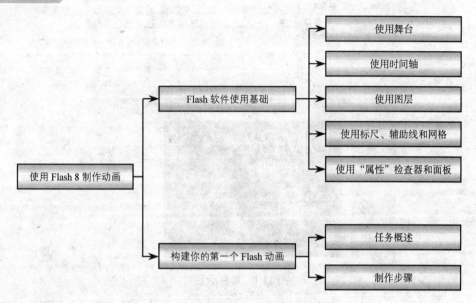

11.1 Flash 软件使用基础

本章主要以简单的实例来向大家介绍如何使用 Flash 8。在介绍具体的完整实例之前需要引入一些 Flash 8 的软件使用基础。

11.1.1 使用舞台

舞台是用户在创建 Flash 文档时放置图形内容的矩形区域，这些图形内容包括矢量插图、文本框、按钮、导入的位图图形或视频剪辑等。Flash 创作环境中的舞台相当于 Flash Player 或 Web 浏览器窗口中在播放时所显示的矩形动画范围。用户可以在工作时放大或缩小以更改舞台的视图。如图 11.1 所示。

1. 缩放

如果想在屏幕上看到整个舞台，或者是要放大观看某个特定的区域，可以更改缩放比例级别。最大的缩放比取决于显示器的分辨率和文档大小。舞台上的最小缩小比率为 8%，最大放大比率可以达到 2000%。

要放大整个舞台视野，请选择工具栏中的"缩放"工具，如图 11.2 所示，然后单击舞台中任意一处即可。另外，可以在工具栏中切换放大或缩小的状态，或者按住 Alt 键单击舞台，也可以实现放大或缩小的切换。

图 11.1　舞台示意

　　要放大舞台的特定区域，可以使用缩放工具在舞台上拖出一个矩形框，如图 11.3 所示。Flash 会根据用户拖出的矩形框自动设置缩放比例，从而使指定的矩形填充窗口视野。

图 11.2　工具栏中的放大、缩小按钮　　　　　图 11.3　鼠标拖出的放大矩形框

2．移动舞台视图

　　放大了舞台以后，可能无法看到整个舞台。手形工具可以帮助用户移动舞台，从而不必重新调整缩放比例即可对其他部分进行修改。若要移动舞台视图，在工具栏中选择手形工具。如果在使用其他工具时希望临时切换到手形工具，可以按住空格键，并在工具栏中单击该工具后，拖动舞台。另外使用鼠标滚轮，或者是拖动舞台右侧和下侧的滚动条也可

以实现移动舞台视图的功能。

11.1.2 使用时间轴

1. 时间轴

时间轴用于组织和控制动画内容在一定时间内播放的图层数和帧数。与胶片一样，Flash 文档也将时间长度划分成帧。图层就好比堆叠在一起的多张幻灯胶片一样，每个图层都包含属于自己层的不同的图像。时间轴主要是由图层、帧和播放头等组成的，如图 11.4 所示。

图层区域位于时间轴的左侧。每个图层中包含的帧显示在该图层名的右侧。时间轴顶部的标题指示帧编号。播放头指示当前在舞台中显示的帧。播放 Flash 文件时，播放头从左向右播放时间轴中的每一帧。

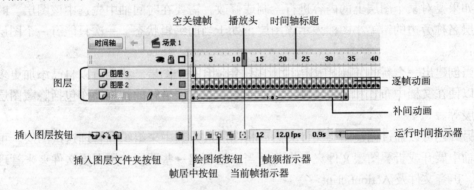

图 11.4　时间轴的布局和使用

2. 使用帧和关键帧

关键帧的概念来源于传统的卡通片制作。在动画制作室内，熟练的高级动画师设计卡通片中的关键画面，也就是所谓的关键帧，然后由一些一般的动画师将已经设计好的关键帧之间的部分补充起来。将关键帧连同普通帧按照固定的时间间隔时序播放，就形成了所谓的动画。

非关键的帧叫做普通帧，普通帧可以人为创建，也可以由 Flash 帮助用户自动生成。创建帧或关键帧的方法是，在某个图层的某一帧上单击鼠标右键，选择插入帧或者插入关键帧。这些新插入的帧或关键帧上的对象会默认与时间轴上当前时刻之前的最近关键帧的内容相同。

3. 在时间轴中处理帧

在时间轴中，可以创建帧和关键帧，也可以对已经创建好的帧和关键帧进行修改或是改变帧的顺序，让它们按照你想象的样子和顺序进行排列并播放。我们可以对帧或关键帧进行如下修改：

- 对帧和关键帧进行插入、选择、删除和移动操作；
- 将帧和关键帧左键拖拽到同一图层中的不同位置，或是拖到不同的图层之中；
- 复制和粘贴帧与关键帧；
- 将关键帧转换为帧。

关于时间轴和帧及基于帧创建动画的内容将在下一节中，借助实例向大家介绍。

11.1.3　使用图层

图层就像透明的幻灯片一样，在舞台上一层层地向上叠加。我们可以在某个图层上绘制和编辑该图层上的对象，而不会影响其他图层上的对象。如果一个图层上没有任何内容，那么就可以透过它看到下面图层上的东西。

如果要对某个图层上的内容进行绘制或修改，需要在时间轴中先选中该图层。时间轴中图层名称旁边的铅笔小图标表示该图层正处于当前编辑状态。一次只能有一个图层处于活动状态。

当创建出一个新的 Flash 文档时，它只会包含一个图层。我们可以自己添加更多的图层，以便在文档中布置和管理动画与其他元素。对图层进行的常规操作包括隐藏图层、锁定图层等。

另外还可以通过创建图层文件夹然后将图层放入其中来组织和管理这些图层。可以在时间轴中展开或折叠图层文件夹。推荐适当多地创建一些图层并用图层文件夹来管理这些动画、声音文件及 ActionScript。

另外，使用引导层能够创建特殊的动画效果，可以使绘画和编辑变得更加容易，而使用遮罩层可以帮助用户创建复杂的效果。

图层和图层文件夹的布局和使用如图 11.5 所示。

1．创建图层和图层文件夹

若要在时间轴中创建新的图层，则单击时间轴底部的"插入图层"按钮，而希望创建新的图层文件夹，则需要单击时间轴底部的"插入图层文件夹"按钮，如图 11.4 所示。

图 11.5　图层和图层文件夹的布局和使用

2．查看图层和图层文件夹

在工作过程中，可能需要显示或隐藏图层或文件夹。时间轴中图层或文件夹名称旁边的红色叉符号表示它处于隐藏状态；锁头符号表示它处于被锁定状态。如果某图层是被锁定的，那么该图层对用户是可见的，但用户不能对其进行任何修改。单击时间轴中图层或文件夹名称右侧的"眼睛"列，可以隐藏该图层或文件夹。再次单击它可以显示该图层或义件夹。仕生成 SWF 动画文件并播放时，文档中即便是被隐藏的图层也会显示出来，因为隐藏图层功能只是为了防止动画制作者们在操作眼花缭乱的图层内容时发生错误操作。

为了帮助用户区分对象所属的图层，Flash 8 用不同颜色来显示不同图层上的图形对象的轮廓。用户可以对每个图层使用的轮廓颜色进行更改。若要查看图层上的内容轮廓，单击图层名称右侧的"轮廓"列可以显示该层上所有对象的轮廓，再次单击它可以关闭轮廓显示；若要更改图层的轮廓颜色，双击时间轴中图层的图标，然后在弹出的对话框上选择喜欢的轮廓颜色。

3．组织图层和图层文件夹

用户可以在时间轴中随意安排图层和文件夹，从而形成自己的图层结构。图层文件夹的特点就是提供一个树形结构，能够让用户以树形结构来管理和组织自己的图层。可以展开或折叠文件夹来查看该文件夹包含的图层，而不会影响其他任何图层。文件夹中可以包含图层，也可以包含其他文件夹，这使得组织图层的方式很像计算机操作系统中的文件目录的组织方式。

若要将图层移动到图层文件夹中，则将该图层或图层文件夹名称拖到目标图层文件夹名称中。该图层或图层文件夹将出现在时间轴中的目标图层文件夹中。

11.1.4　使用标尺、辅助线和网格

Flash 可以显示标尺和辅助线，以帮助用户精确地绘制和布局对象。用户可以在舞台中显示辅助线，然后使对象贴紧至辅助线，也可以打开网格，然后使对象贴紧至网格。

1．使用标尺

当显示标尺时，它们显示在文档的左边缘和上缘。用户可以更改标尺的度量单位，将其默认单位（像素）更改为其他单位。在标尺下移动舞台上元素时，将在标尺上显示几条线，指出该元素的尺寸。

显示或隐藏标尺：单击"视图"菜单后选择"标尺"。

指定文档的标尺度量单位：单击"修改"菜单，然后选择"文档"，从对话框左下角的"标尺单位"菜单中选择一个单位。

2．使用辅助线

如果显示了标尺，可以将水平和垂直辅助线从标尺拖动到舞台上。可以移动、锁定、隐藏和删除辅助线，也可以使对象贴紧至辅助线，更改辅助线颜色和贴紧容差（对象与辅助线必须有多近才能贴紧至辅助线）。可以在当前编辑模式（文档编辑模式或元件编辑模式）下清除所有辅助线。如果在文档编辑模式下清除辅助线，则会清除文档中所有的辅助线。如果在元件编辑模式下清除辅助线，则会清除所有元件中所有的辅助线。

显示或隐藏绘画辅助线：选择"视图"菜单→"辅助线"→"显示辅助线"。

打开或关闭"贴紧至辅助线"：选择"视图"→"贴紧"→"贴紧至辅助线"。

移动辅助线：

（1）选择"视图"→"标尺"以确保显示标尺；

（2）使用选择工具，单击标尺上的任意一处，将辅助线拖至舞台上需要的位置。

删除辅助线：在辅助线处于解除锁定状态时，使用选择工具将辅助线拖到水平或垂直标尺。

锁定辅助线：选择"视图"→"辅助线"→"锁定辅助线"。

设置辅助线参数：选择"视图"→"辅助线"→"编辑辅助线"。

清除辅助线：选择"视图"→"辅助线"→"清除辅助线"。

如果在文档编辑模式下，则会清除文档中所有的辅助线。如果在编辑元件模式下，则只会清除元件中所使用到的辅助线。

3．使用网格

当在文档中显示网格时，所有场景中的插图之后会显示一系列的直线。用户可以将对象与网格对齐，也可以修改网格线颜色和网格的大小。

显示或隐藏绘画网格：选择"视图"→"网格"→"显示网格"。

打开或关闭贴紧至网格：选择"视图"→"贴紧"→"贴紧至网格"。

设置网格参数：选择"视图"→"网格"→"编辑网格"。

11.1.5 使用"属性"检查器和面板

Flash 提供了许多种自定义工作区的方式，以满足用户的需要。使用"属性"检查器和面板可以查看、组织和更改动画、图形和其他资源及其属性，可以显示、隐藏面板及调整面板的大小，还可以将面板组合在一起并保存自定义面板设置，以使工作区符合用户自己的偏好。"属性"检查器会根据用户正在使用的工具或资源，显示不同的功能提示。

1．关于"属性"检查器

使用"属性"检查器可以很容易地访问舞台或时间轴上当前选定项的最常用属性，如图 11.6 所示。用户可以在"属性"检查器中更改对象或文档的属性。"属性"检查器可以显示当前文档、文本、元件、形状、位图、视频、组、帧或工具的信息和设置。当选定了两个或多个不同类型的对象时，"属性"检查器会显示选定对象的总数。

图 11.6 显示文本工具的属性的"属性"检查器

2．关于"库"面板

"库"面板是存储和组织在 Flash 中创建的各种元件的地方，它还用于存储和组织导入的文件，包括位图图形、声音文件和视频剪辑，如图 11.7 所示。"库"面板使用户可以组织文件夹中的库项目，查看项目在文档中使用的频率，并按类型对项目排序。对"库"面板的详细使用将会在下一节的实例中向大家展示。

图 11.7　"库"面板

3．关于"动作"面板

"动作"面板使用户可以创建和编辑对象或帧的 ActionScript 代码，如图 11.8 所示。选择帧、按钮或影片剪辑实例可以激活"动作"面板。根据所选的内容，"动作"面板标题也会变为"按钮动作"、"影片剪辑动作"或"帧动作"。接下来本章中的若干实例将会向大家介绍简单的 ActionScript 的使用方法和相关工具，更多高级的使用"动作"面板和编写 ActionScript 代码（包括切换编辑模式）的更多信息，请参阅其他以 Flash 和 ActionScript 为主要内容的书籍。

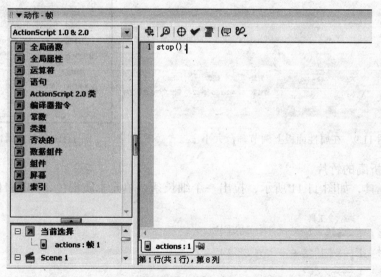

图 11.8　只包含一个 stop 动作的帧

11.2　构建你的第一个 Flash 动画

对于刚接触 Flash 动画制作的同学来说，上一章的内容就显得有点枯燥了。接下来要引入的就是一个对于初学者来说比较容易接受的实例。

11.2.1 任务概述

假设现在有一部古装动画片，片名就在一把中国古代风格的扇子上。当扇子徐徐展开时，片名就呈现在了观众面前。我们在这一节中所要完成的任务，就是制作一把能够展开的扇子。

11.2.2 制作步骤

1. 新建文件，设置基本参数

首先新建一个 Flash 文件，命名为"折扇"。进入制作界面之后，先要根据折扇的大小调整舞台的大小。单击界面下方的属性面板中的"大小按钮"。如图 11.9 所示。

在随后弹出的"文档属性"对话框中，可以设置舞台的大小及帧频率等参数。就本实例来说，我们需要设置舞台大小为 720×576，帧频率为 25fps，如图 11.10 所示。

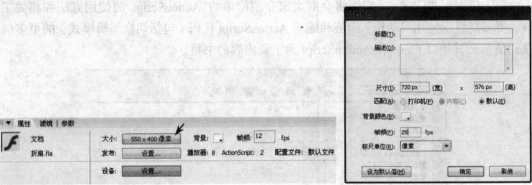

图 11.9　在属性面板上调节舞台大小　　　　图 11.10　文档属性对话框

2. 绘制折扇的竹片

用矩形工具，如图 11.11 所示，拉出一个细长条，填充木质褐色，如图 11.12 所示。

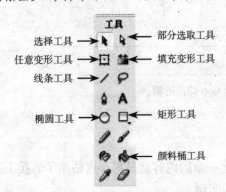

图 11.11　矩形工具　　　　　　　　图 11.12　颜色选择工具

选择了矩形工具之后，鼠标会变成十字状，然后用户只需要在舞台区按下左键后拖动，就可以绘制矩形了。

颜色选择工具栏由两部分组成，上面是用来设置线条颜色的，下面是用于设置填充颜色的。

当用户选择了设置线条颜色或者填充色之后，会弹出一个颜色选择面板，如图 11.13 所示。另外用户也可以在 Flash 8 界面右侧的颜色面板中进行设置，如图 11.14 所示。如果没有找到这个面板，可以通过以下设置来让其显示："窗口（W）"菜单→"混色器"。

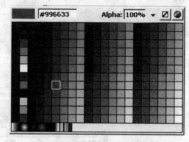

图 11.13　颜色选择面板

图 11.14　颜色面板

绘制好的褐色矩形条应该如图 11.15 所示。

图 11.15　褐色矩形条

但光是这样一个矩形条是远远不够的，竹片形状确切地说应当是上宽下窄。我们就用"部分选取工具"，如图 11.11 所示，来进行调整。选取左上端点，如图 11.16 所示，然后通过键盘上的"↑"按钮来调整矩形的左上角点。同理，再选择左下端点，然后通过键盘上的"↓"按钮来调整矩形的左下角点。调整好的样子如图 11.17 所示。

图 11.16　用"部分选取工具"选择矩形的左上角点

图 11.17　完成后的竹片

最后将画好的竹片转换成"元件"。具体方法是，用"选择工具"，如图 11.11 所示，配合 Shift 键来选取竹片（包括竹片的轮廓和内部填充），或者是用左键拖出一个选择框，将要选择的部分包含在框中。然后按键盘上的 F8，接着会弹出一个用于设置元件的对话框，如图 11.18 所示。填写好名称，选择好类型之后，单击"确定"。我们将会看见一个叫做"竹片"的元件出现在"库"面板中，如图 11.19 所示，这样的话，如果以后需要改动竹片，直接修改元件就可以了。要是没有在界面的右侧找到"库"面板，可以通过以下设置来显示它："窗口（W）"菜单→"库（L）"。

通过将绘制好的某些简单图形转换成元件，有助于提高动画制作的效率。因为在动画制作的过程中通常会用到一些重复出现的图形或者动画。那么只需要将这些重复出现的部分制作成元件，保存在库中，我们就可以重复地使用它了。并且当这些重复部分需要修改时，可以避免重复操作。

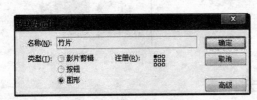

图 11.18　元件转换对话框　　　　　　　　　　　图 11.19　"库"面板

3. 复制竹片，组成折扇骨架

现在的任务是制作许多相同的竹片，并且摆放成折扇的样子。这时可以利用变形工具里的"复制并应用变形"来完成。按 Ctrl + T 来显示"变形"面板，如图 11.20 所示。

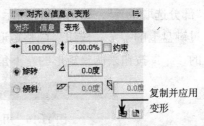

那么接下来，我们希望利用"变形"面板中的"复制并应用变形"（见图 11.20）功能来同时实现竹片的复制及旋转摆放。但是在此之前必须先对之前绘制好的竹片元件进行"注册点移动"。这里的注册点，实际上就是旋转变形时的转轴。在工具栏上选择"任意变形工具"，如图 11.11 所示，然后选中竹片元件，这时在其上会出现一个小圆点，如图 11.21 所示，这个小圆点就是所谓的"注册点"。我们将"注册点"调整至竹片转动轴的位置，如图 11.22 所示。

图 11.20　"变形"面板

之后，在变形设置里，设定旋转 15 度，如图 11.23 所示，然后多次按"复制并应用变形"按钮，复制成一个半圆，删除最右边的一根竹片（折扇一般不会是半圆），如图 11.25

所示。然后将所有的竹片作为一个整体顺时针旋转 7.5 度，如图 11.24 所示，目的是把扇子调正。结果如 11.26 所示。

图 11.21　选中竹片元件，出现"注册点"

图 11.22　调整"注册点"

点击"复制并应用变形"（15 度）

图 11.23　"变形"面板

输入完后敲回车

图 11.24　复制并应用变形（7.5 度）

图 11.25　复制并旋转后删除最右边的竹片

图 11.26　整体顺时针旋转 7.5 度

4．制作转轴和扇面

接下来，就需要利用到时间轴中的图层功能了。到目前为止，我们的竹片都是画在一个图层之中的。整个扇子是由许多竹片、转轴和扇面组成的，并且运动的方式都不一样。为了后续的动画能够更加简单便捷地实现，我们需要将以上所有的部分分散到各个图层中。选中所有的竹片，单击鼠标右键，选择"分散到图层"。这样一来，我们就把各个竹片放入了不同的层当中，如图 11.27 所示。由于层与层之间存在上下关系，因此右边的竹片层次要比左边竹片的层次高。为了区别各个竹片，我们可以为不同的竹片层添加序号，如图 11.28 所示。

图 11.27　分散竹片到各图层　　　　图 11.28　修改图层名称

　　把图层 1 的名字改成"转轴"后，我们开始绘制折扇的转轴。先选中图层 1 的第 1 帧，这样才能确保我们接下来的绘图能够画在图层 1 上。另外，也可以将所有的竹片层后方的"小锁头"图标点上，来确保不会将图画在竹片层上，也不会轻易地将竹片层中已有的东西弄乱。在工具栏中选择"椭圆工具"（见图 11.11），并设置好填充颜色为"黑白放射渐变"，如图 11.29 所示，然后在竹片应该摆放转轴的位置画上一个转轴，如图 11.30 所示，画的时候可以按住 Shift 键来拖动鼠标，这样就可以确保画出一个标准的圆形了。

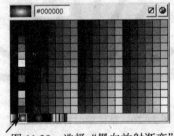

图 11.29　选择"黑白放射渐变"

图 11.30　添加了转轴后的折扇

　　接下来就要绘制扇面了。首先新建一个图层并且命名为"扇面"，然后根据折扇的半径绘制一个大圆，如图 11.32 所示。在画大圆的时候，可能会遇到大小不合适需要微调的情况，我们可以利用属性面板中的宽高调整工具来进行微调，如图 11.31 所示。然后选择圆圈，按 Ctrl+C 复制该圆圈，接下来鼠标右击后选择"粘贴到当前位置"，这样在同一个位置就有了两个圆圈，目的是让其中一个保持不变，而另外一个发生圆心不移动的缩小，来达到图 11.33 的效果。具体操作方法为：选择工具栏上的"任意变形工具"，

图 11.31　通过属性面板调整宽高

再选中　个外圈，然后按住 Alt + Shift 拖动鼠标，执行等比例、同心缩小到适当的位置。

图 11.32　绘制折扇外圈圆形

图 11.33　通过变形形成内圈圆形

接下来沿着左右两侧最下面的竹片的下缘，用工具栏上的"线条工具"，如图 11.11 所示，画上两条直线，目的是将这两个圆不需要的部分切除。将多余的直线和弧线选中后删除，如图 11.34 箭头所示。最终的结果如图 11.35 所示。

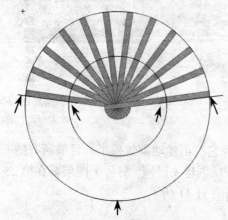

图 11.34　将多余的线删除

图 11.35　扇面的轮廓形成

我们可以发现，已画好的扇面的轮廓形成了一个封闭区域，下面我们就要在这个封闭区域中填充图案，让扇面看上去漂亮一些。在颜色面板上的"类型"下拉框中选择位图，如图 11.36 所示，然后会提示导入图片。选择需要导入的图片，然后在工具栏上选择"颜料桶工具"，如图 11.11 所示，在扇面区域填充。我们将看到如图 11.37 所示的填充图案。

很明显，这个扇面上堆满了小的位图块，为了使我们选中的位图放大到整个扇面，我们在工具栏上选择"填充变形工具"，如图 11.11 所示，然后单击扇面区域，会出现一个蓝色矩形框,如图 11.37 所示。我们只需要拉住该蓝色矩形框的变形缩放点,调整到适当位置,扇面的绘制就成功了,如图 11.38 所示。把制作好的扇面转换成元件,并且调整扇面图层所在的位置,让其处于最右边竹片所在图层的下面、其余竹片图层的上面,如图 11.39 所示。

图 11.36　在颜色面板中选择位图填充

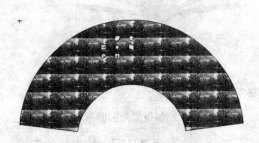

图 11.37　位图填充后的扇面

图 11.38　填充好的扇面

图 11.39　图层顺序调整后的情况

5. 产生动画效果

该画的我们都已经画好了,下面要做的就是为它们创建动画效果了。目前所有的图层都只包含 1 帧,我们现在要在时间轴上为所有的图层创建关键帧。对每个图层都在第 25 帧处插入关键帧,如图 11.40 所示。插好后的效果如图 11.41 所示。

图 11.40　为每个图层都插入关键帧

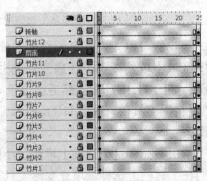

图 11.41　插入关键帧后的情况

为了方便起见，把扇面、转轴图层锁定，然后在第 1 帧的位置，把所有的竹片位置转动到左侧重合，形成折扇关闭时的状态。旋转竹片的操作可以利用之前说到的"变形面板"工具，也可以自己手动转动竹片使其重合，如图 11.42 所示。

在所有的竹片图层中，选择创建补间动画，如图 11.43 所示。这样，就有了折扇打开的雏形了，我们可以按回车键测试一下效果。但是扇面还没有跟着动，于是我们选中扇面图层的第 1 帧，将其旋转到与竹片们重合，然后创建补间动画，如图 11.44 所示。按回车键，我们可以看见扇面跟着竹片跑了。

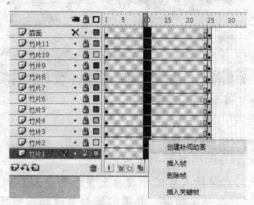

图 11.42　所有的竹片重合到最左侧竹片位置　　　图 11.43　为图层创建补间动画

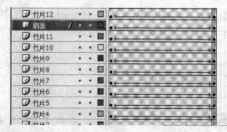

图 11.44　转动后的扇面和创建好补间动画的图层情况

怎样才能让扇子跟着竹片，竹片打开多少扇面就显示多少呢？这时就需要利用到遮罩了，遮罩的特性就是使这个区域内的被罩物体都可以看见。换句话说，如果我们利用了遮罩，并且使得被罩部分只有扇面区域，那么无论扇面怎么跑都只能显示在这个扇面区域内的东西。在扇面上新建一层图层，命名为遮罩。复制"扇面"图层中最后一帧完全打开时的扇面，在"遮罩"图层的第 1 帧里，选择"粘贴到当前位置"。最后，再为"遮罩"层和"扇面"层建立遮罩关系，如图 11.45 所示。再播一下试试，是不是看上去有折扇从闭合到打开的效果了。

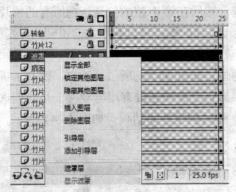

图 11.45　建立遮罩关系和建立完成后的情况

　　如果希望生成能够播放的 SWF 文件，只需要执行"Ctrl ＋ 回车"的操作就可以了。生成的文件会在当前目录下。

 ## 课后习题

　　1. 如何放大或缩小舞台上显示的内容？如何用快捷键实现在放大和缩小工具的切换？

　　2. 在时间轴中，普通的帧与关键帧有何区别和联系？

　　3. 图层有何作用？如何创建一个图层？图层和图层之间相互遮挡和叠加的顺序是怎样的呢？

　　4. 如果在 Flash 8 软件中同时打开两个文档，这两个文档的"库"是否是共享的呢？

　　5. 查阅相关资料后，学会如何检查动作面板中的脚本代码是否正确无误？

课后实验

　　实验项目： 将第 2 章课后实验 Logo 中的文字部分用 Flash 8 制作成具有动态效果的动画，并和第 10 章的动态小车整合在一起，形成一个整体的动态 Logo。

　　实验目标： 掌握 Flash 8 的常用功能，熟悉大多数工具的用法。

　　实验结果：

　　如图 11.46 所示。

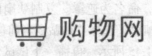

图 11.46　第 11 章实验结果

实验步骤：

1．新建 Flash 文档，设置文档的舞台大小为 200×80 像素。

2．选择工具栏中的"文本工具" **A**，在舞台中恰当的位置绘制上文字"购物网"。

3．用工具栏中的"选择工具" ，选中上一步绘制出的文字，在属性面板中修改文字的字体、大小和颜色，使之与第 2 章 Logo 中的文字在字体、大小和颜色上一致。

4．选中文字后右击，在弹出的菜单中选择"分离"，将文字分为三个单独的字。再选中这些分散后的文字，右击，选择"分散到图层"。

5．选中"购"字所在的图层的第 1 帧，用工具栏中的"任意变形工具"选中"购"字，将注册点移动到字的最左端。

6．在"购"字图层的第 10、11、15、19、20 帧分别插入关键帧，再回到第 1 帧处，用"选择工具"将"购"字平行移出舞台，如图 11.47 所示。

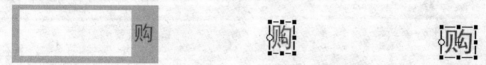

图 11.47　将"购"字平行移出舞台　图 11.48　将"购"字向左边压扁　图 11.49　将"购"字向右拉长

7．选中第 11 帧，把"购"字向左边压扁，如图 11.48 所示，第 15 帧把"购"字向右拉长，如图 11.49 所示，并用方向键向右平移 4 个像素，第 19 帧再把"购"字向左压扁。

8．分别在第 1、11、15 帧处创建补间动画。

9．选中"物"字所在的图层，将第 1 帧移动到第 6 帧的位置，即向右移动 5 帧。使得 1~5 帧为空白帧，在该图层中不显示任何东西。重复 5~8 步的步骤，只是相应的帧号都要向后移动 5 帧。

10．选中"网"字所在图层，将第 1 帧向后移动 10 帧，其余的操作与 5~8 步类似，但需要注意的是，前两个字是从舞台的右边飞入舞台中央的，而"网"字需要从上往下飞入。

11．同时选中三个图层的第 60 帧，右击选择"插入帧"，将这三个图层延长到第 60 帧，如图 11.50 所示。再将这三个图层统一向后移动 10 帧，如图 11.51 所示。

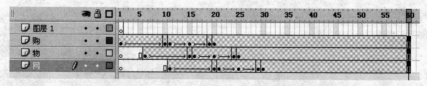

图 11.50　将三个图层延长到第 60 帧

12．导入第 10 章制作的小车动画文件（ch10-小车.swf）。选中图层 1 的第 1 帧，从"库"面板中将小车影片剪辑拖入舞台，并放在适当的位置。

图 11.51　将三个图层统一向后移动 10 帧

13．在图层 1 的第 10 帧插入关键帧，在第 70 帧处"插入帧"，再重新选中图层 1 的第 1 帧，将小车向右平移出舞台。在第 1 帧处创建补间动画。

14．导出为 SWF 文件，并保存 fla 文件。

第 *12* 章

HTML 基础

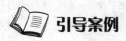

做一个真正的程序员

在 Dreamweaver 中，打开前面所创建的站点 MyWebsite，并打开 index.html 文件，将文档视图的模式选择为代码视图。这时可以看到，Dreamweaver 将我们在可视化界面下编写的网页，自动翻译成了 HTML 代码。而这些代码才是网页的真正面目，Dreamweaver 中设计视图中所显示的内容其实是和浏览网页的用户看到的内容一样的，所以，Dreamweaver 是一个所见即所得的网页编程工具。如图 12.1 所示。

图 12.1　Dreamweaver 中的 HTML 代码

还记得吗，在第 1 章中，我们并未使用 Dreamweaver，却也编写了一个简单程序，这时我们所用的编程语言就是 HTML。可以看到，如果我们能够很好地掌握 HTML 语言,不需要使用任何编程工具，直接使用 TXT 文档，也能编写出很漂亮的网页。所以，只有掌握了 HTML 语言，我们才能掌握网页编程的精髓，才能成为一个真正合格的网页设计师。

......

问题：HTML 语言是一种什么类型的语言？它与我们常见的 C 语言、VB 语言、JAVA语言有什么区别？

◇ **学习目标** ◇

1. 了解 HTML 语言的基本概念。
2. 掌握网页的基本结构。
3. 重点掌握 HTML 语言中的标记及其属性。
4. 掌握 head 标记和 body 标记的用法。
5. 了解网页特殊符号、颜色值、IMG 标记。

学习导航

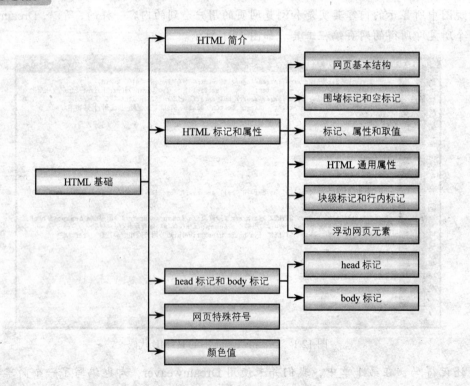

12.1　HTML 简介

HTML 英文全名为 Hyper Text Markup Language（超文本标记语言），1989 年蒂姆·伯纳斯·李在 SGML 基础上设计出 HTML 语言，他被称为万维网之父，1994 年 10 月蒂姆·伯纳斯·李创办 W3C（万维网联盟，World Wide Web Consortium）组织，目前 HTML 规范由 W3C 维护。HTML 经历多次版本，1997 年 12 月 W3C 推荐标准为 HTML4.0，1999 年 12 月 W3C 公布了在 4.0 版本基础上经过微小改进的 HTML4.01，其后 W3C 按 XML 规范对 HTML4.0 重新组织推出了 XHTML。在 2004 年 W3C 启动了 HTML 5 草案的计划，并于 2008 年 1 月推出 HTML 5 草案初版，而 HTML 5 推荐版本预计于 2010 年 9 月发布。本书主要以 4.0 为基础，关于 HTML 4.0 的具体内容可访问 W3C 网站：http://www.w3.org/ TR/html4/。

HTML 是一种描述性语言，并非程序语言，使用 HTML 规范编写的网页文件是一种格式化文本文件，用于规定网页内容在浏览器中的显示样式。任何文字编辑器都可以编辑网页，只要能将文件另存成 ASCII 纯文字格式即可，但使用专业的可视化网页编辑软件更方便高效。

既然网页是格式化文本文件，就含有格式控制符，HTML 的格式控制符写在小于号 "<" 和大于号 ">" 之间，称为网页标记符或网页标签等，标记符不分大小写，标记符名和小于号之间不能留有空格，如<P>。不同的网页标记具有不同的功能，如 b 标记：和，其中表示 b 标记开始，表示 b 标记结束，而在和之间的文字，在浏览器中将显示为加粗；又如 i 标记用于定义斜体，在<i>和</i>之间的文字将显示为斜体。

12.2　HTML 标记和属性

12.2.1　网页基本结构

网页标记符将网页源文件组织成一个有格式的文本文件，一个标准的网页文本格式如下。

```
<html>
 <head>
  <title>简单网页实例</title>
 </head>
 <body>
   网页主体
 </body>
</html>
```

以上 HTML 标记表示网页的开始和结束，一个 HTML 网页有头部和主体，位于 head

标记之间的为网页头部，位于 body 标记之间的为网页主体，其中 head 标记中的次级标记 title 用于定义在浏览器窗口标题栏中显示的文字。

12.2.2　围堵标记和空标记

网页标记符可分为围堵标记与空标记。有开始标记和结束标记的称为围堵标记，如 12.1 节中的 b 标记和 i 标记就是围堵标记。围堵标记对于开始和结束标记之间所有内容均产生作用，而有的标记只作用于本身，并不需要结束标记，称为空标记。如 hr 标记，<hr>将在浏览器中显示一条水平线，又如换行标记
的作用是将标记后所有内容显示于下一行，可见结束标记于它是没意义的。

对于空标记的写法，HTML 与 XHTML 之间存在差异。HTML 中空标记不需要结束标记，但在 XHTML 中，空标记也必须被正确关闭，需要在">"前加上斜杠，如<hr/>、
。

如果在编写网页时，混淆了空标记和围堵标记，不需要结束标记的空标记也加上了结束标记，由于一般来说浏览器对于错误标记具有容错性，大部分情况下对网页正常显示不会有什么影响。但如果应该有结束标记的忘了添加，则网页在浏览器中的显示很可能会出现问题。

12.2.3　标记、属性和取值

网页标记可分为定义区和作用区，定义区即开始标记的尖括号"<>"之间，作用区即该标记在网页中所影响的区域，围堵标记的作用区为开始标记和结束标记之间的区域。在对作用区内容作格式定义时，有的标记符需要加上一些参数（标记属性），如在<font color="red">和</font>之间的文字颜色将显示为红色，在 font 标记中，color 是其属性，取值为 red，标记的多个属性之间以空格为分隔符，属性取值一般写在双引号或单引号中间。

HTML 标记作为一种网页内容的格式控制符，其功能及在浏览器中的表现效果则由浏览器厂商实现。为了使各浏览器对 HTML 标记的实现效果能够统一，便于网页和开发和移植，需要制定一个通用标准，目前该标准由 W3C 组织制定和维护。然而有时当浏览器形成垄断趋势时，如微软的 IE 浏览器，厂商出于本公司技术或商业上的一些目的，会私自制定一些不符合 W3C 标准的标记符。这一类非标准标记符有可能得不到其他浏览器的支持，导致网页在某些浏览器中显示出现异常，因此作为一个合格的网页开发人员，应尽量避免使用非 W3C 标准的 HTML 标记和属性。

有些标记或属性在 HTML4.0 中被 W3C 列入不建议使用的属性，这些标记或属性在新的架构中有了更好的替代方法，将逐渐被淘汰，在将来新的 HTML 版本中可能成为废弃的标记或属性。出于兼容性考虑，浏览器会继续支持被列入不建议使用的标记或属性。在 W3C 的技术文档中，另有一类属于"废弃"的标记或属性，只作存档备案，而不能保证浏览器支持。对于 W3C 不建议使用的，下面均以"不建议"注明。

对于 W3C 不建议使用的标记和属性，本书仍作介绍，原因在于：首先，这些标记和属性曾经被广泛使用。新的 HTML 标准的正式版推出，到各浏览器厂商在浏览器新版本中的全面支持 HTML 新标准，再到新版浏览器被用户普遍使用仍需要较长一段时间。即便 HTML 新标准被普遍使用，在新标准中被弃用的 HTML4.0 标记和属性仍将会在 Internet 上各网站的网页中存在，新版本浏览器仍将会在很长一段时间内继续支持。因此，有必要对这些标记和属性进行了解。其次，学习和理解这些标记和属性的特性也有助于更好地理解 HTML 新标准中它们的替代选择。

网页源码格式可以看做一个树状结构，整个网页由网页元素组成。如 12.2.1 小节中的网页基本结构，顶层的是 html 元素，在 html 元素下面包含两个子元素 head 和 body，其中 head 元素中又有子元素 title 元素。网页元素的类型即网页标记符名，网页元素属性即标记属性。在一个网页中，有些类型的网页元素只能出现一个，如 html、head、body 等，但有的类型可以出现很多个，如 b 标记用于定义文字加粗，可以反复出现。

虽然网页元素的标记符名可以相同，但每个网页元素都是唯一的，可以给网页元素加上 id 作为区别，在同一网页中，id 具有唯一性，不能有重复。如下网页源码，网页中有两个类型为 b 的网页元素，id 分别为 b1 和 b2，其中 b2 又是 b1 的子元素。

```
<html>
  <head></head>
  <body>
   <b id="b1">这是 b1 元素
    <b id="b2">这是 b2 元素</b>
   </b>
  </body>
</html>
```

由于 HTML 标记规范的版本经常更新，浏览器有时会无法识别新标记符，为了保持兼容性，对于无法识别的标记符，浏览器一般忽略标记符定义，而只显示标记符作用区间的网页内容，如下面网页中有一 abcde 标记，浏览器并不能识别，因而忽略标记符中的属性，而只在网页中显示文字"这是 abcde 标记"。

```
<html>
  <head></head>
  <body>
   <abcde color="red" size="7">这是 abcde 标记</abcde>
  </body>
</html>
```

12.2.4　HTML 通用属性

不同的 HTML 标记拥有各自的特殊属性，均被定义于 W3C 组织技术报告和出版物（http://www.w3.org/TR/）的 HTML 标记描述之下。然而有些属性则在别处定义，并不单属于某个标记符，这些属性是通用于每个标记的核心属性和语言属性及事件属性（有个别例外），称为 HTML 通用属性，描述如下。

id 属性：用于指定网页元素的标识符，该标识符必须在当前文档是唯一的，不允许有两个标记符的 id 属性取值相同。该属性取值对大小写敏感，即 id 取值为 "element1" 和 "Element1" 表示不同的元素。

class 属性：用于给网页元素分配一个类名，不同元素的 class 属性取值可相同，该属性取值对大小写敏感。

lang 属性：该属性用于指定网页元素的属性取值和文本内容的语言代码。

dir 属性：设置网页元素内文本方向或表格输出方向，可选取值有 LTR 和 RTL，分别表示自左向右（Left-To-Right）和自右向左（Right-To-Left）。

title 属性：设置网页元素的提示文字，注意和 title 标记性质不同。

style 属性：样式定义，用于指定该网页元素的 CSS 样式。

align 属性（不建议）：用于指定块级网页元素（如表格、图像、段落等）中的对齐方式，其取值对于不同的网页元素可能不同，可选取值有：left、center、right、justify，分别表示左对齐、居中对齐、右对齐和两端对齐。该属性为 W3C 组织不建议使用的属性。

事件属性：事件属性用于指定当有 HTML 事件发生时所执行的脚本代码。包括窗口事件属性（仅 body 和 frameset 有效）onload、onunload，表单元素事件属性（仅在表单元素中有效）onsubmit、onfocus、onblur 等，键盘事件属性 onkeydown、onkeyup、onkeypress，鼠标事件属性 onmousedown、onmouseup、onclick 等。

12.2.5　块级标记和行内标记

网页标记可分为块级（Block-Level）标记和行内（Inline）标记两类，块级标记所定义的网页元素称为块级元素（Block Element），就是以块状显示的元素，其高度和宽度都可以设置。块级元素在浏览器中显示默认状态下将独占一整行。和块级标记相对应的行内标记定义行内元素（Inline Element），也称内联元素，内联元素不独占一行。块级标记和行内标记的区别见以下例子。

如 p 标记为一块级标记，如下为包含 p 标记的网页源码：

```
<html>
  <head></head>
  <body>
```

```
       开始<p>p 标记</p>结束
  </body>
</html>
```

浏览器打开网页后显示如图 12.2 所示。

从 p 标记在网页中的显示可看出，p 标记独占一行，示例中 p 标记和前面的文字"开始"及其后的文字"结束"都不在同一行。

行内标记如 b 标记，将以上例子中的 p 改为 b，网页源码如下：

```
<html>
  <head></head>
  <body>
    开始<b>b 标记</b>结束
  </body>
</html>
```

浏览器打开网页后显示如图 12.3 所示。

图 12.2　块级标记显示效果　　　　　图 12.3　行内标记显示效果

从图 12.3 网页显示效果可以看出，b 标记所定义的网页元素不独占一行，b 标记和前面的文字"开始"及其后的文字"结束"都显示在同一行。

12.2.6　浮动网页元素

以上我们介绍的块级元素独占一行，行内元素则嵌入在行内。然而网页中还有一种浮动显示效果，既不独占一行，也不局限于一行内，可以跨行显示，如图像元素 img，例子如下，其显示效果如图 12.4 所示。

```
<html>
  <head>
    <title>浮动网页元素</title>
  </head>
```

```
<body>
```

SSL (Secure Socket Layer)为 Netscape 所研发，用以保障在 Internet 上数据传输之安全，利用数据加密（Encryption）技术，可确保数据在网络传输过程中不会被截取及窃听。SSL 协议位于 TCP/IP 协议与各种应用层协议之间，为数据通信提供安全支持。<img align=left alt="一幅图片" style="background-color:pink;width:100px;height:50px">SSL 协议可分为两层：SSL 记录协议（SSL Record Protocol），它建立在可靠的传输协议（如 TCP）之上，为高层协议提供数据封装、压缩、加密等基本功能的支持；SSL 握手协议（SSL Handshake Protocol），它建立在 SSL 记录协议之上，用于在实际的数据传输开始前，通信双方进行身份认证、协商加密算法、交换加密密钥等。

```
</body>
</html>
```

图 12.4   图像浮动显示效果

例中图像元素并没有加载图片，而只显示替换文字。我们看到图像元素并没有独占一行，也没有显示在一行内，而是跨了三行，这是浮动显示的效果。我们以文档流空间来说明，即块级元素和行内元素都占据了文档流空间，当元素本身在横向和纵向不能完全填充其占据的文档空间时，就可留出多余空间，而浮动元素并不占用文档流空间，文档会环绕在浮动元素块周围显示。

12.3   head 标记和 body 标记

HTML 网页分为头部和主体，头体标记符 head 中一般不含网页显示内容，只提供与网页相关的一些特定信息，主体标记 body 中内容则在浏览器窗口显示。

12.3.1　head 标记

在 head 标记中也可包含其他标记符，如浏览器窗口标题标记符 title、样式标记符 style、脚本标记符 script，关于 style 标记和 script 标记将在后面重点介绍，这里介绍一个 head 中的重要标记 meta 标记。

meta 标记是一个辅助性标签，是对网站发展非常重要的标记，它可以用于鉴别作者、设定页面格式、标注内容提要和关键字，及刷新页面等。meta 标记根据其包含的属性及其功能可分如下两组。

1．name 属性与 content 属性

name 属性用于描述网页，它是以名称/值形式出现的名称，name 属性的值所描述的内容（值）通过 content 属性表示，便于搜索引擎机器人查找分类。其中比较重要的是 description，keywords 和 robots。

description：用于定义网页简短描述，如<meta name=" description" content="网页描述文字">。

keywords：用于定义网页关键词，如<meta name="keywords" content="life, universe, mankind, plants…">。

robots：用于定义网页搜索引擎索引方式，<meta name="robots" content="terms">，terms 是一组使用逗号分割的值，通常取值有：none, noindex, nofollow, all, index 和 follow。

2．http-equiv 属性与 content 属性

http-equiv 属性用于提供 HTTP 协议的响应头报文，它是以名称/值形式出现的名称，http-equiv 属性的值所描述的内容（值）通过 content 属性表示，通常为网页加载前提供给浏览器等设备使用。其中最重要的是 content-type 和 charset 提供编码信息，refresh 刷新与跳转（重定向）页面，no-cache 页面缓存，expires 网页缓存过期时间。

content-type：提供网页的编码信息，如<meta http-equiv="content-type" content="text/html; charset=gb2312">，charset=gb2312 表示使用中文 gb2312 编码。

refresh：用于刷新与跳转（重定向）页面，如<meta http-equiv="refresh" content="5">表示 5 秒刷新本页面，又<meta http-equiv="refresh" content="5; url=http://www.sohu.com">表示 5 秒后跳转到搜狐网站。

no-cache：用于定义页面缓存，如<meta http-equiv="pragma" content="no-cache">表示不缓存页面。

expires：用于设定网页的过期时间，一旦过期就必须从服务器上重新加载。时间必须使用 GMT 格式时间，如<meta http-equiv="expires" content="Sunday 26 October 2008 01:00

GMT">。

12.3.2 body 标记

网页 body 部分即网页主体，由 body 定义，其作用区域为整个浏览器窗口客户区。body 标记具有如下属性。

text（不建议）：用以设定文字颜色，取值为各种颜色值，颜色取值的表示见 12.5 节。

link（不建议）：设定一般文字链接颜色。

alink（不建议）：设定链接刚按下时文字颜色。

vlink（不建议）：设定链接已被访问之后的文字颜色。

background（不建议）：设定背景图片来源文件，图片 URL 可以是绝对地址或相对地址。

bgcolor（不建议）：设定背景颜色，当已经设定了背景图片时背景会失去作用。

如以下源码将在浏览器中显示为红色文字，蓝色背景的网页。

```
<html>
  <head></head>
  <body text="red" bgcolor="blue">
    body 标记属性
  </body>
</html>
```

12.4 网页特殊符号

由于网页使用了"<"和">"作为网页标记符定义，因此对于"<abc>"这样的文字，浏览器会当做标记符，不会显示字符"<"，如果想显示"<"和">"，则需要用特殊符号的方法显示。网页特殊符号有两种表示方法："&符号名称;"和"&#符号编码值;"，一些常用的特殊符号所对应的符号名称和编码如表 12.1 所示。

表 12.1 常用特殊符号

符 号 名	符号编码	显示效果	符 号 名	符号编码	显示效果
空格			除号	&divide;	÷
小于号	&lt;	<	加减符	&plusmn;	±
大于号	&gt;	>	版权	&copy;	©
双引号	&quot;	"	注册商标	&reg;	®
乘号	&times;	×	连接符	&amp;	&

因此如果想要在浏览器中显示"<abc>"，则对应的网页源码应为"<abc>"，而使用符号编码的方式显示"<abc>"，则源码为"<abc>"。

在网页特殊符号中比较特殊的是空格，网页源码中的多个空格或回车均只在浏览器中显示为一个空格，其他符号使用符号编码和符号名称具有相同的显示效果，而空格则不同，若要在网页显示连续多个空格，只能使用特殊符号名" "。如下网页源码两行文字，第一行字母 a 和字母 b 中间是空格符号名称表示的连续三个空格，而第二行则是以空格编码方式表示的三个空格，在图 12.5 显示结果中可看出第二种方式不能达到理想效果。

```
<html>
 <head></head>
 <body>
  a   b<br>
  a&#32;&#32;&#32;b
 </body>
</html>
```

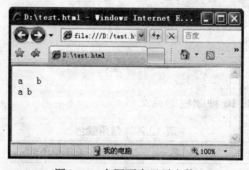

图 12.5　在网页中显示空格

12.5　颜色值

在各标记符属性中，有很多表示颜色的属性，如 body 标记中的 text、link、alink、vlink、bgcolor 都是颜色属性。颜色属性取值的表示方法有：颜色英文名称、RGB 颜色值，颜色英文名称可表示的颜色数量毕竟有限，只能是一些常用颜色，一般使用 RGB 颜色的十六进制值。

所有颜色均由红绿蓝三种基色混合而成，RGB 分别是红（Red）、绿（Green）、蓝（Blue）英文单词首字母。同时 RGB 也是一个系统函数，可以在表示颜色值时直接使用该函数。RGB 颜色值中三基色取值范围 0 至 255，当三种颜色都为最大值 255 时，即 RGB（255,255,255），表示白颜色，当三种颜色全为 0 时，即 RGB（0,0,0），表示黑色。RGB 颜色中任一基色的取值大小均表示含该颜色的多少，取值越大所表示颜色越浅，因此 RGB

（255,0,0）表示红色，RGB（0,255,0）为绿色，三基色大小相同时为灰色，RGB（240,240,240）是浅灰，RGB（80,80,80）为深灰。

如以下源码将在浏览器中显示为红色文字，蓝色背景的网页。

```
<html>
  <head></head>
  <body text="RGB(255,0,0)" bgcolor="RGB(0,0,255)">
    body 标记属性
  </body>
</html>
```

在网页中对于 RGB 颜色的表示一般使用 RGB 颜色所对应的十六进制表示，每一种基色使用两位十六进制，三种基色取值合在一起并在前面加 "#" 即是 RGB 颜色值，如红色 RGB（255,0,0）写为十六进制是 "#FF0000"，将以上网页源码中颜色值转换后如下：

```
<html>
  <head></head>
  <body text="#FF0000" bgcolor="#0000FF">
    body 标记属性
  </body>
</html>
```

表 12.2 列出了常用的 16 种颜色的英文名。

表 12.2   常用颜色

RGB 颜色值	颜 色 名	RGB 颜色值	颜 色 名
#00FFFF	Aqua（浅绿）	#808080	Gray（灰色）
#000080	Navy（深蓝）	#C0C0C0	Silver（银色）
#000000	Black（黑色）	#008000	Green（绿色）
#808000	Olive（橄榄绿）	#008080	Teal（青色）
#0000FF	Blue（蓝色）	#00FF00	Lime（亮绿）
#800080	Purple（紫色）	#FFFF00	Yellow（黄色）
#FF00FF	Fuchsia（紫红色）	#800000	Maroon（褐红色）
#FF0000	Red（红色）	#FFFFFF	White（白色）

课后习题

1. HTML 语言中的标记从结构上可以分为哪两种？它们各自的书写规范是什么，请各举一例。

2．解释 HTML 语言 "<font color="green">绿色</font>" 所表示的含义。

3．HTML 语言的通用属性有哪些？它们的作用是什么？

4．网页块级元素、行内元素和浮动元素之间有什么不同？

5．在 HTML 语言中，颜色的表示有哪两种方法？

 课后实验

实验项目：分析前面章节中建立的 MyWebSite 站点 HTML 代码。

实验目标：掌握 HTML 代码的结构，常用标记及其属性和取值。

实验步骤：

1．打开我们先前建立的站点 MyWebSite，打开其首页 index.html。

2．在文档视图窗口中选择代码视图。

3．从头至尾，分析该网页代码结构，重点分析 head 标记、meta 标记、body 标记，说明它们的属性和取值的意义。

4．分析网页中其他元素标记，如 table、img、a 等，试举 5 例说明它们所包含的属性和取值的意义。

5．在此基础上，分析本校官方网站首页的 HTML 代码，查看网页源代码的具体方法是：打开本校网站首页，在页面中空白处单击右键，在弹出的下拉菜单中选择"查看源文件"。

第13章

HTML 标记

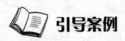

引导案例

查看 HTML 标记

用 IE 浏览器浏览一个网站，然后单击"查看"菜单，查看源文件，可以看到网页 HTML 源代码，如图 13.1 所示。在大多数情况下，网站的一个完整网页都包含了各种各样的 HTML 标记，对于初学者来说，会觉得很复杂。然而对于有志于深入地学习网页制作，熟悉并掌握这些 HTML 标记的人是必需的。HTML 标记符的数量总是有限的，在熟悉它们之后，各标记符及其属性的功能和使用方法也有一定规律可循。

对于从事网页开发的程序员，完全使用 HTML 代码编写网页效率较低，而完全依赖网页可视化制作工具也无法完成更多功能和效果，一般是网页工具和 HTML 代码两者的结合。很多时候网页工具不能很好地处理网页，毕竟软件不具有人的智能，由软件自动生成的 HTML 代码总有一些缺陷，例如，使用工具制作的下拉菜单，在导入网页后可能需要修改下拉菜单的位置等。因此在使用工具完成网页制作后，还需要手动方式修改和添加 HTML 代码，这就要求我们学会分析 HTML 标记的结构和功能。

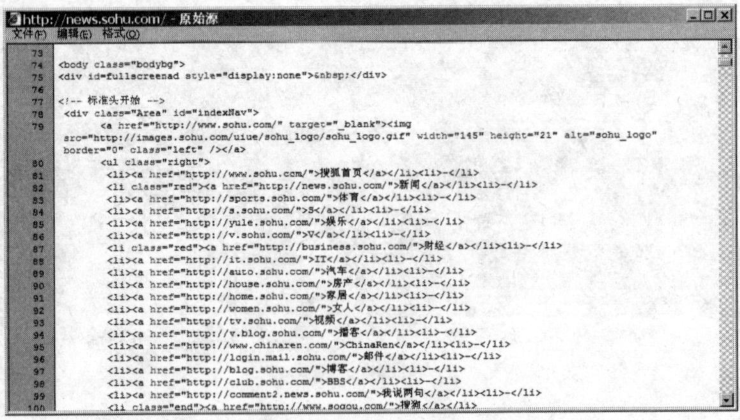

图 13.1　网页 HTML 源代码

问题：IITML 标记按其功能人致可分成哪几类？有哪些网页标记只有与其子标记合用才有作用？

1. 掌握 HTML 标记的几大类用途。
2. 了解文字排版和图像标记。
3. 掌握超级链接标记的用法。
4. 了解框架标记和图像映射。
5. 重点掌握表单标记的作用和用法。
6. 了解 object 标记的使用。

学习导航

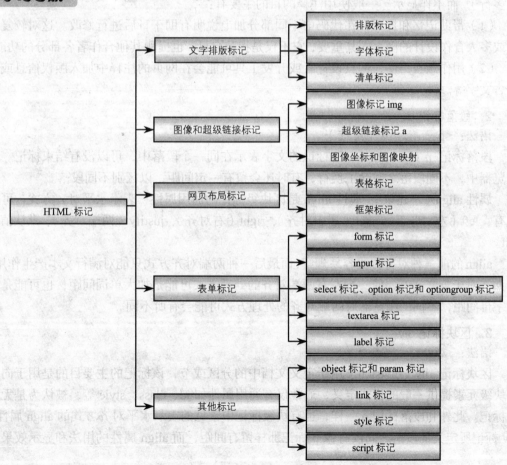

本章简要介绍 HTML 标记的用法。所介绍标记均为 W3C 标准，非 W3C 标准的标记不建议使用，可到 W3C 官网（http://www.w3.org/TR/html401/index/elements.html）查询 HTML 标记是否由 W3C 定义。HTML 标记根据其用途主要可分为文字排版标记、图像标记、超级链接标记、网页布局标记、表单标记等，以下我们将分别介绍。

13.1　文字排版标记

13.1.1　排版标记

1．注释标记

语法：<!--………-->

注释标记用于在网页源文件中插入备注文字，浏览器会忽略此标记中的文字（可以是很多行），而不作显示。一般使用注释的目的主要有：

（1）帮助记忆和提醒，在代码中不同部分加上说明有助于日后进行修改。这对较复杂的或多人合作设计的网页尤其重要，它不仅是提醒自己，也提醒其他合作者各部分的功能。

（2）用作版权声明，网页设计者或开发工具可能会在网页的注释中加入版权信息或者警告文字等。

2．段落标记 p

语法：<p>……</p>（可选）

段落标记 p（paragraph）所标识的文字表示在同一个段落中，可以没有结束标记。在浏览器中，不同段落之间除了换行，有时还会留有一定间距，以区别不同段落。

属性 align（不建议）：属性 align 是区块级标记的通用属性，表示水平对齐方式，可选值有：left（左对齐）、center（居中对齐）、right（右对齐）、justify（两端对齐）。默认值：left。

align 的前三种对齐方式容易理解，而最后一种两端对齐方式只能对满行文本产生作用，例如，对于英文文本，使一行左右两端对齐的处理方式可能是加大单词间距，也可能是加大字母间距，不同的浏览器对两端对齐的处理方式可能会有所不同。

3．区块标记 div

语法：<div>……</div>

区块标记 div（division）用于定义文档中的分区或节，该标记的主要目的是用于向一个块级元素提供一般的样式定义，通常仅有通用属性如 id、class、style 等，被认为是无格式标记。此外和段落标记 p 一样，也有块级标记中常见的表示水平对齐方式的 align 属性。div 标记所定义的段落之间没有像 p 标记那样留有间距，而 align 属性的用法和显示效果则没有不同。

4．预格式标记 pre

语法：<pre>……</pre>

预格式标记 pre（preformatted）用于定义预格式化的文本，作用是使网页按照原始文件的排列方式显示。pre 标记中的文本通常会保留空格和换车，这在某些场合如显示计算机源代码时非常有用。

属性 width（不建议）：属性 width 取值整数，表示每行的最大字符数，该属性逐渐不被浏览器支持。

5．水平分割线 hr

语法：<hr>

水平线标记 hr（horizontal rule）的作用是换行并显示水平分割线。

属性：width（不建议）、size（不建议）、align（不建议）、noshade（不建议）。

width 用于设置水平线的宽度，取值有表示绝对宽度的整数和相对宽度的百分比，取绝对宽度时，单位是像素 px（pixel）。size 规定了水平的粗细，单位像素。align 属性规定了线的水平对齐方式，可选值为：left、center、right，默认值为 left。noshade 是一个布尔属性，没有具体的取值，若加上该属性，水平线呈 2D 的纯色，默认情况该属性缺失，水平线显示为 3D 效果的双色凹槽。color 属性表示线的颜色，注意只有 IE 浏览器支持该属性。

6．换行标记 br

语法：

网页源文件中的多个空格和换行符在浏览器中一般只显示为一个空格，如果需要在网页显示产生分行效果，可使用换行标记 br，br 的作用是强制换行，令其后面的文字等内容显示到下一行。

属性：clear（不建议），clear 标记只对浮动的网页元素有影响，可选取值有 none、left、right、all，默认值为 none。该属性指定了换行发生后下一行在浏览器中的显示位置，如果网页中没有浮动网页元素，clear 属性的设置不起作用。

7．居中标记 center

语法：<center>……</center>（不建议）

center 标记的作用是对其中的内容居中显示，该标记被列入不建议使用标记，事实上它和 Div 标记加上属性 align="center"的作用完全相同。

8．引用标记 blockquote 和 q

语法：<blockquote>……</blockquote>

　　　　<q>……</q>

blockquote 标记和 q 标记用于定义一个引用文本。其中 blockquote 标记用于长文本,属块级标记,一般在 blockquote 标记中不应该仅仅是纯文本,而应包含块级元素,并且其中的文本经常会在两端产生缩进。q 标记用于短文本,是内联标记。两个标记都有属性 cite,表示引用信息的来源 URL。blockquote 标记和 q 标记在浏览器中的实现效果因浏览器而异。

13.1.2 字体标记

1. font 和 basefont

语法:<font>……</font>(不建议)

        `<basefont>`(不建议)

font 标记用于规定文本的字体尺寸和字体颜色,basefont 标记则用于定义一个基准字体,其中 font 是围堵标记,而 basefont 是空标记,在一个网页内只需要定义一个 basefont 标记。两个标记均有如下属性。

属性 color(不建议):规定文字颜色。

属性 face(不建议):定义要使用的字体名称。

属性 size(不建议):规定文字尺寸,取值 1～7。size 取值为数字表示字号尺寸大小,若在数字前加上"+"或"−",表示在基准字体大小基础上增加或减少的字号数,如基准字体大小为 5,则 font 元素中 size 取值"−2"表示定义字体尺寸为 3。若网页中没有定义 basefont,则默认基准字体尺寸为 3。

2. 字体样式标记

主要的字体样式标记有 b、i、u、strike、tt、big、small。

语法:`<b>`……`</b>`

      `<i>`……`</i>`

      `<u>`……`</u>`(不建议)

      `<strikc>`……`</strike>`(不建议)

      `<tt>`……`</tt>`

      `<big>`……`</big>`

      `<small>`……`</small>`

其中 b 标记表示设置粗体文字效果,i 标记表示斜体,u 标记为加下画线,strike 标记表示加删除线效果(另有标记 s 和 strike 作用相同,可看做 strike 标记的简写形式),tt 标记表示呈现类似打字机或者等宽的文本效果,big 标记和 small 标记分别为设置大号和小号文字效果。

3. 短语标记

短语标记包括 em、strong、dfn、code、samp、kbd、var、cite、abbr 和 acronym。

语法：<短语标记符>……</短语标记符>

短语标记用于给文本增加结构化信息，短语标记符所定义的短语元素具有具体的含义，一般只用于表示语义，而显示样式则由浏览器进行解释，有的并无特殊显示效果。

em（emphasis）短语起强调作用；strong（stronger emphasis）表示更强的强调；dfn（definition）表示一个定义项；code 定义一个计算机代码片段；samp（sample output）表示程序、脚本等的样本输出；kbd（keyboard）定义键盘文本，表示文本由用户输入；var（variable）定义一个变量或程序参数；cite 表示来源于它处的引用或参考；abbr（abbreviation）用于定义一个缩写形式；acronym 和 abbr 类似也表示一个缩写，但 acronym 表示该缩写由首字母组成。

4．上下标标记 sup、sub

语法：^{……}

_{……}

sup 标记用于定义上标（superscript）文本，Sub 标记用于定义下标（Subscript）。

5．标题文字 h1－h6

语法：<h1>……</h1>

……

<h6>……</h6>

标记 h1，h2，h3……h6 定义标题文字，h1 表示 1 号标题，字体最大，h6 为 6 号标题，字体最小。一般在浏览器中标题文字加粗显示。

6．span 标记

语法：……

span 标记和 div 有些类似，均为无格式标记，被用来组合文档中的行内元素。span 没有固定的格式，只有对它应用 CSS 样式时，才具有显示样式。span 和 div 的区别在于 div 是块级元素，而 span 是行内元素。

13.1.3　清单标记

1．ol、ul、li

语法：<ol>……</ol>

<ul>……</ul>

<li>……</li>（可选）

ol 表示有序清单（ordered list），ul 为无序清单（unordered list），li 表示清单项（list item），是属于 ol 或 ul 的项目，其中 li 的结束标记可选。属性定义如下。

属性 type（不建议）：用于设置清单项的显示样式，在有序和无序清单中 type 的取值不同。在有序清单 ol 中，type 可选取值有 "1"、"a"、"A"、"i"、"I"，默认值为数字为 "1"，表示有序清单中项目编号为阿伯拉数字，小写字母 "a" 表示编号为小写字母，小写字母 "i" 表示编号为小写罗马数字，大写字母 "A" 和 "I" 分别为大写的字母和罗马数字。在无序清单中，type 可选取值有 "disc"、"square"、"circle"，默认取值为 "disc"，表示无序清单中每一项前面加上实心圆作为标识，"square" 表示标识为方框，"circle" 是一个空心圆。

属性 start（不建议）：仅用于 ol 标记，设置有序清单的项目起始编号。如果 type 为字母，则字母 a 编号为 1，依次到 z 编号为 26，aa 编号为 27。

属性 value（不建议）：仅用于 li 标记，用于设置该清单项目的数字编号，当在无序清单中，设置 value 值并无意义。

属性 compact（不建议）：设置该属性时，清单以更紧凑的方式排列，对该属性样式 W3C 无具体规定，如何支持取决于浏览器。该属性为布尔属性，即属性并无取值，只是在标记中有此属性与没有此属性两种情况下，网页元素的样式可能不同。

清单元素可以相互嵌套，即一个清单可以作为另一个清单的项目。

2．dl、dt、dd

语法：<dl>……</dl>

<dt>……</dt>（可选）

<dd>……</dd>（可选）

dl 标记为定义清单（definition list）标记，用于名词解释，dt 是 dl 中的一个术语（definition term），dd 是和 dt 相对应的术语解释（definition description）。其中 dt 和 dd 的结束标记可选。

13.2 图像和超级链接标记

13.2.1 图像标记 img

语法：<img>

图像标记 img（image）用于在文档中插入图片，相当于定义一个装载图片的容器，该标记没有结束符。img 标记属性介绍如下。

属性 src：插入图片的 URL。

属性 alt：替换文字，当出于各种原因无法显示图片时，将在图片插入的位置显示 alt 属性所指定的替换文字，一般为图片的简短描述。

属性 longsrc：指向包含图像描述文档的 URL。

属性 width 和 height：设置图片在浏览器中显示的宽度和高度（与图片本身的宽度和高度无关），像素单位或百分比。

属性 align（不建议）：对于块级元素 align 属性用于设置块元素中内容的水平对齐方式，然而对于图片或对象等元素，该属性用于指定网页元素与其上下文之间的位置关系。可选取值有：bottom、middle、top、left、right。当 align 取值为 left 或 right 时，图片将以浮动方式显示，left 表示图片浮动于左边，right 则在右边，如图 12.3 中图片浮动显示于左边。当 align 取值为 bottom、middle 和 top 时，图片以行内显示，bottom、middle 和 top 分别表示同行文本与图片的垂直对齐方式为下、中、上。

属性 hspace（不建议）和 vspace（不建议）：这两个属性分别表示图片与其上下文之间的水平方向和垂直方向的间距，单位像素。

属性 border（不建议）：用于设置图像周围的边框粗细，单位像素。

属性 ismap 和 usemap：这两个属性的作用是设置图像为一个可视映射，可以通过鼠标对图像中的某一部分进行操作，如用鼠标点击图像中不同部位从而执行相应操作，即设置图像映射（image map），使用方法见 13.2.3 图像映射部分。

13.2.2　超级链接标记 a

语法：<a>……</a>

标记 a 是锚（anchor）的意思，有两个作用：一是通过 href 属性创建指向另一文档的超级链接；二是设置页面内锚点（书签）的功能。当鼠标处在超级链接上时，鼠标的形状会发生改变，默认超级链接鼠标形状为手形。

属性 href：href 即超级文本链接（hypertext　reference），该属性设定了所要链接的目标文档的 URL。若指定了 href 属性，则标记 a 的开始符和结束符之间的所有内容无论文字图像还是其他网页元素都变成为可点击链接，点击后跳转到 href 所规定的 URL。

属性 name：定义网页内的锚点名称，该属性对大小写敏感。

属性 hreflang：指定目标 URL 的基准语言代码。

属性 type：指定目标 URL 数据的 MIME 内容类型。MIME（Multipurpose Internet Mail Extensions）是描述消息内容类型的互联网标准，由互联网工程工作小组（IETF）定义，包括类型名和子类名，如：text/plain、text/html、application/xhtml+xml、image/gif、image/jpeg 等。

属性 rel：rel 是 relation 的缩写，指从当前文档到目标 URL 的链接关系，用于描述目标 URL 的文档相对于当前文档来说,是何种关系,可选取值有:alternate（替代页）、stylesheet（样式表）、start（起始页）、next（下一页）、prev（上一页）、contents（内容）、index（索引）、glossary（词典）、copyright（版权）、chapter（章）、section（节）、subsection（子节）、appendix（附录）、help（帮助）、bookmark（书签）。

属性 rev：指定从目标 URL 到当前文档的链接关系，是 rel 反向关系（reverse relation），可选取值和 rel 相同。

属性 charset：指定目标 URL 页所采用的字符编码。

属性 target：用于规定打开目标 URL 的框窗名。target 有四个可选取值：_blank、_parent、_self、_top。当 target 取值为"_blank"时，浏览器将在新窗口中打开目标文档；取值"_self"时，将在当前窗口打开目标文档；取值"_parent"时，浏览器将在父框架的窗口中打开文档，若当前窗口无父框架，则该值等同于"_self"；取值为"_top"时，浏览器将在当前框架的顶层框架窗口中打开文档，若当前框架无父框架，则该值等同于"_self"。若 target 取值不为上述四个可选值时，则浏览器将在 target 指定名称的框窗中打开文档。关于框窗和 target 的使用，将在框架标记中介绍。

常用的超级链接一般为文字和图像。文字超级链接中文字的颜色设置目前主要由 CSS 样式控制，此外 body 标记的 link、alink、vlink 属性可控制链接文字颜色（见 12.3.2 节）。图像链接生动形象，设置图像链接只要将 img 标记放在<a>和</a>之间即可。

13.2.3　图像坐标和图像映射

1．图像坐标系

图像坐标指在一幅图片中的某一点距离图片左边界和右边界的像素点距离。如图 13.2 所示图像坐标系中，图像左上顶点为坐标系原点，向右为 x 轴正向，向下为 y 轴正向，图中 A 点距图片左边界和上边界距离分别为 x_1 个像素点和 y_1 个像素点，则 A 点的图像坐标为（x_1, y_1）。

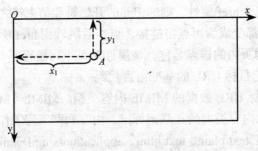

图 13.2　图像坐标系

在图像链接中，一整幅图片都作为一个超级链接，点击图片将链接到相应 URL。图像映射则允许定义一幅图的某一区域，当用户点该区域时，将执行相应的动作，图像中被定义的区域称为热区。有两种类型的图像映射，客户端映射和服务器端映射。客户端图像映射指当用户鼠标激活了指定的图片区域后，图片坐标由客户端浏览器解析，相应的链接动作也由浏览器完成。服务器端图像映射指图像区域被激活以后，鼠标点击处在图像中的坐标被送到服务器端，由服务器端进行解析并执行相应动作。

2. 客户端图像映射

客户端映射只在客户端浏览器发生，无须服务器端的交互，当鼠标位置处在图像热区上方时，和超级链接一样，鼠标形状会变为默认的手形。客户端映射包括定义图像映射及使用映射，一般由 map 标记及其子标记 area 定义映射，而属性 usemap 则用于将映射和相应的网页元素相关联，常用的含 usemap 属性的网页元素为 img。

map 标记定义图像映射，语法：<map>……</map>。属性 name 用于指定该图像映射名称。

area 标记定义图像热区，语法：<area>，没有结束符。属性 shape 用于表明热区形状，可选取值有：rect、circle、poly，分别表示矩形、圆、多边形；属性 coords 为描述热区区域的数字集，不同形状热区的数字具有不同含义；属性 href 为该热区所链接的 URL，与 a 标记的 href 属性含义相同；属性 alt 为提示文字，即当鼠标位于该热区上方时所显示的提示性文字。

以下为三种形状图像热区的实现例子。

（1）矩形图像热区的网页源码如下，在 IE 中浏览效果如图 13.3 所示。热区形状为矩形 rect，coords 属性值为四个数字，前两个数字为第一个点的坐标（0，0），后两个数字为第二个点的坐标（100，100），由两个点确定的矩形区域如图中虚框部分。当鼠标在虚框区域上方时，将显示提示文字“矩形图像热区”，点击后将链接到 href 属性指定的 URL。

```
<html>
<head>
<title>客户端图像映射</title>
</head>
<body>
<img src="Bluehills.jpg" usemap="#map1"  width=400 height=300 border=0>
<map name="map1">
<area href="http://www.baidu.com" alt="矩形图像热区"
shape="rect" coords="0,0,100,100">
</map>
</body>
</html>
```

图 13.3　矩形图像热区

（2）圆形图像热区的网页源码如下，在 IE 中浏览效果如图 13.4 所示。热区形状为圆形 circle，coords 属性值为三个数字，前两个数字为圆心的坐标（200，100），第三个数字表示半径 80，由此确定的圆形区域如图中虚框部分。

```
<html>
<head>
<title>客户端图像映射</title>
</head>
<body>
<img src="Bluehills.jpg" usemap="#map1"  width=400 height=300 border=0>
<map name="map1">
<area href="http://www.baidu.com" alt="圆形图像热区"
shape="circle" coords="200,100,80">
</map>
</body>
</html>
```

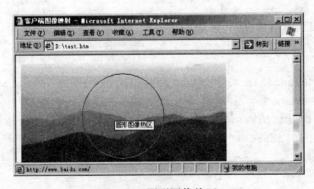

图 13.4　圆形图像热区

（3）多边形图像热区网页源码如下，在 IE 中浏览效果如图 13.5 所示。热区形状为多边形 poly，coords 属性值为 10 个数字，按序每两个数字表示一个坐标，共有 5 个坐标点，组成五边形如图中虚框部分。

```
<html>
<head>
<title>客户端图像映射</title>
</head>
<body>
<img src="Bluehills.jpg" usemap="#map1"  width=400 height=300 border=0>
<map name="map1">
<area href="http://www.baidu.com" alt="多边形图像热区"
  shape="poly" coords="150,0,0,50,100,100,200,100,300,50">
</map>
</body>
</html>
```

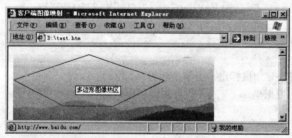

图 13.5　多边形图像热区

3．服务器端图像映射

服务器端映射一般用于图像热区的形状对于客户端映射来说过于复杂的时候。和客户端映射不同，服务器端映射并不定义图像热区，而是将鼠标在图像中的坐标附加到超级链接 URL 中，而对图像坐标的解析并执行相应动作则交由服务器端完成。

服务器端映射由标记的 ismap 属性定义，一般使用的具有 ismap 属性的为 img 标记，且 img 必须在超级链接标记 a 之内。ismap 属性为布尔属性，即属性并无显式取值，只是在标记中加和不加该属性具有不同的意义。以下是一个服务器端映射的网页例子，和普通的图像超级链接相比，同样是将整幅图片作为超级链接，区别仅在于 img 标记中加上了 ismap 属性，而浏览器在解析超级链接时，如果是指定了 ismap 属性的 img 图像，则将鼠标在图像中的坐标附加到标记 a 的 href 属性所设定的 URL 后面。如图 13.6 所示，当鼠标位于图像上方时，在 IE 浏览器状态栏中可以看到新的 URL：http://localhost/servermap.asp? 129,60，此时鼠标位置在图像的（129,60）坐标，如果移动鼠标，可以看到状态栏 URL 中坐标部分的变化。

```
<html>
<head>
<title>服务器端图像映射</title>
</head>
<body>
<a href="http://localhost/servermap.asp">
<img src="Bluehills.jpg" is map  width=400 height=300 border=0>
</a>
</body>
</html>
```

单击服务器端映射的图像链接，将链接到添加了图像坐标的新的 URL，而对该 URL 进行解析并执行相应动作则在目标 URL 的网页中进行，不同类型的服务器端网页有各自不同的方法，如本例中 servermap.asp 可能为以下代码。

```
<%
coords=request.ServerVariables("QUERY_STRING")
coords=split(coords,",")
x=coords(0)
y=coords(1)
response.write  "鼠标点击图像坐标为："&x&","&y
'以下部分代码根据坐标（x,y）执行相应动作'
'......'
%>
```

图 13.6 服务器端映射

13.3 网页布局标记

13.3.1 表格标记

表格是网页中用于组织数据的重要组件，第 5 章介绍了在 Dreamweaver 中使用表格进行布局，下面我们介绍和表格相关的 IITML 标记。表格的主要标记有表格整体标记 table，表行标记 tr，表单元格标记 th、td。此外还有关于表格简短说明的表格标题标记 caption，按行分组标记 thead、tfoot 和 tbody，按列分组标记 colgroup 和 col。如下为一个简单的表格样例源码，其显示效果如图 13.7 所示。

```html
<html>
<head>
<title>表格样例</title>
</head>
<body>
<table border=1 width=300>
<caption>年销售额汇总</caption>
<tr><th> <th>2007 年<th>2008 年
<tr><th>江苏路店<td>12.2<td>18.3
<tr><th>山西路店<td>9.1<td>10.7
</table>
</body>
</html>
```

图 13.7　表格样例

1. table 标记

语法：<table>……</table>

table 标记定义表格整体，所有其他定义表格标题、表行、表格内容或格式的标记均位于 table 标记的开始和结束符之间。

属性 summary：用于提供对该表格的建立目的和结构等信息的摘要文字说明。

属性 align（不建议）：规定表格和其上下文之间的位置关系，可选取值有 left、center、right，分别表示左对齐、居中对齐、右对齐，若取值为 left 或 right，则表格将以浮动方式显示于左或右，上下文的文字将环绕在表格右或左，若取值为 center，表格以区块方式显示，表格整体居中。

属性 width：指定表格宽度，可取值为具体数字和百分比，数字表示像素宽度，百分比表示该表格宽度相对于其父元素宽度的百分比。

属性 bgcolor（不建议）：设置表格背景颜色，默认颜色为白色。

属性 frame：设置表格周边哪些边框可见，可选取值有 void（默认取值，表示无边框可见）、above（上边框）、below（下边框）、hsides（上下边框）、lhs（左边框）、rhs（右边框）、vsides（左右边框）、box（四周边框）、border（四周边框）。

属性 rules：设置表格内部哪些单元格边框可见，可选取值有 none（默认取值，表示无边框可见）、groups（行组和列组之间的边框）、rows（单元格水平边框）、cols（单元格垂直边框）、all（所有边框）。

属性 border：设置边框线粗细，单位像素。

属性 cellspacing：指定单元格之间的间距及单元格和表格外边框之间的间距，单位像素。

属性 cellpadding：指定单元格内部边框与其内容之间的间距，单位像素。

2．tr 标记

语法：<tr>……</tr>（可选）

tr 标记用于标示表格一行，结束符可以省略。

属性 bgcolor（不建议）：设置表行背景颜色，默认颜色为 table 的背景颜色。

属性 align：规定表行所有单元格中的内容在单元格内的水平对齐方式，可选取值有 left（左对齐）、center（居中对齐）、right（右对齐）、justify（两端对齐），默认值为 left。

属性 valign：规定表行所有单元格中的内容在单元格内的垂直对齐方式，可选取值有 top（顶部对齐）、middle（居中对齐）、bottom（底部对齐）和 baseline（基线对齐），默认值为 middle。

3．td 标记和 th 标记

语法：<td>……</td>（可选）

　　　<th>……</th>（可选）

td 和 th 均为单元格标记，结束符可以省略。其中 th 为表头单元格，td 为数据单元格。th 和 td 在显示上的区别仅在于 th 中的文字默认以粗体方式显示，td 则无特殊显示效果。然而表头单元格与数据单元格在内容上则有很大的不同，数据单元格中内容为纯粹的数据，而表头单元格则主要用于数据的组织和分类，很多时候，表头单元位于表格的第一行或第一列，图 13.7 中的第一行和第一列均为表头单元格。

属性 headers：用于数据单元格中，指定与当前数据单元格中的数据相关的表头单元格 id，多个 id 以空格分隔。图 13.7 中，若"2007 年"的表头单元格 id 为"y2007"，"江苏路店"的表头单元格 id 为"sjs"，则数据为 12.2 的数据单元格可设置 heads 属性为"y2007 sjs"。

属性 scope：用丁表头单元格中，说明该单元格的表头信息所涵盖的数据单元格范围，可选取值有 row、col、rowgroup、colgroup，分别表示表头信息覆盖范围为当前行、当前列、当前行组、当前列组。如有表头单元格：<th scope="col">Type of computer</th>，可知该单元所在列的数据均表示计算机型号。

属性 abbr：用于表头单元格中，是单元内容的简略形式。如有表头单元格：<th scope="col" abbr="type">Type of computer</th>，由于 type of computer 作为一列数据概括字数较多，不够简洁，则需要用 abbr 属性将其简略为 type，若单元格内容已经够简洁，则无须以 abbr 属性另行说明，如：<th scope="col" abbr="type">type</th>，此时 th 单元中加 abbr="type"则显得多余。

属性 axis：用于表头单元格中，指定表头单元所属的数据分组，图 13.7 中值为"江苏路店"和"山西路店"的两个表头单元格均表示销售地址，则可在这两个表头单元格中添加属性 axis="address"，则值为"2007 年"和"2008 年"的两个 th 标记中可添加属性 axis="year"。

属性 rowspan：设置单元格的跨行数，默认值为 1。

属性 colspan：设置单元格的跨列数，默认值为 1。

属性 nowrap（不建议）：设置该属性时，单元格内容不允许自动拆行，该属性为布尔属性。

属性 width（不建议）：设置单元格宽度，单位像素。

属性 height（不建议）：设置单元格高度，单位像素。

属性 bgcolor（不建议）：设置单元格背景颜色，默认为 tr 的背景颜色。

属性 align：规定表行所有单元格中的内容在单元格内的水平对齐方式，可选取值有 left（左对齐）、center（居中对齐）、right（右对齐）、justify（两端对齐），默认值为 left。

属性 valign：规定表行所有单元格中的内容在单元格内的垂直对齐方式，可选取值有 top（顶部对齐）、middle（居中对齐）、bottom（底部对齐）和 baseline（基线对齐），默认值为 middle。

th 和 td 单元格的跨行属性（rowspan）和跨列属性（colspan）：主要作用是合并单元格，可用于制作较复杂的表格，如下为一个三行三列的表格例子，其显示效果如图 13.8 所示。

```
<html>
<head>
    <title>表格合并单元格</title>
</head>
<body>
<table width=100% border=1>
<tr><td colspan=3>1-1
```

```
<tr><td rowspan=2>2-1<td>2-2<td>2-3
<tr><td>3-1<td>3-2
</table>
</body>
</html>
```

图 13.8 中单元格 1-1 跨三列，对应的 HTML 代码为<td colspan=3>，单元格 2-1 跨两行，相应代码为<td rowspan=2>。需注意该表格第三行，由于单元格 2-1 跨两行，所以第三行第一列单元格 3-1 即为单元格 2-1。

图 13.8　合并表格单元格

4．行组标记 thead、tfoot 和 tbody

语法：<thead>……</thead>（可选）

　　　　<tfoot>……</tfoot>（可选）

　　　　<tbody>……</tbody>（可选）

　　　一个表格可能被分组成一个表头部分 thead、一个页脚部分 tfoot、一个或多个数据体部分 tbody，这三个标记的结束符都可省略。在网页源码中，tfoot 应当位于 tbody 之前，而在浏览器中显示时，tfoot 的页脚始终显示在 tbody 的下方，这样浏览器从网络下载含有表格数据的网页时，可以在接收完数据之前显示页脚。所有表格都包含有 tbody 部分，即便在 HTML 代码中并没有显式定义 tbody 标记。tbody 除了在内容上对数据进行分组，在显示方面，浏览器一般会在接收完一个 tbody 时即进行显示，如果一个表格的数据过多，可以使用 tbody 进行分组，在从网络下载表格时，使得表格边下载边显示，而不需要等待全部下载表格后才能看到内容。

属性 align、valign：同 td 单元格的水平对齐和垂直对齐属性。

当表格按行分组以后，若 table 标记的 rules 属性设置为 groups（组间分隔线可见）时，则 thead、tbody、tfoot 各部分之间以可见水平线分隔。

5．列组标记 colgroup、col

语法：<colgroup>……</colgroup>（可选）

　　　　<col>

属性 span：表示横跨的列数。

属性 width：设置列宽，单位像素。

属性 align、valign：同 td 单元格的水平对齐和垂直对齐属性。

colgroup 定义一个表格的列组，结束符可选，只能在 table 标记内使用。col 定义表格的一个或多个列，无结束符，只能在 table 和 colgroup 内使用。一般情况 col 属于 colgroup

中的 列，但也可以出现在 colgroup 之外。这两个标记用于类似的目的，如对表格按列设置列宽和样式，但某些属性只能作用于列组，如 table 的 rules 属性取值为 groups 时表示只有组之间的分隔线可见。

13.3.2　框架标记

1．frameset 标记和 frame 标记

语法：<frameset>……</frameset>

　　　<frame>

frameset 标记定义一个框架集，它用于组织多个框架，并设置浏览器窗口如何分割。frame 标记嵌入在 frameset 内部，是 frameset 的子标记，定义一个框架，而一个 frameset 又可以嵌套另一个子 frameset。

frameset 标记有以下属性。

属性 cols：指定窗口中每一列框窗的宽度，可取值为整数、百分数和*，*代表占用剩余宽度，取值个数对应于视窗数目，以逗号分隔。如 cols="30,*,50%"，可将浏览器窗口分为三个视窗，第一个视窗是 30 像素，第二个视窗是当分配完第一及第三个视窗后剩下的宽度，第三个视窗则占整个画面的 50%宽度，是相对宽度。

属性 rows：指定窗口中每一行框窗的高度，取值和属性 cols 类似。

frame 标记属性如下。

属性 name：用于设定该框窗名称。在 13.2.2 中，超级链接标记 a 的 target 属性取值就是框窗名，即这里 name 属性所指定的名称。若超级链接的 target 属性指定为某框窗名，当单击超级链接时，将会在该框窗中打开超级链接 URL 指向的网页。

属性 src：设定此框窗中要显示的网页文件 URL。

属性 frameborder：设定是否显示框架边框，取值 0 或 1，0 表示不显示边框，1 表示显示。

属性 longdesc：描述此框架内容的长文本的 URL。若些浏览器不支持框架且指定了该属性，则将显示 URL 所指定的文本内容。

属性 marginheight：定义框架中的顶部和底部边距。

属性 marginwidth：定义框架中的左侧和右侧边距。

属性 noresize：当设置为 noresize 时，用户无法对框架调整尺寸。

属性 scrolling：设置滚动条行为，可选取值 yes、no、auto。

注意 frameset 标记不能和 body 标记同时使用，以下为 frameset 标记使用例子，IE 中显示效果如图 13.9

图 13.9　框架标记

285

所示。可以看到，首先是通过 frameset 标记将浏览器窗口按列分为左右两部分，左边窗口宽度 150 像素，右框窗占据剩余宽度。然后是左边窗口又有一个 frameset 按行分隔为上下两部分，其中左上部分高度为 80 像素。

```
<frameset cols="150,*">
  <noframes>您的浏览器不支持 frameset 标记</noframes>
  <frameset rows="80,*">
    <frame name="upper_left" src="a.html">
    <frame name="lower_left" src="b.html">
  </frameset>
  <frame name="right" src="c.html">
</frameset>
```

2. noframes 标记

语法：<noframes>……</noframes>

若浏览器支持框架，则 noframe 开始标记和结束标记之间的内容将会被忽略。若浏览器不支持框架，使用 noframes 标记，浏览器将显示<noframes>和</noframes>之间的内容，而不是一片空白。在 frameset 标记范围内加入 noframes 标记可以提醒不支持框架的浏览器用户转用新的浏览器。

3. iframe 标记

语法：<iframe>……</iframe>

iframe（inline frame）称为内联框架，即 HTML 网页中的框架。它的作用是在一页网页中间插入一个框窗以显示另一个文件。它是一个围堵标记，但开始和结束符之间的文字句只有在浏览器不支持 iframe 标记时才会显示，如 noframes 标记一样，可以放些提醒字句之类。

属性 name、src、frameborder、longdesc、marginheight、marginwidth 和 scrolling：含义与 frame 标记相同。

属性 align：指定框架与其上下文之间的位置关系，含义与 img 标记的 align 属性相同。

属性 width 和 height：定义 iframe 框窗的宽度和高度，单位像素。

13.4 表单标记

用户访问网站，不仅仅是浏览网页信息，有时也需要输入数据并提交给网站，如在 BBS 论坛进行用户注册、登录或发帖等操作。网页中用于接收用户输入数据并提交给网站服务器的网页元素就是表单。表单的主要标记有表单整体标记 form，数据输入标记 input，选择列表标记 select 和 option，多行文本输入标记 textarea，文本标签标记 label 等，分别介绍如下。

13.4.1　form 标记

语法：<form>……</form>

form 标记是表单整体标记，其他表单元素都嵌入在 form 内部，称表单组件。

属性 action：用于指定处理表单数据的 URL，当用户提交表单时，将向该 URL 发送表单数据。该属性为必需值，否则表单无法提交。

属性 method：指定表单数据发送的方式，可选取值有 get 和 post 两种，其中 get 是默认值。get 方式将表单数据作为参数附加在 URL 末尾，而 post 方式则把表单数据放在 http 报文的数据区，因此 get 方式是显式提交，在浏览器地址栏可以看到所提交的数据。

属性 name：指定表单名称。

属性 accept：说明服务器端可接受的数据的 MIME 内容类型，是一个以逗号分隔的内容类型列表。

属性 enctype：指定表单数据所提交数据的 MIME 标准的编码类型，取值含义和 accept 相同，但 accept 是逗号分隔的多个内容类型，而 enctype 只有一个内容类型。该属性只有在以 post 方式提交时才有意义。默认值是 application/x-www-form-urlencoded，表示 post 方法提交的表单以 URL 参数的值对形式编码，当用 file 类型的 input 表单元素上传一个文件时，该属性一般取值为 multipart/form-data，表示提交的表单数据是二进制流形式。

属性 accept-charset：说明服务器端可接受的表单数据的字符编码方式，是一个逗号或空格分隔的字符集名称列表。如果可接受字符集与用户所使用的字符集不相匹配，浏览器可以选择忽略表单或是将该表单区别对待。默认值是 unknown，表示表单数据字符编码方式与包含表单的网页字符集相同。

13.4.2　input 标记

语法：<input>

input 标记是很重要的表单组件，它包含有很多变化，主要属性如下。

属性 type：指定组件类型，可选取值有 text、password、checkbox、radio、submit、reset、file、hidden、image、button，默认值为 text。

属性 name：指定表单组件名称。在提交表单数据时，该名称相当于数据变量名。只有指定了 name 值，组件中的数据才会被提交。

属性 value：指定表单组件取值。

属性 size：指定表单组件可显示宽度，一般为字符个数。

属性 maxlength：指定表单组件可输入字符的最大字符数。

属性 checked：设置该属性时，则此 input 元素首次加载时应当被选中。布尔属性，该属性只有在 input 元素的类型为 radio 或 checkbox 时才有意义。

属性 src：指定图像按钮图像 URL，该属性只有当 input 元素类型为 image 时才有意义。

属性 readonly：设置该属性时，则表单元素为只读，布尔属性。

属性 disabled：设置该属性时，则禁用此 input 元素，布尔属性。

input 表单元素随其 type 取值的不同，具有不同的功能和使用方法，在浏览器中也有不同的显示效果，以下作简要介绍。

1. text 和 password

text 和 password 都是单行文本输入框，但 text 文本框中显示输入文本原文，而 password 则将输入文本显示为*，一般用于密码输入。

2. checkbox

checkbox 表示复选框，在浏览器中鼠标点击有选中、不选两种状态。一般选中以后复选框中以打钩表示，而只有被选中的复选框才会被提交。

3. radio

radio 类型为单选框，一般需要多个 radio 形成一组才能发挥作用，单个 radio 没有意义。多个 radio 属于同组的标志是具有相同的 name 值，即单选框是以 name 作为组名。同组 radio 相互排斥，当用鼠标点击一个 radio，则选中该 radio，而同组中的其他 radio 则不被选中。

4. submit、reset、button 和 image

submit、reset 和 button 类型均表示按钮，input 元素是按钮时，value 值则为按钮中的显示文字。其中 submit 是提交按钮，点击 submit 按钮将产生一个表单提交动作。reset 是重置按钮，点击 reset 按钮将会把该表单中所有输入组件中数据恢复为初始值。button 是普通按钮，一般 button 按钮用于执行 JavaScript 脚本，只有在绑定了按钮的点击事件和相应的 JavaScript 脚本以后才有意义，否则点击后不会产生任何动作。image 类型是图像按钮，功能与普通按钮相同，但 image 按钮可通过 src 属性定义图像源，按钮中将显示 src 指定的图片，而在图像标记 image 中使用的属性也能在图像按钮中使用。

5. hidden

hidden 类型表单元素不会在浏览器中显示，是隐藏表单组件，一般用于不希望在网页中显示的数据暂存。

6. file

file 类型表单元素是文件选择框，用于上传文件时选择本地文件。这是一个封装组件，包括一个文件浏览按钮和文件名输入框。由于在选择本地文件会与客户端机子产生交互，出于安全考虑，file 类型表单组件只能由用户手动输入文件名，而不能通过 Javascript 脚本写入。

13.4.3 select 标记、option 标记和 optiongroup 标记

语法：<select>……</select>

        <option>……</option>（可选）

        <optiongroup>……</optiongroup>

select 标记和 option 标记定义了选择列表框，其中 select 标记是列表框整体标记。option 标记嵌入在 select 标记内部，定义了列表框中的选择项，option 标记中的文字内容一般作为列表项的显示文本，option 结束标记可省略。optiongroup 标记用于分组选择项，在浏览器中的显示效果一般是列表框中同组的选项文本缩排在该组标注文字下。定义一个选择列表，select 标记和 option 标记不可缺少，而 optiongroup 标记则不是必需的。

select 标记属性如下。

属性 name：指定列表框名称。在提交表单数据时，该名称相当于数据变量名。只有指定了 name 值，列表框中被选择的数据才会被提交。

属性 multiple：设置了 multiple 属性时，则该选择列表框可多选，布尔属性。

属性 disabled：设置了 disabled 属性时，则禁用该选择列表框，布尔属性。

属性 size：指定列表框中所显示的选择项数目。若 size=1 且未设置 multiple 属性时，该选择列表框呈现为组合框（下拉列表）形式。

option 标记属性如下。

属性 selected：设置了 selected 属性时，则该选项的初始状态表现为选中，布尔属性。

属性 disabled：设置了 disabled 属性时，则该选项被禁用，布尔属性。

属性 value：定义该选项取值，如果未设置 value 值，则默认为该选项中的内容。

属性 label：给选项中的文本内容定义一个简短的标注，如果设置了该选项，则 label 属性值将替代 option 标记中的内容成为列表项显示文本。

optiongroup 标记属性如下。

属性 label：定义选项组的标注文字。

属性 disabled：设置了 disabled 属性时，则该组所有选项被禁用，布尔属性。

13.4.4 textarea 标记

语法：<textarea>……</textarea>

textarea 标记定义一个多行文本输入框，一般用于大段的文本资料录入。

属性 name：指定文本框名称。在提交表单数据时，该名称相当于数据变量名。只有指定了 name 值，文本框中输入的数据才会被提交。

属性 rows：设定文本框的可显示文本的行数。

属性 cols：设定文本框的可显示文本的列数。

属性 disabled：设置该文本框被禁用，布尔属性。

属性 readonly：设置该文本框中内容为只读，布尔属性。

13.4.5　label 标记

语法：<label>……</label>

label 标记用于将表单元素的说明文字和该表单元素进行绑定，这时 label 标记中的文字将变成可点击的文字标签。

属性 for：指定 label 标记所绑定的表单元素的 id 值。

13.5　其他标记

13.5.1　object 标记和 param 标记

语法：<object>……</object>

<param>

object 标记用于在网页中插入一个对象，可以是文本、图像、声音、视频、应用程序等类型，如果 object 对象是可执行代码，一般需要在客户端机子上进行注册取得执行许可权限后才能执行。object 标记主要属性如下。

属性 name：定义对象名。

属性 data：定义对象所引用数据的 URL。

属性 type：定义 data 属性所指定数据的 MIME 内容类型。

属性 codebase：定义在何处可找到对象所需的代码，提供一个基准 URL。

属性 classid：定义嵌入在 Windows 注册表或者某个 URL 中的对象类的 ID 值。可以用来指定浏览器中包含的对象的位置，取值是绝对或相对 URL，如果设置了 codebase 属性值，URL 是相对于 codebase 指定的基准 URL，否则，是相对于当前文档的 URL。

属性 codetype：通过 classid 属性所引用的代码的 MIME 内容类型。

属性 declare：当设置了 declare 属性，该 object 对象定义被看做一个声明，浏览器不会进行创建对象操作。

属性 standby：定义当对象正在加载时所显示的文本。

属性 archive：该属性值是一个空格分隔的 URL 列表，其中每个 URL 指向一个在显示或执行对象之前浏览器需要加载的档案文件，预先下载这些档案将减少以后对象载入的时间。

属性 height：定义对象高度。

属性 width：定义对象宽度。

属性 usemap：定义对象所使用的客户端图像映射 URL。

param 没有结束标记，它是 object 的子标记。param 是 parameter 缩写，含义是参数，作用是给 object 对象传递运行所需参数，每个 param 标记定义一个参数，多个 param 定义多个参数。当 object 对象是诸如 ActiveX 控件或 Java Applet 之类的可执行代码时，在运行时，一般需要指定一些参数，例如，一个播放影片的控件需要指定要播放的哪个影片、播放质量等。具体参数及其含义在 object 程序中定义，不同类型的 object 对象所需要的参数也不相同。param 标记主要属性如下。

属性 name：定义参数名。

属性 value：设置参数值。

属性 valuetype：规定 value 属性的取值类型，可选取值有 data、ref、object 三种。默认取值为 data，这时 value 参数值是一个字符串数据；若 valuetype 取值 ref，表示 value 参数是一个 URL，该 object 对象被执行时需要从 URL 处获得 value 数据；若 valuetype 取值为 object，表示 value 参数值是本网页文档内某个 object 对象的 id 值。

属性 type：若 valuetype 取值为 ref 时，type 属性规定由 value 属性指定的 URL 中的数据的 MIME 内容类型。

下面是在一个在网页中使用 object 对象插入 Flash 动画的例子。

```
<object classid="clsid:d27cdb6e-ae6d-11cf-96b8-444553540000"
codebase="http://fpdownload.macromedia.com/pub/shockwave/cabs/flash/
swflash.cab#version=7,0,0,0" width="550" height="400" id="flash1" align=
"middle">
<param name="allowScriptAccess" value="sameDomain" />
<param name="movie" value="flash1.swf" />
<param name="quality" value="high" />
<param name="bgcolor" value="#ffffff" />
</object>
```

以上代码插入的 object 对象是播放 Flash 动画的插件，如果插件已在 Windows 中注册（可以在注册表中查找到相应的 clsid 项），则说明 Flash 播放程序文件已下载到本机。浏览器在打开含 Flash 插件的网页时会根据 classid 找到相应播放程序文件，运行后，播放程序在 param 标记中找到 movie 参数，打开 flash1.swf 动画，进行播放。如果以前未安装过 Flash 插件，则浏览器会到 codebase 属性指定 URL 下载播放程序，并在 Windows 中进行注册，然后运行。正常情况下，浏览器只会运行受信任的 object 对象程序。

在网页中插入 Flash 动画的另一种方法如下：

```
<object type="application/x-shockwave-flash" width="550" height="400">
<param name="movie" value="flash1.swf" />
```

```
        </object>
```

这种方法比较简单，根据 type 属性指定的 MIME 内容类型 application/x-shockwave-flash，确定 object 对象是一个 Flash 动画，再根据 MIME 类型定位到相应的打开程序，运行 Flash 播放程序。由于 Flash 播放插件是根据 movie 参数来打开 Flash 动画的，因此 object 标记中指向数据 URL 的 data 属性也可省略。这种方法要求本机必须事先已安装能够打开指定的 MIME 类型的应用程序。

更为简单的 object 例子如使用 object 标记打开一个，如下。

```
<object height="100%" width="100%" type="text/html" data="http://www.
baidu.com/">
        </object>
```

上面代码使用 object 标记将百度网站首页插入到网页中，type 属性取值 "text/html" 说明该 object 对象是一个网页，data 属性则指明网页 URL。由于 text/html 类型无须运行应用程序打开，没有参数，因此也不需要参数标记 param。

13.5.2 link 标记

语法：<link>

link 标记定义了当前文档与目标文档之间的关系，没有结束标记，一般只出现在页面 head 部分，主要属性如下。

属性 href：目标文档 URL。

属性 type：目标文档的 MIME 内容类型。

属性 rel：定义指从当前文档到目标文档的链接关系，即目标文档相对于当前文档来说，是何种性质，可选取值及其含义与标记 a 相同。

属性 rev：是 rel 的反向关系。

属性 hreflang：指定目标文档的基准语言代码。

属性 media：规定文档将显示在什么设备上，默认值是 screen。

link 标记的例子如下面给当前页面添加一个 CSS 样式表：

<link rel="stylesheet" type="text/css" href="menu.css">

13.5.3 style 标记

语法：<style>……</style>

style 标记用于为当前 HTML 网页定义 CSS 样式信息，主要属性如下。

属性 type：定义该标记中的内容的 MIME 类型。由于 style 标记专用于 CSS 样式定义，因此此处 type 属性只能固定取值为 text/css，是必需属性。

属性 media：定义此样式信息显示的设备，默认值是 screen。

13.5.4　script 标记

语法：<script>……</script>

script 标记用于定义客户端脚本，比如 Javascript 脚本。既可以将脚本语句添加在 script 标记之内，也可以通过 src 属性指向外部脚本文件。

属性 type：定义该标记中的内容的 MIME 类型。由于 script 标记专用于添加脚本代码，因此该属性事实上用于指定脚本语言类型，如"text/javascript"、"text/vbscript"，是必需属性。

属性 src：指定外部脚本文件 URL。

属性 language（不建议）：规定脚本语言类型，由于和 type 属性功能重复，不建议使用。

属性 defer：defer 是延迟的意思，用于规定该标记内脚本将推迟到网页内容加载完成后执行。布尔属性，设置了 defer 属性的 script 标记内不能含有生成文档内容的如 document.write 之类的脚本语句。

📇 课后习题

1．排版标记和字体标记中 W3C 不建议使用的有哪些？

2．请分别使用有序和无序清单标记制作本章的目录。

3．客户端图像映射和图像超级链接有什么异同点？

4．如果网页中有一个表格内容非常多，导致从网上下载该表格时出现停顿，网页有较长时间空白，则应该如何改进？

5．用于输入数据的表单标记的 name 属性的作用是什么？表单中能够多个表单元素共享同一个 name 名称的是什么？

6．什么是 MIME 内容类型？有哪些标记的什么属性取值是 MIME 内容类型？

课后实验

实验项目：分析网页中的常见 HTML 标记。

实验目标：掌握 HTML 标记及其属性的使用。

实验步骤：

1．使用 IE 浏览器打开百度（或 google 等搜索引擎）网站首页，查看 HTML 代码。

2．分析此 HTML 代码中的表格标记，有多少个表格，表格之间是否有嵌套关系等，从而了解网页的整体布局。

3．在 HTML 代码中找到网页中提供给用户输入搜索文字的表单部分。

4．分析该表单中所有标记，确定该表单提交后的处理 URL、输入表单元素的 name 名称等标记属性的含义。

5．在本机建立一个 HTML 网页，将表单的 HTML 代码拷贝到本机网页，并将表单代码中的相对 URL 改为绝对 URL。

6．浏览本机网页查看效果，百度搜索框在本机网页中是否能够正常使用。

7．在此基础上，继续分析其他网站如本校 BBS 论坛中的网页布局标记（表格或框架），使用以上相同的方法，找到表单部分的 HTML 代码，将其拷贝到本地网页代码，并修改 URL 使表单能够在本机使用。

第 *14* 章

动态网页初探

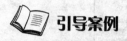 **引导案例**

从静态网页到动态网页的过渡

从 1990 年 ARPA 网诞生以来，互联网在短短的十几年中经历了飞速的发展，互联网风暴席卷了全世界的每一个角落。作为互联网应用的主力之一的 WWW 服务更是发展迅速，个人网站、企业网站、电子政务网站、电子商务网站等，都如雨后春笋般快速发展起来，利用它们进行企业形象文化宣传、产品推广、电子政务办公或电子商务，已成为目前网站应用的主要方面。随着电子政务、电子商务等应用的不断扩大和应用要求的不断提升，网站应用已经从原来的以静态网页为主发展为以动态网页为主，很少有单纯的静态网站了。静态网页交互性不强，不能访问后台数据库，手工制作网页的工作量繁重，网站的更新较慢，管理维护也比较麻烦。

动态网页技术正是针对静态网页存在的这些缺点而开发出的一种全新的网页应用技术，其最大优点就在于提高了网页的交互性，能访问后台数据库，并能将从数据库中读出来的数据按照预先设定的格式显示在网页中，从而实现了网页内容的动态显示。可以说，没有动态网页技术，就没有今天的电子政务和电子商务的应用与发展。动态网页技术主要有 ASP、PHP、JSP、ASP.NET 四种。ASP 和 ASP.NET 是微软公司开发的动态网页技术，其 Web 服务器是 IIS，只能在微软的 Windows 服务器平台上运行。PHP 和 JSP 是支持跨平台运行的，既可以运行在 Windows 服务器平台，也可以运行在 Linux、UNIX 操作系统平台。在这四种动态网页技术中，ASP 是最简单易学的，而且功能相当强大，完全可以胜任电子政务、电子商务等网站应用的要求。

问题：静态 html 语言和动态网页语言相比有哪些不同之处？动态网页技术有哪些优势？动态网页技术最擅长做什么？目前世界上最常用的几种动态语言分别是哪些？你知道的有哪些网站用到了动态网页技术？要想运用动态网页技术需要用到哪些软件或工具？

◇ **学习目标** ◇

1. 掌握动态网页的基本概念。
2. 掌握动态网页语言和数据库技术。
3. 了解动态网页技术的新发展。

学习导航

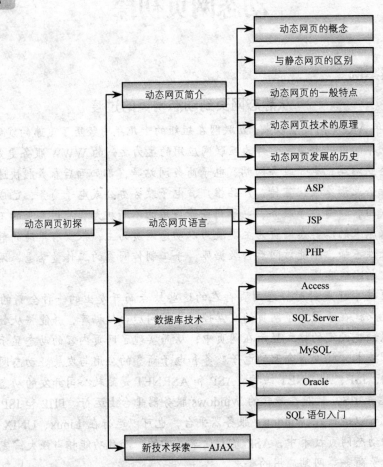

14.1　动态网页简介

14.1.1　动态网页的概念

动态网页是以.asp、.jsp、.php、.cgi、.perl 等形式为后缀，并且在网页网址中有一个标志性的符号——"？"，如淘宝用户登录后查看交易的网址：

http://trade.taobao.com/trade/itemlist/list_bought_items.htm?nekot=zsLI4WRl1u3W7Q%3D%3D1245047955820

这就是一个动态网页 URL 形式。

这里说的动态网页，与网页上的各种"动态效果"没有直接关系，动态网页既可以是纯文字内容的，也可以包含各种动画，只是网页具体内容的表现形式不同，无论网页是否具有动态的效果，采用了动态网页技术的网页都叫做动态网页。

14.1.2　与静态网页的区别

程序是否在服务器端运行是区分的重要标志。在服务器端运行的程序、网页、组件是动态网页，它们会随不同客户、不同时间，返回不同的网页，如 ASP、PHP、JSP、ASP.net 等。运行于客户端的程序、网页、插件是静态网页，如 HTML 页、Flash、JavaScript 等，它们是永远不变的。

静态网页和动态网页有各自的优点，网站采用哪种技术主要取决于网站的功能需求，如果网站功能相对简单，信息更新量不是很大，采用静态网页的方式会更简单，反之要采用动态网页技术来实现。

动态网站也可以采用动静结合的原则，需要采用动态网页的地方用动态网页，无须采用动态网页的地方，则可以用静态网页的方法来实现。在同一个网站上，动态网页和静态网页内容同时存在也很常见。

14.1.3　动态网页的一般特点

我们将动态网页的一般特点简要归纳如下：

（1）动态网页以数据库技术为基础，可以大大节省网站维护的工作量；

（2）采用动态网页技术的网站可以实现很多静态网站没有的功能，如用户管理、信息查询、订单管理等；

（3）动态网页实际上并不是独立存在于服务器上的网页文件，只有当用户请求时服务器才返回一个完整的网页。

14.1.4　动态网页技术的原理

动态网页技术的原理是将用不同技术编写的动态页面保存在 Web 服务器内，当客户端用户向 Web 服务器发出访问请求时，服务器根据用户所访问页面的后缀名确定该页面所使用的网络编程技术，然后把页面提交给解释引擎；解释引擎扫描整个页面搜索特定的定界符，并执行位于定界符内的脚本代码来实现不同的功能，如访问数据库、发送电子邮件、执行算术或逻辑运算等，最后将执行的结果返回 Web 服务器；最终，Web 服务器把解释引擎的执行结果连同页面上的 HTML 内容及各种客户端脚本一同传送到客户端。虽然客户端用户所接收到的页面与传统页面并没有任何区别，但是实际上，页面内容已经经过了服务端处理，完成了个性化设置。

14.1.5　动态网页发展的历史

早期的动态网页主要采用 Common Gateway Interface（CGI 技术，公用网关接口），可以使用不同的语言编写适合的 CGI 程序，如 Visual Basic、C 或 C++等。虽然早期的 CGI 技术已经发展成熟而且功能强大，但是由于编程困难、效率低下、修改复杂，因此有慢慢被新技术取代的趋势。

下面介绍几种目前颇受关注的新技术。

（1）PHP（Hypertext Preprocessor，超文本预处理器） 是一种嵌入在 HTML（超文本标识语言）中，并由服务器来解释的脚本语言。它可用于管理动态内容、支持数据库、处理会话跟踪，甚至构建一个完整的电子商务站点。它提供了许多流行数据库的接口，包括 MySQL、PostgreSQL、Oracle 和 Microsoft SQL Server 等，并且连接方便、兼容性强、扩展性强。

（2）ASP（Active Server Pages，动态服务器网页）是微软开发的一种类似 HTML、Script（脚本）与 CGI 的结合体，它没有提供专门的编程语言，而是允许用户使用已有的脚本语言编写 ASP 的应用程序。ASP 的程序编制比 HTML 更加方便灵活。它先在 Web 服务器端运行，然后再将运行结果以 HTML 格式传送至客户端浏览器。因此 ASP 与一般的脚本语言相比要安全得多。

ASP 一个最大的好处是可以包含 HTML 标签，也可以直接存取数据库及使用无限扩充的 ActiveX 控件，因此在程序编制上要比 HTML 方便灵活。通过使用 ASP 的对象和组件的技术，用户可以直接使用 ActiveX 控件调用对象方法和属性，以很简单的方式实现强大的交互功能。

由于 ASP 基本上局限于微软的操作系统平台，并且 ActiveX 对象具有平台特性，所以 ASP 技术不能很容易地在跨平台 Web 服务器上工作。

（3）JSP（Java Server Pages）是由 Sun 公司于 1999 年 6 月推出的新技术，这种新的 Web 开发技术很快引起了人们的关注。JSP 是基于 Java Servlet 及整个 Java 体系的 Web 开发技术。

JSP 和 ASP 在技术方面有许多相似的地方，不过由于两者来源于不同的技术规范组织，ASP 一般应用于 Windows NT/2000 平台，而 JSP 则能够在 85%以上的服务器上运行，而且基于 JSP 技术的应用程序比基于 ASP 的应用程序易于维护，所以被许多人认为是未来最有发展前途的动态网站技术之　。

　　以上 3 种技术在制作动态网页上各有特点，对于广大的网页制作爱好者来说，建议尽量少用难度大的 CGI 技术。如果你喜欢微软的产品，采用 ASP 技术会让你得心应手；如果你是 Linux 的追求者，运用 PHP 技术在目前会是最明智的选择。当然，也不要忽略了 JSP 技术。

14.2　动态网页语言

　　用 HTML 已经能够编写具有一定功能的非常漂亮的静态网页了，但是却缺乏和用户的互动性。如用户注册的功能。我们不可能预计到有哪些用户会来网站上注册，也不会知道会用什么用户名和密码来进行注册，同时我们也不可能专门安排人来接受这些申请并手动地添加新用户。我们希望这些事情都能够免予人的干预，自动地完成。与此类似，你可能还需要做一些网上调查，了解用户对于某种产品的评价或是对某个事件的看法等。编写动态网页就能够帮助你实现这些功能。

　　目前最常用的动态网页语言有 Active Server Pages（ASP），Java Server Pages（JSP）和 Hypertext Preprocessor（PHP）。

　　本节将对三种动态网页语言进行概述，如果读者对它们感兴趣，可以查阅相关手册和书籍，进行更加深入的学习和研究。动态网页的其他新技术，我们将在 14.4 中提到。

14.2.1　ASP

1．ASP 简介

　　ASP 全名为 Active Server Pages，是一个 Web 服务器端的开发环境，利用它可以产生和运行动态的、交互的、高性能的 Web 服务应用程序。ASP 采用脚本语言 VB Script（Java Script）作为自己的开发语言。

2．HTML 和 ASP 的区别

　　HTML 只能用于编写静态的网页。当一个用户浏览器（Web Client）从 Web 服务器（Web Server）请求一个 HTML 网页时，Web 服务器就将这个网页直接发送给用户浏览器，不经过计算处理。然后用户浏览器会处理该网页的 HTML 代码，然后将结果显示出来，如图 14.1 所示。

　　相应的，ASP 的处理过程就更复杂一些。当一个用户浏览器（Web Client）从 Web 服务器（Web Server）要求一个 ASP 网页时，Web 服务器会将这个 ASP 文件发送给 Web 服务器的 ASP 引擎（ASP Engine），ASP 引擎则将该 ASP 网页中所有的服务器端脚本（<% 和 %> 之间的代码）转换成 HTML 代码，然后将重构之后的 HTML 代码发送给用户浏览器。

如图 14.2 所示。

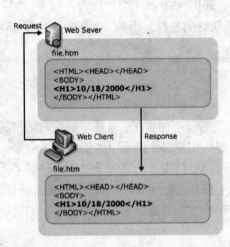
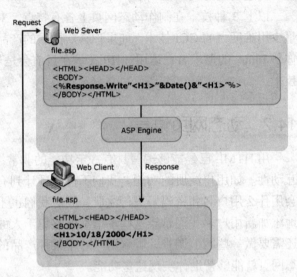

图 14.1　经 Web 服务器转发的 HTML 代码　　　　图 14.2　经 ASP 引擎转换的 HTML 代码

一个简单的 ASP 示例：

```
<html>
<head>
<title>ASP code: output </title>
</head>
<body>

<p><%= "ASP Test" %></p>

</body>
</html>
```

从上面这个 ASP 网页代码示例中，可以看到，这个 ASP 文件和一个普通的 HTML 网页基本一样，除了里面有<%= "ASP Test" %>这段代码。

<% %>表示在里面的代码是 ASP 代码。

<%= 表示需要输出 ASP 代码的结果。

14.2.2　JSP

1．JSP 简介

JSP（Java Server Pages）是基于 Java 的技术，用于创建可支持跨平台及跨 Web 服务器的动态网页。

　　JSP 与微软的 Active Server Pages (ASP)相比有相似之处但又不一样。JSP 使用的是类似于 HTML 的标记和 Java 代码片段而不是用 VBScript。当你使用不提供 ASP 本地支持的 Web 服务器（如 Apache 或 Netscape 服务器）时，你就可以考虑使用 JSP 了。虽然也可以在服务器安装一个 ASP 附加模块，但是太昂贵了，另外也容易引发其他的一些问题。现在 Oracle 公司（Java 原本是 Sun 公司的产品，Oracle 公司于 2009 年 4 月 20 日收购了 Sun 公司）并不会因你使用 JSP 向你收费(虽然将来可能要收)，而且用于 Solaris、Linux 及 Windows 系统的组件都很容易得到。

　　JSP 与服务器端的 JavaScript 语言是两个不同的概念。Web 服务器会自动将由 JSP 生成的 Java 代码转换成 Java 代码（Servlets）。 JSP 也可以自动地完成许多功能的控制，如过去用 Perl 脚本编写功能程序或像 ASP 这样的服务器专用 API（应用编程接口）。

2. JSP 相比 ASP 的优势

　　上一节中介绍的微软的 ASP 技术与 JSP 从形式上来看是非常相似的，但是深入研究后会发现它们之间其实有很多的差别，其中最主要的有以下几点。

　　（1）JSP 的效率更高。ASP 用的是直译式语言架构，每次读取网页都需要逐行解释代码，执行效率不佳。JSP 在执行以前先要经过编译阶段，源代码被编译成字节码 (.class 文件)，字节码由 Java 虚拟机 (Java Virtual Machine)解释执行，比源码解释的效率高；服务器上还有字节码的缓存机制，能提高字节码的访问效率。第一次调用 JSP 网页可能稍慢，因为它正在被编译成缓存，以后就快得多了。

　　（2）JSP 的组件方式更方便。ASP 通过 COM 来扩充复杂的功能，如文件上载、发送 E-mail 等独立可重复利用的模块。JSP 通过 JavaBean 能够实现同样的功能扩充。在开发方面，JavaBean 的开发比 COM 要简单得多。

　　（3）JSP 的适应平台更广。ASP 目前仅能运行在 NT 和 IIS 平台上。虽然 UNIX 下有相应的插件来支持 ASP，但 ASP 本身的功能有限，必须通过 ASP+COM 的组合来扩充，UNIX 下的 COM 实现起来非常困难。

一个简单的 JSP 示例

```
<html>
<head>
<title>我的 JSP 页</title>
</head>
<body>
<H3>今天是:
<%=new java.util.Date() %>
```

```
        </H3>
        </body>
        </html>
```

从以上的 JSP 示例代码中，我们可以看出，它和 ASP 有很多类似的地方。唯一的不同是，它的这一段代码<%=new java.util.Date()%>，含有 Java 代码片段。

14.2.3　PHP

1. PHP 简介

PHP（Hypertext Preprocessor）是一种在计算机上运行的脚本语言，主要用途是处理动态网页，也包含了命令行运行界面（Command Line Interface），或者产生图形用户界面（GUI）程序。PHP 目前被广泛地应用，尤其是在服务器端的网页开发。一般来说 PHP 大多运行在网页服务器上，通过运行 PHP 代码来产生用户浏览的网页。PHP 几乎可以在任何的操作系统上运行，而且使用 PHP 完全是免费的。根据 2007 年 4 月的统计数据，PHP 已经被安装在超过 2000 万个网站和 100 万台服务器上。

2. PHP 的特点

（1）数据库连接。PHP 可以编译成具有与许多数据库相连接的函数。PHP 与 MySQL 的组合可以称之为绝配。你还可以自己编写其他的辅助函数去间接存取数据库。通过这样的方法，当你更换数据库时，就能够轻松地修改代码以适应这样的变化。但 PHP 提供的数据库接口彼此之间不统一，比如对 Oracle、MySQL、Sybase 的接口，都不一样。这也是 PHP 的一个弱点。

（2）面向对象编程。PHP 提供了类和对象。基于 web 的编程工作非常需要面向对象编程能力。PHP 支持构造器、提取类等。

一个简单的 PHP 示例

```
<body bgcolor="black">
    <strong>How to say "Hello, World!"</strong>

        <?php echo "Hello, World!";?>
    <br>
    Simple, huh?
</body>
```

PHP 代码是以标记 <?php 开始并以 ?>结束的。这就告诉服务器在 <?php 和 ?> 之间的所有内容需要用 PHP 指令进行语法分析，如果发现它们，就需要执行它们。

14.3 数据库技术

动态网页是相互关联的数据的集合，数据库管理系统是电脑中用于存储和处理大量数据的软件系统。在数据库管理系统中可以对数据进行处理，这种处理不仅包括简单的编程或数字运算，还包括对数据的搜索、筛选和提取等。数据库和数据库管理系统联合起来就被称作数据库系统。

数据库系统的种类非常多，在网站建设中常用的有 Access、SQL Server、My SQL、Oracle等，下面将分别进行介绍。

14.3.1 Access

Microsoft Office Access(前名 Microsoft Access)是由微软发布的关联式数据库管理系统。它结合了 Microsoft Jet Database Engine 和 图形用户界面两项特点，是 Microsoft Office 的成员之一。Access 是微软公司推出的基于 Windows 的桌面关系数据库管理系统（RDBMS），是 Office 系列应用软件之一。它提供了表、查询、窗体、报表、页、宏、模块 7 种用来建立数据库系统的对象；提供了多种向导、生成器、模板，把数据存储、数据查询、界面设计、报表生成等操作规范化；为建立功能完善的数据库管理系统提供了方便，也使得普通用户不必编写代码，就可以完成大部分数据管理的任务。Access 的软件界面如图 14.3 所示。

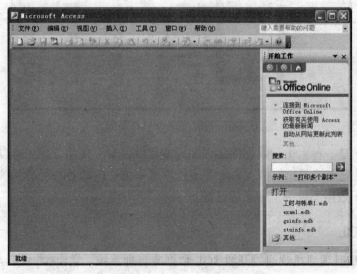

图 14.3 Acccss 软件界面

Access 是一种入门级的数据库系统，它具有简便易用、支持的 SQL 指令齐全、消耗资

303

源比较少的优点，因此得到了广泛的应用。用 ASP 结合 Access 制作动态网站更是受到不少初级用户的青睐。

14.3.2 SQL Server

SQL Server 是由 Microsoft 开发和推广的关系数据库管理系统（DBMS），它最初是由 Microsoft、Sybase 和 Ashton-Tate 三家公司共同开发的，并于 1988 年推出了第一个 OS/2 版本。在 Windows NT 推出后，Microsoft 与 Sybase 在 SQL Server 的开发上就分道扬镳了，Microsoft 将 SQL Server 移植到 Windows NT 系统上，专注于开发推广 SQL Server 的 Windows NT 版本。Sybase 则较专注于 SQL Server 在 UNIX 操作系统上的应用。SQL Server 的软件界面如图 14.4 所示。

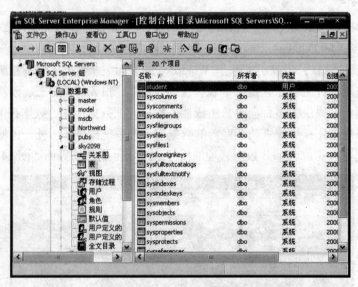

图 14.4 SQL Server 软件界面

SQL Server 是一种大中型数据库管理和开发软件，具有使用方便、有良好的可扩展性等优点，尤其是它支持包括便携式系统和多处理器系统在内的各种处理系统。制作大型网站时 SQL Server 数据库是一个理想的选择。

14.3.3 MySQL

MySQL 是最受程序员欢迎的开源 SQL 数据库管理系统，它由 MySQL AB 开发、发布和支持。MySQL AB 是一家使用了一种成功的商业模式来结合开源价值和方法论的第二代开源公司。MySQL 是 MySQL AB 的注册商标。MySQL 的软件界面如图 14.5 所示。

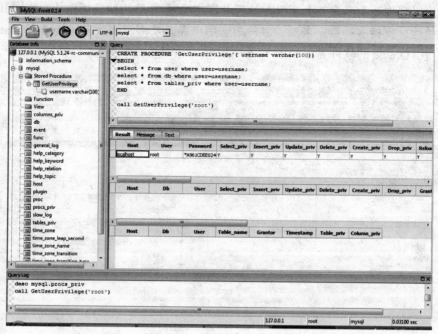

图 14.5 My SQL 软件界面

MySQL 是一个快速的、多线程、多用户和健壮的 SQL 数据库服务器。MySQL 服务器支持关键任务、重负载生产系统的使用，也可以将它嵌入到一个大配置（mass-deployed）的软件中去。

MySQL 具有如下特点：

- MySQL 是一个关系型数据库管理系统；
- MySQL 是开源的；
- MySQL 服务器是一个快速、可靠和易于使用的数据库服务器；
- MySQL 服务器工作在客户服务器或嵌入系统中；
- 有大量的 MySQL 软件可以使用。

14.3.4 Oracle

Oracle 公司自 1986 年推出的版本 5 开始，具有分布数据库处理功能。1988 年推出版本 6，Oracle RDBMS（V6.0）可带事务处理选项（TPO），提高了事务处理的速度。1992 年推出了版本 7，在 Oracle RDBMS 中可带过程数据库选项（Procedural Database Option）和并行服务器选项（Parallel Server Option），称为 Oracle7 数据库管理系统，它释放了开放的关系型系统的真正潜力。Oracle7 的协同开发环境提供了新一代集成的软件生命周期开发环境，可用以实现高生产率、大型事务处理及客户/服务器结构的应用系统。协同开发环境具有可移植性，支持多种数据来源、多种图形用户界面及多媒体、多民族语言、case 等协同应用系统。Oracle 的软件界面如图 14.6 所示。

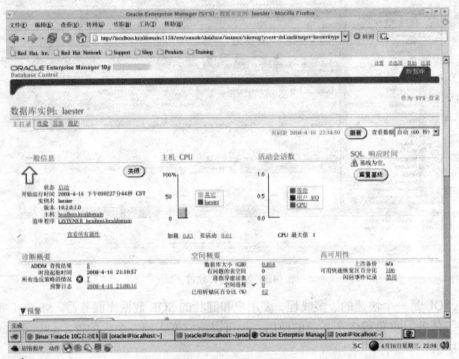

图 14.6　Oracle 软件界面

Oracle 是主导的大型关系型数据库，它不仅支持多平台，还具有无范式要求、采用标识的 SQL 结构化查询语言、支持大至 2GB 的二进制数据和分布优化多线索查询等优点。Oracle 采取快照 SNAP 方式完全消除了读写冲突，数据安全级别为 C2 级（最高级）。特别适合制造业管理信息系统和财务应用系统。Oracle7.1 以上版本服务器支持 1 000 ～ 10 000 个用户。

14.3.5　SQL 语句入门

SQL 是英文 Structured Query Language 的缩写，意思为结构化查询语言。SQL 语言的主要功能就是与数据库建立联系，进行沟通。SQL 语句可以用来执行各种各样的操作，如更新数据库中的数据、从数据库中查询数据等。目前，大多数比较流行的关系型数据库，如 Oracle, Sybase, Microsoft SQL Server, Access 等都采用了 SQL 语言标准。虽然许多数据库也在 SQL 语言标准的基础上进行了扩展和再开发，但是包括 SELECT, INSERT, UPDATE,

DELETE, CREATE, 以及 DROP 在内的标准 SQL 命令依然叫以使用, 并能够成功地完成几乎所有的数据库操作。

SQL 语言包含 4 个部分:

- 数据定义语言 (DDL), 如 CREATE, DROP, ALTER 等语句;
- 数据操作语言 (DML), 如 INSERT, UPDATE, DELETE 语句;
- 数据查询语言 (DQL), 如 SELECT 语句;
- 数据控制语言 (DCL), 如 GRANT, REVOKE, COMMIT, ROLLBACK 等语句。

在数据库系统中最常用的保存数据的形式就是——表 (Table)。这个表与我们平时所接触到的表格概念是类似的。数据库中的表和一般的表格一样, 都分为行和列。例如: 某公司职员表 (EMPLOYEES), 如表 14-1 所示。

表 14-1 数据库中的某公司职员表

First_name	Last_name	Birthday	City	Zip_code
Smith	John	1980-06-10	Los Angles	45000
Mary	Kay	1982-10-29	Los Angles	45000
David	John	1981-05-25	New York	21000

表的列叫做表的属性, 每一行都是该表中的一条记录。数据库就是由许多这样的表及表与表之间存在的某些关系组成的。那么 SQL 语句中最常见的操作也就是对表的操作。

SQL 有几个常用的语句。

1. INSERT 语句

用户可以用 INSERT 语句将一行记录插入到指定的一个表中。例如, 要将雇员 John Smith 的记录插入到 EMPLOYEES 表中, 可以使用如下语句:

```
INSERT  INTO  employees  VALUES  ('Smith','John','1980-06-10','Los
Angles',45000);
```

2. SELECT 语句

SELECT 语句可以从一个或多个表中查询出特定的行和列。因为检索和查询数据是数据库管理中最为重要的功能, 因此该语句在 SQL 中是工作量最大的部分。假如你希望查看员工作部门的列表, 那么下面就是你所需要编写的 SQL 查询:

```
SELECT branch_office FROM employees;
```

3. UPDATE 语句

UPDATE 语句可以从一个或多个表中选取特定的行和列作为条目, 并对这些符合要求的条目进行统一的修改。我们发现 Smith John 的出生年份不是 1980 年而是 1981 年, 如果需要进行修改的话就执行下面的 SQL 语句：

```
UPDATE employees SET birthday='1981-06-10'
  WHERE first_name='Smith' and last_name='John';
```

4. DELETE 语句

DELETE 语句可以将表中的符合某些条件的条目删除。若员工 David John 提出了辞职申请并予以批准，就需要在公司职员数据库中将 David John 的记录给删除掉，那么执行以下 SQL 语句：

```
DELETE FROM employees WHERE first_name='David' and last_name='John';
```

14.4　新技术探索——AJAX

通常在我们浏览网页的时候，点击一个链接或是一个按钮以后，浏览器就会离开当前页面，去访问另外一个页面，浏览器此时将刷新页面。但是很多情况下，我们需要的只是页面中某一小部分进行刷新。比如在线看电影的时候，我们发表了评论，此时，只要刷新评论那一小部分就可以了，并没有必要使整个页面完全刷新。

这时候，AJAX 就用上了，我们通过 AJAX，将发表的评论发送至服务器，并且储存在数据库中，与此同时，利用 JavaScript 把新加的评论，输出到页面的相应位置。

1. 什么是 AJAX

AJAX（Asynchronous JavaScript and XML）就是"异步 JavaScript 和 XML"，它是指一种创建交互式网页应用的网页开发技术。AJAX 最早是在 2005 年提出的，随后迅速成为当前最为火暴的技术之一。

AJAX 不是指一种单一的技术，它的各个组成部分均在很多年前就出现了，并且发展得非常成熟。广义上说，AJAX 是基于标准 Web 技术创建的，是一类能够以更少的响应时间来丰富用户体验的 Web 应用程序的技术集合。

传统的 Web 应用允许用户端填写表单（Form），当送出表单时就向 Web 服务器发送一个请求。服务器接收并处理传来的表单，然后送回一个新的网页，但是这个做法却浪费了许多带宽，因为往往前后两个页面中绝大部分的 HTML 代码是相同的。由于每次都需要向服务器发送请求，应用的响应时间就依赖于服务器的响应时间。这导致了用户界面的响应比本机应用慢得多。

与此不同，AJAX 应用可以仅向服务器发送并取回必需的数据，它使用一些基于 XML 的页面服务接口（界面），并在客户端采用 JavaScript 处理来自服务器的回应。因为在服务器和浏览器之间交换的数据大量减少（大约只有原来的 5%），结果我们就能看到回应（服务器回应）更快的应用（结果）。同时很多的处理工作可以在发出请求的客户端机器上完成，所以 Web 服务器的处理时间也减少了。

2．哪里有 AJAX

Google Maps (http://maps.google.com)是 AJAX 比较早的一个经典应用，用户使用鼠标拖动地图，就可以找到世界上任何自己想要的位置，并且感觉不到浏览器操作中的等待，其实原理就是 AJAX 在后台把当前位置周围的图片文件下载到了本地进行缓存。如图 14.7 所示。

图 14.7　Google Maps

iGoogle (http://g.cn)，是 Google 利用该技术实现的另一个有特色的应用。你可以自由添加或者删除页面上的应用板块，比如天气、资讯、财经等，这些都是通过异步模式实现的，在体验的同时根本感觉不到页面的整体刷新，另外还能通过鼠标拖拽来移动各个不同板块的位置。如图 14.8 所示。

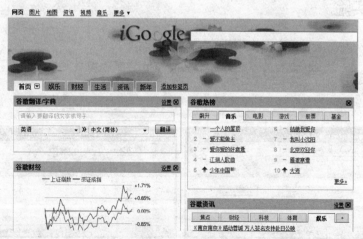

图 14.8　iGoogle

不难看出，AJAX 程序借助了相关的各种技术，并充分考虑了用户体验，在易用性方面几乎和传统的桌面应用程序不相上下。

3．AJAX 包含哪些技术

AJAX 涉及多种技术，想要灵活地运用它们，必须深入地了解这些技术。好在这些技术都很容易学习，并不像完整的编程语言（如 C 或 Java）那样困难。下面是 AJAX 应用程序所用到一些的基本技术，同学们如果对它们感兴趣可以进一步深入了解它们：

- HTML 用于建立 Web 表单，并确定程序其他部分所使用的字段；
- JavaScript 代码是运行 AJAX 应用程序的核心代码，通过使用 JavaScript 来改进与服务器应用程序之间的通信；
- DHTML 用于动态更新表单，我们使用 div、span 和其他动态 HTML 元素来标记 HTML；
- 文档对象模型 DOM 用于处理 HTML 结构和服务器返回的 XML。

 课后习题

1．动态网页和静态网页主要有哪些相同点和不同点？
2．举例说出动态网页的几种技术和各自的特点。
3．网站建设中常用的数据库有哪些？
4．AJAX 和传统的动态网页语言的主要区别是什么？
5．了解动态网站的全开源建站体系 lamp。

课后实验

实验项目： 利用 asp 语言，在网页上实现加法运算功能。
实验目标： 掌握 asp 语言的基本语法，熟悉 asp 语言参数传递机制。
实验结果：
如图 14.9 所示。

图 14.9　第 14 章实验结果

实验步骤.

1．我们使用 Dreamweaver 开发 asp 网页，但是要让 asp 网页在浏览器中运行，则需要安装能够执行 asp 语言的服务器软件，本实验中，我们使用的是 Windows 自带的 IIS 服务器软件。IIS 服务器的安装和配置方法在这里不多作介绍，读者可以到网上搜索相关的文章。

2．打开 Dreamweaver，在 MyWebsite 站点下新建两个 asp 网页文件，分别命名为 add.asp，result.asp，如图 14.10 所示。add.asp 页面用于提交数据，result.asp 页面用于接受数据和计算显示结果。

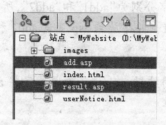

图 14.10　新建两个 asp 网页文件

3．打开 add.asp，在其中添加 form 表单，在表单中添加两个文本框和一个按钮，效果如图 14.11 所示。

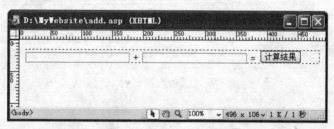

图 14.11　添加表单并在其中添加文本框和按钮

4．设置第一个文本框的"文本域"属性为"add1"，第二个为"add2"，这两个名称作为标识，用于 result.asp 接收它们的输入值。设置按钮的"值"为"计算结果"，"动作"为"提交"。选择红色虚线框，即表单，设置表单的"动作"属性为"result.asp"，"方法"为"POST"，这里的"动作"属性表示表单要将自己的信息提交给谁。

5．至此，提交页面制作完成。下面，打开 result.asp 页面，将文档视图切换为代码视图。在<body></body>标签之间输入以下代码。

```
<%
add1 = Request("add1")
add2 = Request("add2")
result = cint(add1) + cint(add2)
%>
```

```
<%=add1%>+<%=add2%>=<%=result%>
```

<%和%>符号用于标识 asp 语言的开始与结束,而<%=%>用于现实变量的值,Request()用于取得传递参数的值。

下面分别解释每一句语言的含义。

```
add1 = Request("add1")
add2 = Request("add2")
```

add.asp 中两个文本框的名字分别为"add1"和"add2",所以这两句语言用 Request("add1") 和 Request("add2")取得它们的值,并存放到 asp 变量 add1 和 add2 中。

```
result = cint(add1) + cint(add2)
```

这一句是计算两个数相加的结果,cint()函数是为了将 add1 和 add2 两个字符型变量转换为数字型变量,用于数字计算。

```
<%=add1%>+<%=add2%>=<%=result%>
```

这一句用于显示结果。

6.在浏览器中测试程序,在第一个文本框中输入"123",在第二个文本框中输入"321"。

第 15 章

网页设计实例分析

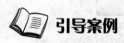 **引导案例**

如何分析一个网站

经过前面章节的学习，我们掌握了网页制作的主要技术，但是当实际动手做一个网站时，往往感到无从下手，这是因为我们还缺少对网站结构和网页整体架构的理解。这时可能会想到找一些同类网站作为参考，然而一般专业性网站包含网页众多，网页页面内容也往往纷繁复杂，令人眼花缭乱。如何化繁为简，找出网页框架，发现其中规律是网页设计所必需的一个能力，正确地、科学地分析网站，学习他人经验，是提高设计能力的重要途径。网站首页是一个网站的入口，它不仅决定了网站的风格，给客户以关于网站的第一印象，还将引导访问者对这个网站进行浏览。尤其对于电子商务网站来说，首页更是网站成功吸引客户的重要因素。因此对于首页的分析是网站分析中相当重要的组成部分，而其分析过程也基本符合网站设计所需经历的步骤。

问题：从一个网站首页可以了解到哪些信息？

◇ **学习目标** ◇

1. 掌握网页分析基本流程。
2. 掌握网页界面剖析的方法。
3. 掌握电子商务网站首页功能逻辑分析方法。
4. 通过本章学习，能够对一些电子商务网站首页作出界面设计和功能逻辑上的分析。

学习导航

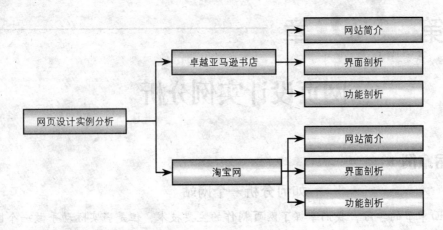

15.1 卓越亚马逊书店

15.1.1 网站简介

　　2007 年，亚马逊公司正式宣布以 7500 万美元收购了中国市场最强势的网上书店——卓越网，将资源重组整合，成就了现在的卓越亚马逊网上书店。亚马逊是电子商务发展的里程碑，它创造性地进行了电子商务中每一环节的探索，包括系统平台的建设、程序编写、网站设立、配送系统等方面，亚马逊网上书店（amazon.com）成立于 1995 年，是目前世界上销售量最大的书店，其商业活动主要表现为营销活动和服务活动。自 1999 年开始，亚马逊网站开始扩大销售的产品门类。现在除图书和音像影视产品外，亚马逊也同时通过六个网站在网上销售从制造商和销售商采购来的多种产品，范围包括服装、礼品、儿童玩具、家用电器等 20 多个门类的商品。而卓越网则是"中国 B2C 电子商务领导者"，于 2000 年 1 月由金山软件股份公司分拆，国内顶尖 IT 企业金山公司及联想投资公司共同投资组建，2003 年 9 月引入国际著名投资机构老虎基金成为第三大股东。卓越网发布于 2000 年 5 月，主营音像、图书、软件、游戏、礼品等流行时尚文化产品。

　　提示： B2C（Business to Customer）。B2C 中的 B 是 Business，意思是企业，2 则是 to 的谐音，C 是 Customer，意思是消费者，所以 B2C 是企业对消费者的电子商务模式。这种形式的电子商务一般以网络零售业为主，主要借助于 Internet 开展在线销售活动。

卓越亚马逊书店的网址：http://www.amazon.cn，图 15.1 显示了网站首页的界面。

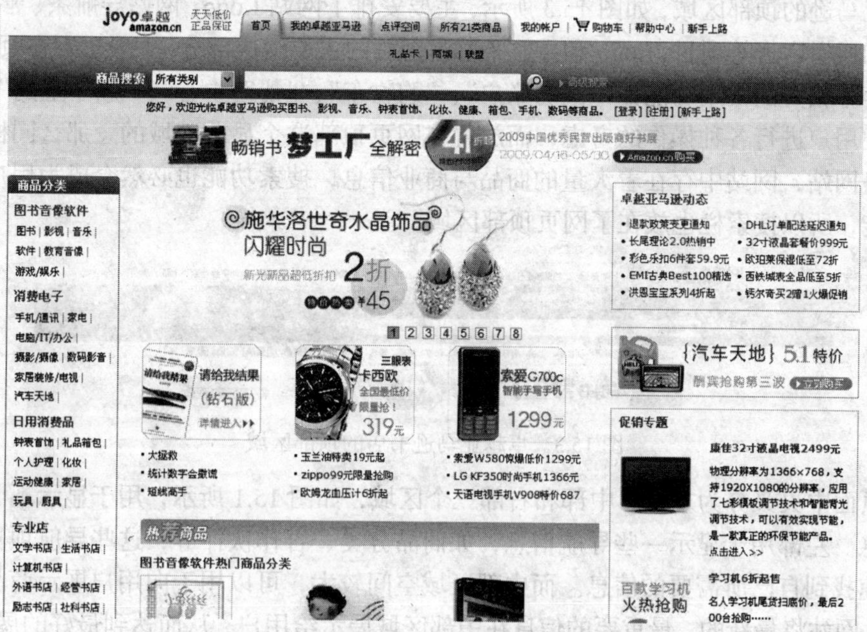

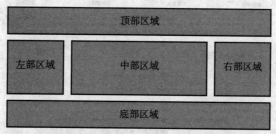

图 15.1　卓越亚马逊书店首页概览

15.1.2　界面剖析

卓越亚马逊书店的首页，以蓝色、米黄色和橙色为主色调，蓝色通常作为商业色的代表，给人以庄重、严谨的感觉，而米黄色与橙黄色则会使页面整体显得活泼生动。界面的题头背景与区域边框主要使用蓝色，使得区域之间的界限明显，用户区分方便，而内容大标题用米黄色与橙色，使得标题突出醒目，能够让用户尽快获取自己想要得到的信息。

首页页面布局简洁，布局结构属于典型的上中下结构，而中间采取左中右的布局方式，如图 15.2 所示，显示了卓越亚马逊书店的首页布局结构。

顶部区域		
左部区域	中部区域	右部区域
底部区域		

图 15.2　卓越亚马逊书店首页布局结构

对于一个页面，顶部页面区域通常安排放置网站的重要信息及用户经常操作的功能。在卓越亚马逊的顶部区域，如图 15.3 所示，主要安排了网站 Logo、网站导航条、常用功能、搜索栏和通栏广告等项目，Logo 和导航条都是网站的主要组成部分，一般出现在页面顶部，而电子商务相关的常用功能如"我的账户"、"购物车"、"帮助中心"、"新手上路"等则是处于方便用户进行各种操作的考虑，而放置在网页顶部这个显著区域的。那么同样，作为电子商务网站，网站中存在着大量的商品与商业信息，搜索功能也必然会成为用户经常使用的功能，所以搜索栏也放在了网页顶部区域。

图 15.3　卓越亚马逊书店的顶部区域

在页面中央又分为左部、中部和右部三个区域，如图 15.1 所示，用于显示不同种类的网站信息。左部用于显示一些导航信息，如商品分类、合作伙伴等，这些导航项目有利于用户快速找到自己所需要的信息。而中部区域空间较大，可以用于向用户展示商品及其相关信息，网站将最新的、最重要的信息在中部区域展示给用户，从而达到最好的展示效果。而右部则显示了一些次要信息，如卓越亚马逊动态、促销专题等。这种从左到右，信息内容的重要性递减的布局，符合人们普遍的阅读习惯。而在中央的三个区域中，各区域又分了很多小板块，这些小板块也根据主次顺序，由上到下依次排列。

在底部区域，如图 15.4 所示，卓越亚马逊书店网页显示了一些辅助的信息，如帮助信息导航、页面底部搜索栏、页面底部导航、公司相关信息等，这些信息并非电子商务网站的主要内容，换句话说，这些信息不能为网站本身带了多少利润，但是它也很重要，它在这里起到了一个辅助说明的作用，说明了网站的使用方法，解释了网站所属公司主要信息，使得用户对整个网站有了一个实体的概念，用户会在潜意识中增强对网站的信任感。

图 15.4　卓越亚马逊书店的底部区域

15.1.3 功能剖析

一个网站首页的设计对于整个网站设计的成败起着决定性的作用，网站首页应该是整个网站的起点，进入首页后，用户应该能够很方便地从首页中进入到网站的各个功能页面。下面，我们来分析一下卓越亚马逊书店的首页中的各种功能，以及它们之间的逻辑关系。

图 15.5 展示了首页功能模块之间的关系（黑色箭头表示所实现的功能，白色箭头表示功能的实现条件）。首页中包括了"注册"、"登录"、"我的账户"、"购物车"、"帮助中心"、"新手上路"、"商品搜索""高级搜索"等功能。其中，"我的账户"功能要求用户使用"登录"功能登录系统，而"登录"功能则需要用户首先利用"注册"功能注册一个账户。其他几项功能的使用并无任何前提条件。

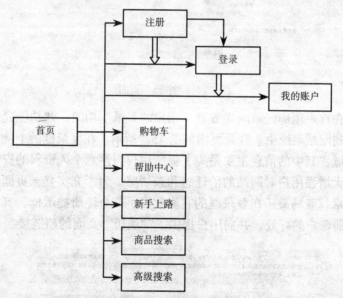

图 15.5 卓越亚马逊书店的首页功能逻辑

作为一个电子商务网站，网站本身必须有"用户"这么一个实体集的存在，所以卓越亚马逊在首页顶部区域放置了"注册"功能，这个功能是为了方便用户在网站建立个人数据区，用于管理自己在该网站的各种活动和交易。注册页面如图 15.6 所示，在图中，我们可以看到，注册页面依旧保持着同首页的风格。基本注册信息简单，包括 E-mail、姓名、密码三个选项，因为烦琐的注册过程往往会惹来用户的反感，同时会丧失掉很多本来想要注册的用户，所以，现在大部分网站普遍采取的做法就是，让用户在注册时只填写基本信息，当注册成功后，用户可以自行选择是否填写高级信息。

我们也会注意到，其中比较重要的信息如 E-mail 和密码，都要求用户重新输入一遍，这样的做法是为了确保用户在填写这些信息时不会由于疏忽而出错，以免在此之后无法正常登录到网站。验证码一栏的作用，则是为了防止有些恶意的用户利用软件进行大批量的恶意注册。验证码功能在用户登录时也常常会用到，为的是防止恶意用户使用暴力破解的方法窃取他人的密码。

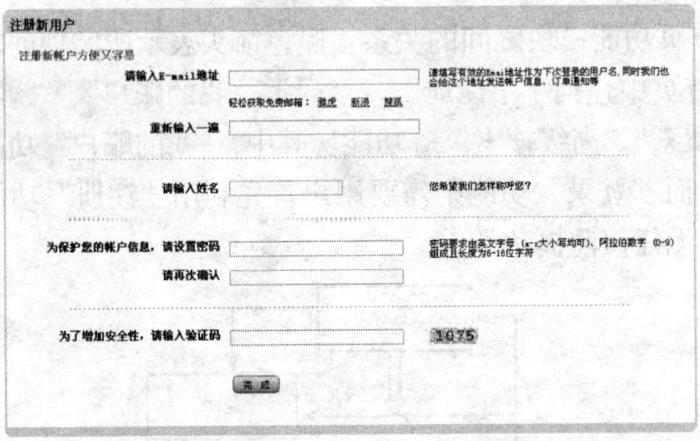

图 15.6 "注册"页面

卓越亚马逊在首页顶部区域同样放置了用户"登录"功能，此功能允许用户使用已经注册的账户登录到网站系统中。登录页面如图 15.7 所示，在登录框的上侧，网站放置了一个蓝色的警示区域，其中的信息主要是为了提醒用户要注意个人资料的安全。这样一则简单提示，能够大大增强用户对网站的信任感和亲切感。为了充实登录页面和防止初级用户误入登录页面，卓越亚马逊还在登录框的右侧放置了一个注册提示框，其中着重向用户解释了在本网站注册账户的好处，并向用户提供了"注册"页面的超链接。

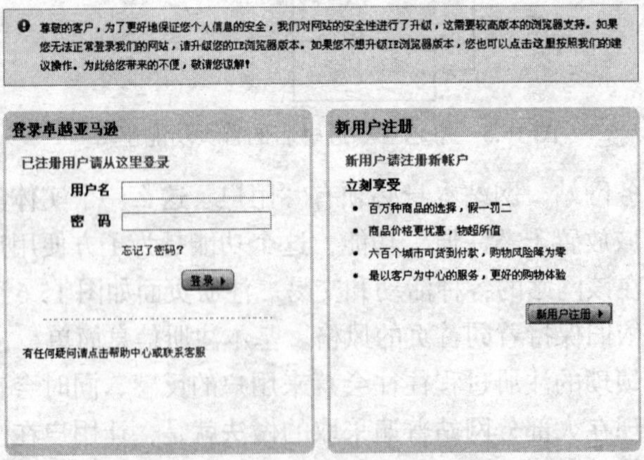

图 15.7 "登录"页面

318

在用户登录后，便可以使用"我的账户"功能了，对于一个提供用户注册的系统，用户的账户管理功能必不可少，卓越亚马逊同样需要，而且它还必须包括用户交易管理功能。如图 15.8 所示，"我的账户"功能中包括了"订单信息"、"账户设置"两大类管理功能，用户可以很方便地对自己的账户进行操作。

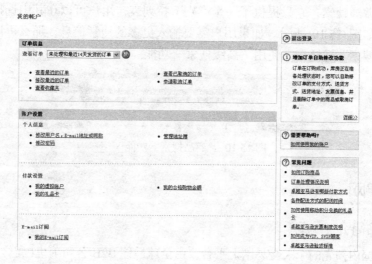

图 15.8　"我的账户"页面

"购物车"功能则模拟真实的购物车，记录（装下）用户要买的商品（并未付账），当用户需要结算时，再将购物车中的所有商品一起结算，这样方便用户同时购买多件商品。所以，"购物车"功能也是电子商务网站常用功能之一。卓越亚马逊的"购物车"功能如图 15.9 所示。

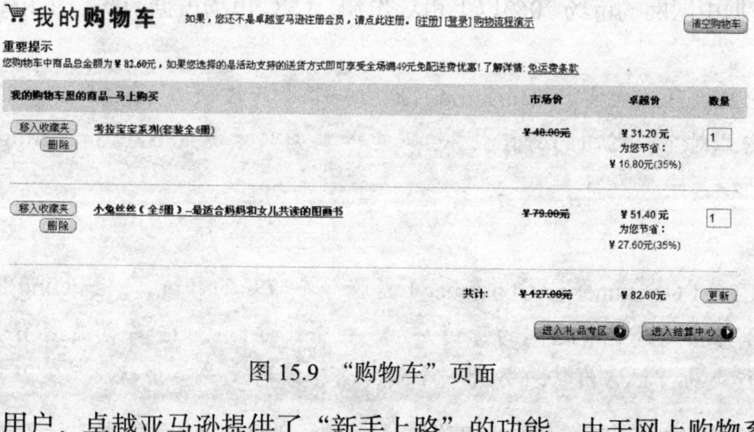

图 15.9　"购物车"页面

对于初级用户，卓越亚马逊提供了"新手上路"的功能，由于网上购物系统操作步骤繁多且需要考虑安全方面的因素，所以，初级用户很难在无人指点的情况下掌握整个网上

319

购物的流程，而这时恰恰需要一个针对初级用户的帮助教程，"新手上路"功能就能够很好地完成这项艰巨的任务。而"帮助中心"功能则针对所有用户，提供全方位的帮助指导。

"商品搜索"应该是电子商务网站的核心功能，该功能的强大与否直接影响到用户能否快速准确地找到自己所需要的商品。对于卓越亚马逊来讲，它所销售的商品种类范围比较多，所以对于普通搜索，它只提供了一个类别下拉列表，用户可以在其中选择所要搜索的商品的类别，如图 15.10 所示。如果用户需要输入更多的搜索信息，那么可以点击搜索框右侧的"高级搜索"超链接来使用"高级搜索"功能。

图 15.10　"商品搜索"功能区

15.2　淘宝网

15.2.1　网站简介

淘宝网是国内领先的个人交易网上平台，由全球最佳 B2B 公司阿里巴巴公司于 2003 年 5 月 10 日投资 4.5 亿元创办，致力于成就全球最大的个人交易网站。淘宝网的使命是"没有淘不到的宝贝，没有卖不出的宝贝"。淘宝网目前业务跨越 C2C（消费者对消费者）、B2C（企业对消费者）两大部分。截至 2008 年 9 月注册用户超过 8000 万人，拥有中国绝大多数网购用户，覆盖了中国绝大部分网购人群；2007 年，淘宝的交易额实现了 433 亿元，比 2006 年增长 156%。2008 年上半年，淘宝成交额就已达到 413 亿元。根据 2007 年第三方权威机构调查，淘宝网占据中国网购市场 70%以上市场份额，C2C 市场占据 80%以上市场份额。

> **提示**　B2B（Business To Business）是指一个市场的领域。Marketing Domains 中的一种，是指企业对企业之间的营销关系。而电子商务只是现代 B2B marketing 的一种具体主要的表现形式。

> **提示**　C2C（Consumer to Consumer）是指一个市场的领域，Marketing Domains 中的一种，是指消费者对消费者之间的营销关系。打个比方，比如一个消费者有一台旧电脑，通过网络进行交易，把它出售给另外一个消费者，此种交易类型就称为 C2C 电子商务。

淘宝网提倡诚信、活跃、快速的网络交易文化，坚持"宝可不淘，信不能弃"（金庸）。

在为淘宝会员打造更安全高效的网络交易平台的同时，淘宝网也全力营造和倡导互帮互助、轻松活泼的家庭式氛围。每位在淘宝网进行交易的人，不但交易更迅速高效，而且能够交到更多朋友。现在，淘宝网已成为广大网民网上创业和以商会友的首选。2005 年 10 月，淘宝网宣布：在未来 5 年，为社会创造 100 万个工作的机会，帮助更多网民在淘宝网上就业，甚至于创业。截至 2007 年，淘宝网已经为社会创造超过 20 万的直接就业的岗位。特别是在 2008 年的金融危机背景之下，通过淘宝网进行的消费，无论从数量还是金额方面来讲都在逆势而升。

　　淘宝网的网址：http://www.taobao.com ，图 15.11 显示了网站首页的界面。

图 15.11　淘宝网首页概览

15.2.2　界面剖析

　　淘宝网的首页，以橙色、蓝色、银灰色、青绿色、米黄色为主色调，橙色带有着强烈的年轻、活泼的气氛，使得整个页面显得富有活力。这也说明，网站的主要用户群体是时尚的年轻人。而蓝色和银灰色都是典型的商业色彩，代表了网站的特有性质，是一个商业网站，与它主要从事的 C2C 的网上业务相得益彰。在网页中，还搭配了少许的青绿色和米黄色，使得整个页面的色彩更加炫彩夺目。

　　淘宝网首页页面布局比较复杂，分为了多层，在不同的层中，分栏的数目也不尽相同，主要原因是在本网站交易的商品种类繁多，消费群体特征迥异，系统功能复杂，这必然导致了页面布局的复杂化。如图 15.12 所示，除了顶部的工具条以外，淘宝网首页主要的页面内容并非是自适应宽度的，它的固定宽度为 950px（像素）。

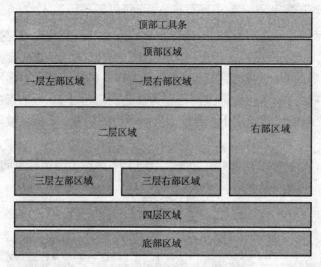

图 15.12　淘宝网首页布局结构

在页面的最顶部，淘宝网为用户提供了一个工具栏，如图 15.13 所示，将一些用户常用的功能都放置在这个位置，用户很容易就能够找到自己需要的功能，其中包括"登录"、"注册"、"购物车"、"收藏夹"、"打听"、"安全交易"、"帮助"等功能。

您好，欢迎来淘宝！[请登录] [免费注册]　　　　　　　　　🛒购物车　收藏夹　打听　交易安全　◎帮助

图 15.13　淘宝网首页顶部工具栏

淘宝网的网页顶部页面布局非常有特色，如图 15.14 所示，它将通常置于左侧的 Logo 图片放置了正中间，这使得淘宝网的 Logo 分外醒目，在 Logo 图片的两侧，淘宝分别安排了与"买卖"相关的六个主要功能，提供需要进行买卖的各种常用功能。在 Logo 的下方，我们会发现，放置的居然不是网站导航条而是搜索工具框，这说明使用淘宝网的用户得到商品信息的途径大部分是通过"搜索"功能得以实现，而不是通过进入各种频道挑选得到的，所以淘宝网刻意地将"搜索"工具框放在了网站导航条之上，这使得用户一进入网站首页，就能非常迅速地找到"搜索"工具框，然后使用它进行商品的搜索。在搜索功能的下方，放置的是网站导航条，导航条可以让用户准确地到达自己想要浏览的频道，这些频道的设置都是淘宝网根据用户群的规模来安排的，用户规模越大的频道，摆放的位置越是靠前。

为了方便介绍，我们将淘宝网首页中间左侧区域分成了四个层（如图 15.12 所示）。首先，我们先看看第一层。第一层由左右两个区域组成，左部比较小，而右部比较大，左部安排了"公告栏"、"质量报告"和"最新服务"三块内容，由于内容多为辅助性，所以设计的空间区域比较小，而右部放置的是 Flash 广告，涉及商品的销售，所以说安排了较大的空间区域来显示这些闪动的广告图片。

图 15.14 淘宝网的顶部区域

再来看一下第二层，第二层区域在页面中占据了较大的位置，由于网站的功能是进行网上交易的，所以商品就成了网站的主要实体，淘宝网在这个区域放置了种类齐全的商品分类信息，以满足那些来淘宝网"逛"的用户的需求。如图 15.15 所示，我们可以看到在商品分类区域的上侧还提供了灵活的拼音索引功能，这个小功能可以使用户快速地定位自己所要寻找的商品分类，而当鼠标经过一个大类时，该大类将会被一个橙色的方框包围起来。这种突出目标的效果可以避免用户被种类繁多的商品分类弄得眼花缭乱，在网页设计的很多场合中，这种突出目标的效果都得到了很好的应用。

图 15.15 淘宝网的第二层区域

第三层区域的作用相对较小，左右均等的两个区域，分别为精彩资讯和社区精华两块内容，由于属于辅助性内容，所以区域边框选择了较为暗淡的银灰色，以突出其他的主要内容。在第一、二、三层的右侧，即图 15.12 所显示的右部区域，这部分区域包含了许多特别的商品信息及"猜你喜欢"的功能，用来满足少部分用户的特殊需要。

最后第四层主要是展示了一些热卖单品，这些属于向导性的商品内容，来淘宝网购物的用户一般都是具有目的性的，那么这些向导性的商品内容在一定意义上并不是特别重要，但也是必须存在的，所以淘宝网将这些商品放置在了网页主要内容的最底端。提供给那些"逛"淘宝的用户一些购买建议。

在底部区域，如图 15.16 所示，淘宝网显示了一些辅助的信息，如关于淘宝、广告服务、合作伙伴、帮助中心、诚征英才等，这些信息并非电子商务网站的主要内容，但是它也很重要，它在这里起到了一个辅助说明的作用，说明了网站的使用方法，解释了网站所属公司主要信息，使得用户对整个网站有了一个实体的概念，用户会在潜意识中增强对网站的信任感。

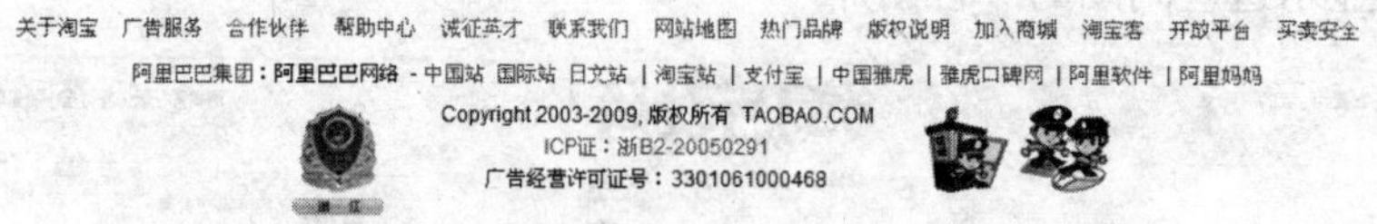

图 15.16　淘宝网的底部区域

15.2.3　功能剖析

淘宝网可以说是一个功能设计相当出色的电子商务网站，它的 C2C 系统涵盖了许多个实用高效的子功能，很多先进的功能都能够给用户带来全新的网上交易体验。在这里，我们只是针对淘宝网首页所涵盖的功能进行分析。

如图 15.17 所示，仅仅在首页，淘宝网就向用户提供了众多实用的功能，它们之间的关系由箭头代替，黑色箭头表示所实现的功能，白色箭头表示功能的实现条件。首页中包括了"注册"、"登录"、"我的淘宝"、"收藏夹"、"支付宝"、"阿里旺旺"、"购物车"、"打听"、"帮助"、"商品搜索"、"高级搜索"、"猜你喜欢"。其中，"我的淘宝"、"收藏夹"、"支付宝"、"阿里旺旺"四种功能要求用户使用"登录"功能登录到系统后才能使用，而"登录"功能则需要用户首先利用"注册"功能在淘宝网注册一个新的账户。其他几项功能的使用并无任何前提条件。

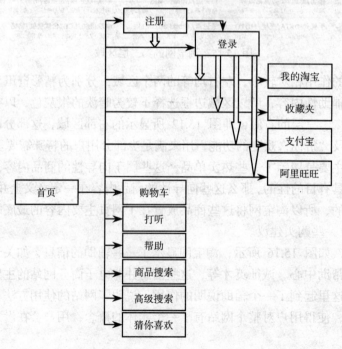

图 15.17　淘宝网的首页功能逻辑

淘宝网用户数量在 2007 年年底已经达到了惊人的 5300 万，所以用户注册和用户身份认证也成了淘宝网系统中的第一个重要环节。为了防止恶意用户注册多个淘宝账号，而浪费淘宝网服务器的数据空间，淘宝网在注册时要求用户使用手机或者邮箱来注册账户，如图 15.18 所示。由于大多数情况下，网络用户都只拥有一个电子邮箱和一个手机号码，所以这样就可以有效地避免用户的泛滥注册。从图中我们可以看到，该页面依旧保持着淘宝网首页的页面风格，以橙色作为页面的主色调。可爱的图片加上贴切的提示，会使人感觉亲切，同时也降低了用户注册时的一些疑虑，比如是否要收费、个人信息是否会被泄露等。

图 15.18 选择注册方式

在这里，我们一起来看看"邮箱注册"的功能页面，如图 15.19 所示。该页面从风格上稍有些偏离首页的风格，但是主色调仍然和淘宝网首页保持着一致，这个页面的设计风格是有待改进的。在本页中我们会注意到，淘宝网的注册页面的信息项与其他的网站基本相同，不过，淘宝网在提交注册信息之后，还需要用户通过电子邮箱中收到激活信来激活自己的账户，以此来达到身份验证的作用，同时避免了用户泛滥注册。其中比较重要的信息如 E-mail 和密码，都要求用户重新输入一遍，这样的做法是为了确保用户在填写这些信息时不会由于疏忽而出错，以免在此之后无法正常登录到网站。验证码一栏的作用，则是为了防止有些恶意用户利用软件进行大批量的恶意注册。验证码功能在用户登录时也常常会用到，为的是防止恶意用户使用暴力破解的方法窃取他人的密码。

在注册完成之后，将会出现一个友好的注册成功的页面，如图 15.20 所示。在这个页面中，为刚刚注册的初级用户提供了一些帮助功能，可以让初级用户尽快地掌握淘宝网的交易流程。所以，在注册成功页面中，加入初级用户的帮助向导，是一个很好的选择，会使用户觉得网站的服务周到细致。

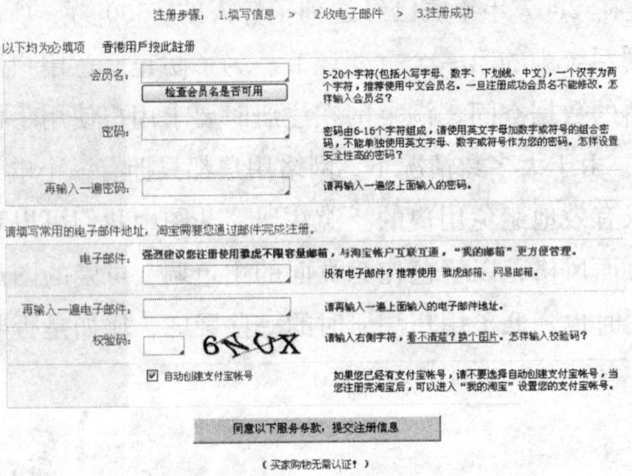

图 15.19 电子邮箱注册页面

图 15.20 注册成功页面

淘宝网在首页顶部区域同样放置了用户"登录"功能，此功能允许用户使用已经注册的账号登录到网站系统中。登录页面如图 15.21 所示，淘宝网提供了两种登录方式，一种为"标准登录"，另一种为"安全登录"。"标准登录"使用的是网站的传统登录方式，安全性不可保证。对于淘宝网这种涉及资金流动的网络系统，账号的安全性尤为重要。所以，淘宝网也同时为广大的用户提供了"安全登录"方式，"安全登录"方式使用 SSL 加密技术来保障数据的安全传输，可以有效地防止木马病毒窃取账号密码。淘宝网默认的是使用"安全登录"方式进行登录。同时，为了充实登录页面和防止初级用户误入登录页面，淘宝网还在登录框的右侧放置了一个注册提示框，其中着重向用户解释了在本网站注册账号的好处，并向用户提供了"注册"页面的超链接。用户登录成功后，系统将自动返回登录前用户所浏览的页面。

图 15.21　"登录"页面

> **提示**　SSL（Secure Socket Layer），Netscape 公司研发的技术，用以保障在 Internet 上数据传输的安全，利用数据加密（Encryption）技术，可确保数据在网络传输时的安全。

淘宝网首页为用户提供了"我的淘宝"功能，让用户方便地管理自己的账号信息。如图 15.22 所示，"我的淘宝"的基本功能分为两大类，"我是买家"和"我是卖家"，它们是分别为买家和卖家设计的，当然一个用户可以同时充当这两角色。在"我的淘宝"中，用户可以查看自己的交易记录，有关自己的所有操作记录，进行交易管理和账户管理。如果说淘宝的首页是一个大型"购物商场"的话，那么"我的淘宝"就好像用户的"家"，这个"家"存放着各种与用户相关的东西，方便用户的管理。

图 15.22　"我的淘宝"页面

"收藏夹"功能为用户提供便捷的收藏服务，打开"收藏夹"，如图 15.23 所示。用户可以查看自己之前收藏的"宝贝（商品）"、"店铺"、"博客"等信息，有了收藏夹功能，用户便可以随时保存自己喜欢的商品、店铺或者博客，是一个非常实用的功能。

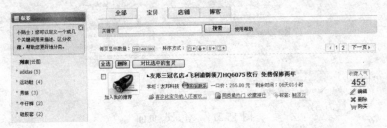

图 15.23 "收藏夹"页面

"购物车"功能则模拟真实的购物车，记录（装下）用户要买的商品（并未付账），当用户需要结算时，再将购物车中的所有商品一起结算，这样方便了用户同时购买多件商品。所以，"购物车"功能也是电子商务网站常用功能之一。淘宝网的"购物车"功能如图 15.24 所示。

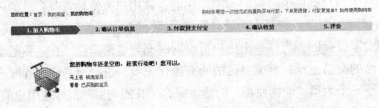

图 15.24 "购物车"页面

"打听"功能是一个在线解答系统，如图 15.25 所示。它的作用类似于百度知道、爱问等在线解答系统，有了它，用户可以增加对产品的了解，比如市场价格、产品性能等，为用户购买商品提供了更多的市场信息。

图 15.25 淘宝"打听"页面

　　"帮助"功能是每个电子商务网站必不可缺的功能，它为用户提供了详细的帮助服务，让用户充分了解如何去使用淘宝网的各种系统。淘宝网的帮助页面，如图 15.26 所示，也沿用了其首页的页面风格。丰富的帮助内容、直观的图文动画，可以在短时间内教会用户如何使用淘宝网的系统。

图 15.26　"帮助中心"页面

　　"支付宝"功能是为了简化用户的付款过程、提高支付的安全性而诞生的，支付宝（中国）网络技术有限公司是国内领先的独立第三方支付平台，由阿里巴巴集团创办。支付宝致力于为中国电子商务提供"简单、安全、快速"的在线支付解决方案。支付宝公司从 2004 年建立开始，始终以"信任"作为产品和服务的核心。对于一个电子商务网站，最最关键的环节就是如何建立一套健全的交易信息体系和安全的快速支付手段。支付宝恰恰做到了这一点，限于篇幅的原因，在这里，我们就不再对支付宝的详细功能做深入的讲解了。支付宝首页如图 15.27 所示。

图 15.27　"支付宝"页面

　　交易买卖，交谈是关键，买卖的双方必须经过交谈协商后才能促成一笔买卖。所以，在网上交易中，一款合适的 IM 即时通信软件也是必不可少的。淘宝网向用户提供了阿里旺旺即时通信软件，用户只要点击"阿里旺旺"功能，打开利用淘宝账号登录阿里旺旺，就可以轻松地与对方进行交谈了，图 15.28 展示的是阿里旺旺网页版的界面，它的主色调是代表商业的蓝色。在这里，用户可以无阻碍地和软件版阿里旺旺互通，进行交谈交易。

图 15.28 "阿里旺旺网页版"页面

　　在淘宝网首页，同样提供了"商品搜索"功能，首页的搜索功能简单实用，如果用户想要在种类繁多的商品中找到合适自己的商品，大部分情况下还是要借助"高级搜索"功能来实现。如图 15.29 所示，淘宝网的"高级搜索"页面保持着与首页相同的风格，在其中类别选项居然达到了四级分类，这说明淘宝网的商品种类非常繁多。

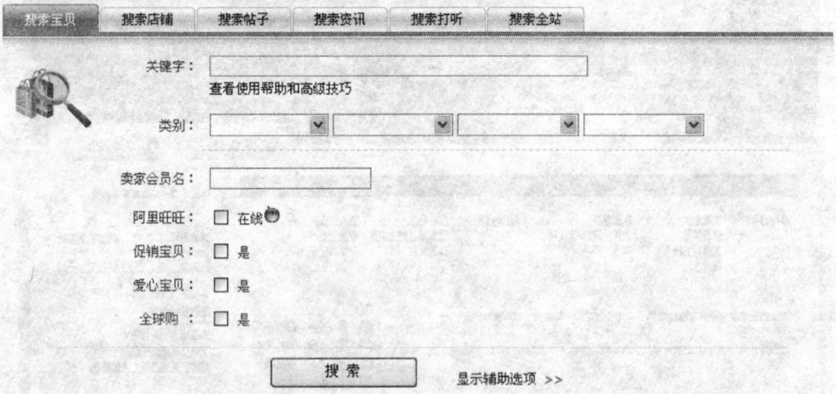

图 15.29 "高级搜索"页面

当用户输入关键字，进行搜索后，淘宝网将返回给用户搜索的结果。比如，在关键字中输入"外套"，然后单击搜索，淘宝网将会把与关键字"外套"相关的商品显示给用户，同时，在结果列表的上方将会出现如图 15.30 所示的筛选功能，用户可以使用这些功能，进一步对商品筛选。淘宝网将商品筛选功能制作得如此精细，这说明用户普遍习惯这种筛选方式——先输入关键字，再根据某些条件进行筛选。这种方法比"高级搜索"更加快速有效。

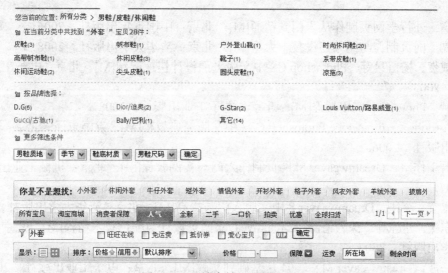

图 15.30　"搜索结果"筛选功能

淘宝网还在首页中提供了一个非常有趣的功能——"猜你喜欢"，如图 15.31 所示，它能够根据用户最近浏览的商品，判断出用户的购买意图，然后系统会自动地推荐给用户一些合适的商品供其挑选。比如，用户最近浏览的多是关于"剃须刀"的商品，那么淘宝将会为你推荐一些相关的"剃须刀"产品。

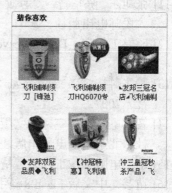

图 15.31　"猜你喜欢"功能

课后习题

请选择 1～2 个电子商务网站进行案例分析，可以是 C2C、B2C、B2B 网站中的任一种，分析内容要包括网站简介、网站的界面分析、网站的功能模块分析。分析字数不少于 1500 字。

参考文献

[1] 张鑫. 外行学网页制作从入门到精通[M]. 北京：中国青年出版社，2006.

[2] 徐磊. 网页制作与网站建设技术大全[M]. 北京：清华大学出版社，2008.

[3] 徐威贺，杨留兵等. Photoshop CS 中文版平面设计快速起跑[M]. 北京：电子工业出版社，2005.

[4] 蒋斌. Photoshop 实用教程[M]. 北京：电子工业出版社，2008.

[5] (美)Adobe 公司. Adobe Photoshop CS2 中文版经典教程[M]. 袁国忠译. 北京：人民邮电出版社，2006.

[6] 昭君工作室. Dreamweaver 8 网页制作入门与实例教程[M]. 北京：机械工业出版社，2007.

[7] 张永宝，李刚. Dreamweaver 8 中文版入门与提高[M]. 北京：清华大学出版社，2007.

[8] 李东生，苏静等. 深入精髓：Dreamweaver 网页设计与配色技术精粹[M]. 北京：清华大学出版社，2007.

[9] 戴一波. Dreamweaver MX 2004 从基础到实践[M]. 北京：电子工业出版社，2005.

[10] 卢坚，鲍嘉. 深入精髓：Dreamweaver 网站建设技巧与实例[M]. 北京：清华大学出版社，2007.

[11] 张旭东，陈华智，黄炳强. Dreamweaver 8+PHP 动态网站开发从入门到精通[M]. 北京：人民邮电出版社，2007.

[12] 昭君工作室. Dreamweaver 8 中文版网站开发自学导航[M]. 北京：机械工业出版社，2006.

[13] 腾飞科技. Dreamweaver 8 完美网页制作基础、实例与技巧[M]. 北京：人民邮电出版社，2007.

[14] 智丰电脑工作室. 中文版 Flash 8 动画设计制作入门与提高[M]. 北京：中国林业出版社，北京希望电子出版社，2006.

[15] 前沿电脑图像工作室. 精通 Flash 8[M]. 北京：人民邮电出版社，2007.

[16] 苗芸. 中文版 Flash 8 新手上路[M]. 上海：上海科学普及出版社，2006.

[17] (美)德博特. HTML 和 CSS 从入门到精通[M]. 北京：电子工业出版社，2008.

[18] 符旭凌. CSS+HTML 语法与范例详解词典[M]. 北京：机械工业出版社，2009.

[19] 庞英智. 动态网页设计(ASP) [M]. 北京：机械工业出版社，2008.

[20] 杨坚争. 电子商务网站典型案例评析[M]. 西安：西安电子科技大学出版社，2005.